创新驱动设计

单体与微服务混合架构策略与实践

Strategic Monoliths and Microservices

Driving Innovation Using Purposeful Architecture

[美] Vaughn Vernon
[法] Tomasz Jaskuła ◎ 著

娄麒麟 马建勋 姚琪琳 张渝 ◎ 译

电子工业出版社
Publishing House of Electronics Industry
北京·BEIJING

内 容 简 介

选择微服务还是单体，这似乎是一个无须讨论的话题，这个年代还有单体的存身之地吗？沃恩和托马什对此的回答是，不仅有，而且许多组织适合使用单体架构。两位作者用一个贯穿全书的例子深入探讨了面向战略创新的架构设计问题。

本书共 12 章，分 4 部分。第 1 部分从战略高度介绍了架构决策的重要性及其带来的影响，以及几种战略学习工具和事件优先建模。第 2 部分讲述了推动业务创新的几种工具，并对 DDD 进行了简单的介绍。第 3 部分具体谈论了事件优先架构和实现它的几种方式。第 4 部分回答了微服务还是单体这个有争议性的问题，讨论了单体和微服务之间的比较与权衡，还探讨了如何将单体迁移到微服务，并且为读者可能采用的任何一种选择都提供了合适的指南。

本书适合需要进行架构决策的人阅读，也适合想要精进业务的架构师和程序员阅读。

版权贸易合同登记号　图字：01-2022-3032

图书在版编目（CIP）数据

创新驱动设计：单体与微服务混合架构策略与实践 ／（美）沃恩·弗农（Vaughn Vernon），（法）托马什·亚斯库瓦（Tomasz Jaskuła）著；娄麒麟等译. —北京：电子工业出版社，2024.3
书名原文：Strategic Monoliths and Microservices: Driving Innovation Using Purposeful Architecture
ISBN 978-7-121-47351-7

Ⅰ. ①创… Ⅱ. ①沃… ②托… ③娄… Ⅲ. ①互联网络—网络服务器 Ⅳ. ①TP368.5

中国国家版本馆 CIP 数据核字（2024）第 040066 号

责任编辑：张春雨
印　　　刷：三河市君旺印务有限公司
装　　　订：三河市君旺印务有限公司
出版发行：电子工业出版社
　　　　　北京市海淀区万寿路 173 信箱　邮编：100036
开　　本：787×980　1/16　印张：18　字数：351.4 千字
版　　次：2024 年 3 月第 1 版
印　　次：2024 年 3 月第 1 次印刷
定　　价：115.00 元

本书赞誉

大多数图书要么关注软件业务层面，要么关注构建软件的技术细节。然而，本书以易于理解的方式，全面介绍了业务和技术需求的融合。本书消除了当前存在的许多误解，同时提供了实用的指导，任何团队或组织都可以立即学以致用。

——James Higginbotham，执行 API 顾问，LaunchAny 创始人，

以及 *Principles of Web API Design* 作者

数字化转型的成功并不能仅仅依靠基层的努力。沃恩和托马什为高管提供了一份通往软件卓越的路线图，包括如何建立、培育并持续推动软件创新的文化。他们以真实的案例为基础撰写了本书，帮助读者理解将软件开发从成本中心转变为利润中心所涉及的各种需要权衡的因素，而这一切并不必牺牲创新。对于决策者而言，这是一本必读之作。

——Tom Stockton，MAXIMUS 首席架构师

在本书中，沃恩和托马什凭借他们在领域驱动设计（DDD）方面的丰富经验，为现代系统的开发及如何全方位利用 DDD 提供了全面的指南。对于那些想要充分利用 DDD 的技术领导者来说，本书将成为一份宝贵的指南。

——Eoin Woods，软件架构师和作家

在软件工程中，存在着一些常见的误解和失败的根源。其中一个显著的例子就是低估了数字化转型的难度。转型的努力涵盖了突破性创新、失败文化、对软件架构作

用的强调，以及高效且有效的人际交流。幸运的是，作者为我们提供了克服所有障碍和挑战的必要帮助。我最欣赏本书的地方在于，它提供了对参与数字化转型和创新的所有利益相关者的全面视角。沃恩和托马什为我们描绘了一条引导创新项目成功的清晰路径。他们从业务和工程的角度提供了洞察、工具，以及经过验证的优选实践和架构风格。他们的书揭示了数字化转型的影响，以及如何使转型成功。本书是当之无愧的软件工程师、高管和高级经理不可错过之作。无论何时面临未知的领域，它都将为我提供宝贵的指导和方向。

——Michael Stal，西门子技术认证高级软件架构师

数字化转型是一个被广泛提及却又鲜为人理解的概念。本书提供了在转型过程中如何充分利用现有资产的宝贵见解，将现代技术和社交技术在案例研究的背景下进行了融合。无论对于业务还是技术的从业者，本书都值得一读。

——Murat Erder，*Continuous Architecture in Practice*（2021）和
Continuous Architecture（2015）的共同作者

本书为高管提供了有深度的意见，帮助他们明确何时应该战略性地选择单体架构和微服务架构，以推动业务的成功。我强烈建议每位 CEO、CIO、CTO 及软件开发副总裁（SVP）都深入研究沃恩和托马什对架构优缺点的评价，以及他们对混合架构组合的精辟阐述，从而在各自的业务领域中成为有远见的思想领袖。

——Scott P. Murphy，MAXIMUS 公司首席架构师

对于那些正在规划或实施数字化转型的企业领导者和架构师来说，这是一本必读的书！本书是确保你的企业软件创新计划成功的真正指南。

——Chris Verlaine，DHL Express 全球航空 IT DevOps 主任，
DHL Express 全球航空 IT 软件现代化计划负责人

本书是一本将企业价值与可演进的企业架构联系起来的重要图书。作者运用他们深刻的理解和经验来指导模块化过程中的明智决策，给我留下了深刻的印象。在这个过程中，每个有价值的工具和概念都得到了清晰的解释，并妥当地融入上下文。这绝

对是 IT 决策者和架构师必读的图书。对我而言，本书将成为一个激励人心的参考，也将时刻提醒我在架构中寻求目标。本书把对微服务的讨论推向了一个全新的高度。

——Christian Deger，RIO | 物流流量架构和平台负责人，

组织了 60 多次微服务 Meetup

选择微服务或单体架构不仅涉及技术，公司内部的文化、组织和沟通等因素也都是 CTO 必须认真考虑的重要因素，因为最终目的是成功构建数字系统。作者使用了非常有趣的例子，从各种角度都深入阐述了自己的独到观点。

——Olivier Ulmer，Groupe La Française 的 CTO

在当今的数字化世界中，构建一个能够快速移动、实验和学习的技术引擎是一种竞争优势。那么，"最新的架构"是否能帮助我们实现这一目标呢？沃恩和托马什所著的这本精彩的书填补了市场上的空白，重新将我们的注意力引向软件架构的核心目标：快速迭代、实验并专注于能带来价值的结果。通过阅读本书，读者将能够更好地判断微服务架构及其所带来的复杂性是否适合自己。

——Christian Posta, Solo.io 全球领域首席技术官

沃恩·弗农（Vaughn Vernon）是软件架构和开发简化的倡导者，强调采用反应式方法。他拥有独特能力，可以使用轻量级工具来揭示前所未有的价值，并教授和领导基于领域驱动设计的架构变革。他帮助组织利用架构、模式和方法等工具，以及业务利益相关者与软件开发者之间的合作来获得竞争优势。

沃恩的系列图书指导读者提高软件开发成熟度，并获得了更大的商业成功。该系列图书强调采用多种方法进行有体系的全面提升，包括反应式、面向对象和函数式架构与编程，领域建模，适当规模的服务和设计模式等，同时涵盖了相关底层技术的最佳实践。

推荐序 1

六年前，我作为一名领域驱动设计（DDD）的实践者，怀着极大的兴趣，在短短一天内翻阅完 Vernon 的《领域驱动设计精粹》。那时，我深刻体会到团队在实践 DDD 时遇到的迷茫，同时也被 Vernon 引领开发团队的实际操作所鼓舞。

收到本书的翻译校审稿后，我意识到两位作者不是仅将 DDD 的概念停留在理论层面，而是深入组织层面的应用，从用户角度出发，探讨了企业如何利用软件确保数字化实际成效，以及如何超越微服务架构或云原生技术细节带来的局限。

"软件正在吞噬世界"，这句话预示着数字化时代的来临，而企业数字化转型的关键在于如何利用软件进行创新。本书从软件的特性出发，阐述了如何将软件开发和应用转化为盈利中心，并基于此实现战略创新。SpaceX 等科技创新公司已经向我们证明了这种创新的巨大价值。作者通过将 DDD 理念应用于构建企业的创新基础，提供了诸多值得数字化转型决策者深思的见解。

组织在创新时需要具备实验和学习的能力，而许多企业习惯高度确定性的专业分工，二者明显相悖。承包模式不利于组织级学习和实验性尝试，专业团队往往只能机械地执行任务。相对而言，"工程模式"倡导面向企业整体目标的工作方式，鼓励跨专业团队创造价值，而非仅仅完成某一项专业任务。从软件的敏捷开发到 SpaceX 在航天领域的创新，都体现了工作模式的这一转变。

作者强调："单体架构不一定是坏事，微服务架构也不一定适合所有情况，根据业务目标选择架构才是最负责任的行为。"这一观点体现了数字化转型企业所追求的业务与技术的融合。今天，我们必须认识到，在智能化时代，不仅功能开发需要迭代，架构设计同样需要不断进化。正如 DDD 致力解决的核心问题——统一语言，只有不断地将业务目标与软件架构保持一致，才能确保软件架构沿着正确的方向发展。这种业务与技术融合的必要性，在金融等数字化先行行业已得到充分证实。

在这个变化无常、充满不确定性的科技创新时代，我们需要借鉴作者从事物本质出发的思考方式，以科学的认知来应对变革。积极主动地寻求变革，才能为组织深植创新的基因。

肖然

Thoughtworks 中国区总经理

中关村智联联盟秘书长

推荐序 2

当我作为一名独立顾问，在帮助企业开展数字化转型时，常常面临以下挑战：

- 数字化转型缺乏战略规划的指导，企业的 IT 生态没有得到全面梳理，建设者多数以一叶障目的方式盲目推动数字技术升级和 IT 架构优化。
- 数字化转型的过程充满不确定性和复杂性，建设者却期待以更加不确定的数字化建设路线、更加复杂的架构思维去解决问题。最后，因为得不到明显的投资回报，数字化转型工作"出师未捷身先死"。
- 业务和技术在架构蓝图与团队组织两个方面"各自为政"，没有形成正确的映射关系，更谈不上完美地融合。业务创新无法引导技术创新，技术创新也驱动不了业务创新。
- 各个核心系统贸然开始从单体向微服务的转型，并力图推动 IT 系统的全面云原生化，然而，因为缺乏对战略架构的通盘考虑，最终只是打造出一种新形式的微服务烟囱。

要应对这些挑战，坦白说，作为顾问的我们，手中握有的制胜筹码并不多。我们很难改变客户急功近利的心态，很难打破企业的部门墙，很难用简单的方案破解复杂的问题，很难用显而易见的成功持续推动商业模式的创新，自然也很难用纯粹技术的力量改变企业内部人员看到的"全世界"。

直到读到 Vernon 的这本新作，我惊喜地发现，它为我增加了不少制胜的筹码。书中的一些观点与方法构筑了杠杆的支点，可以帮助我们以更小的力量撬开拦在转型道路前的巨石。例如书中的第 1 部分，它的标题"通过实验学习转型战略"就给了我很大的启发。数字化转型的战略规划当然不能一蹴而就，也不能毫无计划就赤手空拳踏上转型之路。通过实验学习转型战略，就能在一定程度上规避风险，让转型工作能够在持续反馈的过程中得到印证和调整。学会运用书中介绍的"基本战略学习工具"，在一定程度上可以战胜前面所述的第一个和第二个挑战，书中第 3 章介绍的"事件优先的实验和发现"正好是第三个挑战的一种应对思路，这一思路的技术层面在本书的第 3 部分"事件优先架构"得到进一步完善。虽然在转型过程中，IT 的架构决策未必一定采用事件优先架构，但它完全可以作为一种利器放到云原生化的工具箱中，随时待用。

本书的第 4 部分探讨和比较了单体与微服务，这一主题构成了本书中文版副标题的内容，即"单体与微服务混合架构"。我在 2020 年 DDD 中国峰会上，也曾向各位听众叩问过——"单体架构是邪恶的吗？"——这一问题。我的结论是：将单体架构与微服务架构作为对比并不正确，单体也不一定会走向大泥球。关键在于限界上下文，它可以作为应用架构的基本架构单元，并根据质量属性来决定架构单元的粒度和边界，从而成为平衡单体和微服务的重要砝码。这一结论与本书第 4 部分的观点不谋而合。单体与微服务混合架构完全可以响应变化，做到进退自如，单体与微服务之争可以休矣！

说起来，我与本书作者 Vernon 颇有渊源。2013 年，我的同事滕云隆重向我推荐了 Vernon 的 *Implementing Domain-Driven Design*（中文版书名为《实现领域驱动设计》）。在第一次知道 Vernon 的大名并拜读到他的大作后，我更加深刻地理解了 DDD，许多困惑迎刃而解。之后，我作为该书审校得以进一步深度阅读滕云翻译的中文版。2014 年，ThoughtWorks 甚至邀请 Vernon 在北京开展了为期两天的 IDDD 工作坊，我有幸当面向 Vernon 请教。以其人为榜样，以其书为参考，我历时多年完成第二本个人专著《解构领域驱动设计》。这几年，我融合领域驱动设计、企业架构、云原生架构与 DevOps 敏捷管理方法总结出一套应用现代化方法体系，以帮助企业全面实现数字化转型。恰逢其时，这次又读到 Vernon 这本与数字化转型有关的新作。如同十年前为我解惑，他最新的软件战略与架构思想又一次成为"及时雨"，帮助我更好地应对数字化转型的诸多挑战！

张逸

数字现代化独立顾问

《解构领域驱动设计》作者

推荐序 3

不可否认，微服务（Microservice）架构模式有诸多好处。

它将应用程序拆分为小的、独立的服务，每个服务都专注于 实现特定的业务能力。由于每个微服务都可以独立部署，团队可以更频繁地发布更新，更快地响应用户的需求或反馈；每个微服务都由一个相对较小的团队负责开发和维护，而团队自治的模式可以提高团队的生产力和创造力，也更便于团队根据特定服务的需求来选择最适合的技术栈。

虽然有诸多好处，但是这些好处不是凭空获得的，需要有诸多投入作为代价。比如，需要团队具备快速获取环境（Rapid Provisioning）的能力、快速部署服务的能力、对服务环境的观测能力，以及按照运行情况做出快速响应的能力等。

这些能力往往都不"便宜"。比如，我最近听到一个观测能力有关的例子：在一个由 100 多个微服务构成的系统中，业务数据只有 10T，而每日产生的观测数据大约是 34T。

鉴于上述分析，如何在获得微服务的诸多好处的前提下，控制这种架构风格带来的成本膨胀，并且获得可持续的投资回报率，业已成为在深水区践行微服务的必修课。本书提供了绝佳的总结与思考，值得每一个微服务实践者仔细阅读。

徐昊（八叉）

ThoughtWorks 全球技术战略委员会成员

译者序

本书出现在一个特殊的时代——人工智能（AI）是否会取代软件工程师的问题引发了热烈的讨论。我和我的同事们也不可避免地参与了这场讨论。虽然我确信，在未来的某个时刻，人工智能必将取代人类软件工程师，然而这个时间点仍然未知。在 2022 年年底，OpenAI 发布了 ChatGPT，我一度以为这个时刻已经来临。如同 TDD 的发明者 Kent Beck 所说："（有了 ChatGPT 以后，）我 90% 的技能都变得毫无价值，同时剩下的 10% 的技能则增值了 1000 倍。"但随着我对 ChatGPT（包括 GPT4）的深入使用，我逐渐意识到当前 AI 的局限性，比如丢失上下文和缺乏最新知识等，这也意味着我还能在"传统软件工程师"行业再待一段时间。因此，对于我们人类程序员来说，本书仍具有翻译的价值，除非 AI 技术一夜之间进化到"面向意图编程"。

既然我们人类程序员仍需要发光发热，那么开发软件项目时面临的诸多问题也将凸显出来，比如跨团队协作的困难、知识魔咒，以及程序员们对最新技术的狂热追求。当然，从组织层面来看，部分人可能还会产生其他问题，比如对现状的满足，或者过于喜欢指责他人。这些问题都可能阻碍软件项目的进展。幸运的是，沃恩和托马什在本书中为我们一一解答了这些问题，使得我们能够把软件开发重新引向业务价值的道路。是的，在我看来，本书正是这样一本让软件项目得以成功甚至卓越的武功心法，它并没有介绍具体的一招一式，但是能帮助读者避开各种陷阱，这当然源于作者数十年咨询工作的经验，所谓身经百战、厚积薄发。

我在过去的十来年里参与过各种项目，有的项目落入了"维护模式"的陷阱，有的为了追求时髦而选择了全面微服务化。我也见过一些按照知识领域划分的团队，他们采用了 ADR、事件驱动，以及本书中提到的其他工具和技术。正因为有这些经历，我在阅读本书时产生了深深的共鸣。因此，当博文视点的编辑问我是否愿意翻译本书时，我毫不犹豫地接受了这个任务。然而，我只是对云原生和函数式编程较为熟悉，但对 DDD 的了解相对浅薄，我深恐不能完成翻译任务。在翻译和校对的过程中，我的同事马建勋和姚琪琳参与了进来，他们以丰富的经验完善了本书近一半的翻译表述。感谢 ThoughtWorks DDD 社区的同事张渝，他在前期承担了两章内容的翻译工作。同时，也要感谢远在澳洲的孟然，他为本书的翻译提供了宝贵的建议。我原本以为我们能在两三个月内完成本书的全部翻译，但现实证明我过于乐观了。项目的交付压力、家庭事务，以及突如其来的疫情，都对翻译工作产生了或多或少的影响。

由于译者才疏学浅，并不一定能够完全展现作者对软件开发和咨询领域的深刻见解。如果存在错漏，实属不该，请联系我们予以修正。

最后的最后，感谢和我一起翻译本书的马建勋、姚琪琳、张渝，感谢编辑们对翻译工作的支持，感谢我的家人对我工作的理解。希望本书能帮助那些正在追求卓越软件开发的人们，也希望你享受阅读本书的过程。

娄麒麟

2023 年 8 月，于西安

读者服务

微信扫码回复：47351

- 获取本书参考资料
- 加入本书读者交流群，与译者互动
- 获取【百场业界大咖直播合集】（持续更新），仅需 1 元

序

在 2007 年 4 月，我们遇见了 Iterate 公司的创始人。他们中的三位参加了我们在奥斯陆举办的首次研讨会，并邀请我们共享晚餐。在晚餐期间，我们得知他们刚刚离开了一直从事的咨询工作，创建了自己的公司，希望将值得信任的技术应用到热爱的领域。我心里想："祝你们好运吧。"毕竟他们刚刚毕业几年，尚无管理企业的经验。然而，在我们讨论如何寻找良好的客户和协商敏捷相关合作的合同时，我并没有表露出自己的疑虑。

在接下来的十年里，我们多次拜访 Iterate，见证了它成长为一家成功的咨询公司，并经常被列为挪威最佳工作场所之一。这家公司现在拥有众多顾问，业务涵盖从软件开发到测试驱动开发，再到帮助公司通过设计冲刺进行创新等多个领域。因此，当几位创始人在 2016 年决定转型时，我虽然觉得这是预料之中的，但仍然感到惊讶。

当时，他们告诉我：我们决定改变方向，希望打造一个让员工充分发挥潜力的伟大工作场所，但我们发现，作为顾问的优秀人才在职业发展上受到了很大的限制，因为他们一直在追求别人的梦想。我们希望创造一个平台，在这里，人们可以释放自己的热情，并有机会创立自己的公司。我们想要孵化创业公司，并利用我们的咨询业务收入来资助这些公司。

我又一次在心里嘀咕："祝你们好运吧。"而这次我并没有将疑虑藏在心中。我们讨论了创业公司的高失败率及我在 3M 公司时的座右铭："尝试多样的，保留有效的。"这对拥有充足时间和资金的人来说是一个很好的座右铭，但他们两者都没有。其中一位创始人对这个新方向并不认同，选择了离开。而其他人则继续他们一直以来的方式——逐步向前推进，对目标进行迭代。

　　这并不容易，也没有现成的模板可以参考。他们想避免外部资金的影响，因此决定将咨询和风险投资这两种截然不同的业务模式融合在一起，他们将咨询利润的 3%留给咨询业务，将剩余的资金全部用于风险投资。他们必须确保咨询顾问不会感到被边缘化，同时要求从事风投的人也对咨询业务的成功有所贡献。此外，他们还需要学习如何帮助创业公司成功，因为他们过去只做过咨询业务。

　　自 2016 年起已过去五年。每年我们都会参加他们的头脑风暴会议，帮助 Iterate实现其独特方法。然而，当疫情暴发时，他们的咨询业务不仅停滞不前，同时耕耘了三年的"农场到餐厅"业务也未能找到餐厅买家。但想一想：现在 Iterate 这里有一批高水平但无事可做的人才，以及一家专门收集和运输易腐货物的初创公司。他们仅用了两周就实现了转型——为消费者提供路边自提食物服务，打通了配送的"最后一公里"。这项服务迅速获得了成功。在 2020 年，尽管奥斯陆的大多数咨询公司都受到严重打击，但是 Iterate 凭借对"最后一公里"配送机会的洞察脱颖而出，并成功孵化出另外三家公司，其中一家做船舶定位系统，还有一家是面向编织者、毛线供应商和消费者的三方平台。意外的收获是，Iterate 被 Fast Company 评为 2020 年最佳创新工作场所第 50 名，超过了 Slack、Square 和 Shopify。

　　那么，Iterate 是如何克服众多困难获得成功的呢？创始人从一开始就认识到，将软件开发视为咨询项目的方式无法为他们提供足够的自主权。随着软件逐渐成为战略创新的杠杆，他们认为是时候在决策层面占有一席之地了。这个想法在当时确实令人畏惧，因为这意味着要对结果负责，这是咨询顾问通常会避免的。然而，他们有信心，他们的试验性方法不仅可以解决技术难题，也能应对商业难题，因此他们果断地迈向了未来。

　　你可能会认为，Iterate 的转型与本书所讨论的企业转型没有太大关系。Iterate 的故事中并未提到单体架构、微服务或敏捷实践——但转型的本质并不在于此。正如本书指出的，转型始于对新的创新业务战略的阐述，这种战略向市场提供真正的、有差异化的价值。追求这一战略将是一段漫长且充满挑战的旅程，它需要优秀的人才、深入的思考及大量的学习。对于正在进行此类转型的人来说，本书为你的旅程提供了许多思考工具。

　　打个比方，当你朝着新的方向前进时，你可能不愿意摧毁那些虽然过时但仍为你带来收益的架构。你需要那个旧的大泥球单体（或咨询服务）来资助你的转型。

再举一个例子：你首先需要考虑的是适合新业务模型的架构，它可能与旧模型有所不同。就像 Iterate 从拥有一群顾问转变为拥有明确职责划分的创业团队一样，你可能也希望为你所在的领域构建新的架构。这通常意味着需要明确适应新战略的业务能力，并围绕这些能力构建完整的团队。因此，你可能不会倾向于采用分层架构，而是希望基于产品的自然组件和子组件（也称为限界上下文）来构建架构。

以 SpaceX 为例，火箭的架构是由其组成部分决定的：第一级火箭（包含 9 台 Merlin 发动机、1 个长整流罩和一些着陆架）、中间级、第二级火箭和载荷。团队的组建并不是根据工程学科（如材料工程、结构工程、软件工程）进行的，而是根据组件和子组件进行的。这为每个团队都提供了明确的责任和一系列限制条件：团队需要理解并完成其组件要求完成的工作，以确保下一次发射成功。

随着在新战略中明确产品架构，你可能会想创建一个与该架构相匹配的组织，因为正如本书作者所指出的，你不能违反康威定律，就像不能违反万有引力一样。本书的核心是一系列思维工具，这些工具可以帮助你设计一个新的架构（很可能是一个模块化的单体），以及建立支持该架构所需的组织。本书还提供了逐步从现有架构向新架构迁移的方法，并给出了何时及如何剥离某些服务的建议。

随着时间的推移，Iterate 公司发现成功的创业公司有 3 个元素：

- 良好的市场时机。
- 团队凝聚力。
- 技术卓越。

判断市场时机需要耐心。那些认为转型只与新流程或数据结构有关的组织往往缺乏耐心，因此在这一点上常常做出错误的判断。转型的真正意义在于营造一个环境，让创新得以繁荣，以创造新的、有差异化的产品，并将产品在正确的时机推向市场。

成功的第 2 个元素是团队凝聚力，它源于允许正在开发的能力（限界上下文）和相关的团队构成随着时间的推移而不断演化，直到找到最适合的人员组合和产品。

成功的第 3 个元素是技术卓越，它根植于对软件技术复杂性的深刻尊重。本书将帮助你认识到现有系统和未来版本的复杂性，以及从一个版本演进到另一个版本所面临的挑战。

Iterate 的故事提醒我们：转型并不容易。Iterate 必须巧妙地将咨询团队与风险团队整合在一起，以便让每个人都感受到自己的价值，并致力于组织的整体成功。这是每个组织在经历变革时都会遇到的问题。成功的路径除了要具备本书提到的高技能人才、深入的思考和持续的实验，别无他途。

没有银弹。

——Mary Poppendieck，
《精益软件开发》的共同作者

前　言

很可能你的组织的赚钱方式与传统意义上的软件销售无关，未来也可能不会与软件直接相关。但这并不意味着软件不能在你的组织的营利中发挥重要作用。事实上，软件正是那些最具价值的公司的核心。

以 FAANG（指 Facebook、Apple、Amazon、Netflix 和 Google，Facebook 现更名为 Meta，Google 现更名为 Alphabet）为例。这些公司几乎都不直接出售软件，或者说软件销售不是它们的主要收入来源。

Facebook 大约 98%的收入来自向希望接触其社交网络用户的公司销售广告位。这些广告位之所以如此有价值，是因为 Facebook 的平台极大地增强了用户之间的互动。用户关心其他用户和整体趋势，这使得他们持续关注人群、事件和社交平台。获取 Facebook 用户的关注对广告商来说价值巨大。

Apple 主要是一家硬件公司，销售智能手机、平板、可穿戴设备和计算机。软件使这些设备的价值得以最大化。

Amazon 通过多种途径产生收入，既作为在线零售商销售商品，也销售电子书、播客、音乐和其他订阅服务，还销售云计算基础设施。

Netflix 提供电影和其他视频流媒体服务，通过销售不同等级的订阅服务来获得收入。该公司还通过 DVD 订阅服务赚钱，但随着视频点播的日益流行，这部分业务的下滑在预期之中。面向用户的软件运行在电视和移动设备上，视频流媒体是通过其进行增强和控制的。然而，真正的复杂性来自部署在亚马逊云上的系统，这些云系统提供了超过 50 种不同编码格式的视频，通过内容分发网络（CDN）提供内容，并在遇到故障时处理故障。

　　Google 的收入也主要依赖于销售广告，这些广告展示在其搜索引擎的查询结果中。2020 年，Google 通过直接提供软件应用（例如 Google Workspace）获得了约 40 亿美元的收入。但与传统的软件不同，Google Workspace 不需要被安装在用户的计算机上，而是以软件即服务（SaaS）的模式在云上运行。根据最新的报告，Google 占据了近 60% 的在线办公套件市场份额，超过了微软。

　　从这些行业领导者的经验可以看到，组织并不需要销售软件就能获得领先市场的收入。然而，为了在当前和未来的业务中表现优秀，组织确实需要利用软件。

　　此外，组织要通过软件推动创新，就必须认识到一群优秀的软件架构师和工程师的重要性。这些顶尖的人才因其重要性而变得难以招聘。可以将这个情况比作 WNBA 或 NFL 的选秀：前 20 名选手对球队来说至关重要。当然，这并不适用于所有的软件开发者。有些人满足于"打卡上班"，支付他们的房贷，并尽可能多地挤出时间看 WNBA 和 NFL 的电视节目。如果这些人是你所希望招聘的，我们强烈建议你立即停止阅读本书。然而，如果你希望做出有意义的改变，那么请继续阅读。

　　对于那些追求卓越和加速创新步伐的组织来说，仅仅理解优秀的软件开发人员的价值是不够的。如果一家企业想要通过软件创新来主导所在行业，那么它必须认识到这些软件架构师和工程师是"新的决策者"（The New Kingmaker）——这个概念由 Stephen O'Grady 在他 2013 年出版的著作 *The New Kingmakers: How Developers Conquered the World*（见参考文献 0-3）中提出。为了真正成功地开发软件，所有有雄心壮志的企业都必须理解是什么驱使这些开发人员超越了常规的软件开发方式。他们渴望创造的软件远非平凡之作。最有价值的软件开发人员希望创造能够决定行业未来的软件，这正是你的组织在招聘过程中应该传达的信息，以便吸引最优秀的人才和有足够动力做到最好的人才。

　　本书适合 C 级管理者和其他高管，以及所有职位和级别与软件开发相关的人员。如果软件交付能直接导致战略差异或支持战略差异，那么其负责人都应该了解如何通过软件推动创新。

　　作者发现，今天的 C 级管理者（如 CEO）和其他高管与他们几十年前的前辈有所不同。他们中的许多人非常熟悉技术，甚至可能被视为业务领域的专家。他们对改善特定领域有深远的洞见，并成功吸引了其他高管和理解创始人目标的技术专家。以下人员可能会发现本书特别有用。

- 那些紧跟技术愿景的 CEO，比如创业公司的 CEO，以及希望洞悉软件在未来企业中的作用的 CEO。
- 那些致力于推进和实现软件开发差异化的 CIO。
- 那些通过创新引领软件愿景的 CTO。
- 高级副总裁、副总裁、总监、项目经理等，他们负责实现愿景。
- 可从本书中获得启示的首席架构师。本书也是激励软件架构师和高级开发人员团队以商业思维和有针对性的架构推动变革的重要指南。
- 所有级别的软件架构师和开发人员。他们需要发自内心地树立商业思维，意识到软件开发不仅仅是赚取高薪的手段，更是通过软件创新实现卓越成就的途径。

本书包含了所有软件专业人士必须掌握的重要信息，通过消化、吸纳和实践本书探讨的专业技术，可以实现持续创新。

本书并非一本专注于具体实现细节的书。我们将在接下来的图书 *Implementing Strategic Monoliths and Microservices* 中提供更多实现细节。本书主要聚焦于软件如何作为业务战略的一部分。

对于缺乏软件行业深度知识或经验的领导者来说，本书是极具吸引力的。它通过阐述每个软件举措应有的愿景、有针对性的架构设计、战略的设计和实现来实现有效的信息传达。同时，我们强烈建议读者避免有意或无意地将复杂性引入软件。推动变革的关键在于提供超出用户或客户期待的软件。因此，本书旨在挑战那些坚守现状、保护自己工作岗位的人，鼓励他们接受新一代的思想、方法和工具，以期成为未来产业的创新者。

本书的作者曾与许多不同的客户合作，亲眼见证了软件开发中的负面现象。比如，有人把保住工作和捍卫自己的地盘视为主要目标，而非推动企业的创新发展。许多大型企业如此庞大，存在复杂的管理和汇报架构。这些企业同时推动多项举措，但"愿景—实现—接受"的路径并非顺畅无阻。基于此，我们试图唤醒人们，让他们认识到"软件正在吞噬世界"的真实性。本书的内容带有现实主义色彩，表明创新可以通过逐步进行的实践来实现，而不必寄希望于瞬间的巨大飞跃。

尝试创新总是伴随着风险。然而，从长远来看，完全不冒任何风险可能更加危险。下面的图 P.1 清楚地说明了这一点。

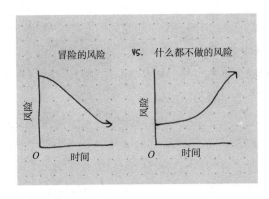

图 P.1　冒险有风险，但什么都不做可能会有更大的风险

正如 Natalie Fratto 指出的（见参考文献 0-1），通常情况下，冒险的风险随着时间的推移而减少，但什么都不做的风险却会随着时间的推移而增加。在她的 TED 演讲中（见参考文献 0-2），我们可以看到 Natalie 作为一名风险投资人的观点，她解释了所投资企业创始人的类型。她说，许多投资者寻找具有高智商（IQ）的创始人，而另一些投资者则寻找具有高情商（EQ）的企业家，而她主要寻找那些具有高适应性指数（AQ）的人。实际上，创新需要极高的适应性，这个观点在本书中以多种形式被反复强调。从实验到发现，再到架构、设计和实现，都需要适应性。除非具有高度的适应性，否则冒险者很难成功。

在讨论软件创新的主题时，我们不可避免地会涉及迭代和增量开发，这是一个具有高度争议的主题。事实上，某种形式的敏捷论调是无法回避的。本书避免了宣传特定的敏捷或精益方法。遗憾的是，大多数声称采用敏捷思想的软件公司和团队，并不真正理解如何做到敏捷。我们的愿望是强调理解而非采用。敏捷的原始理念非常简单：它专注于协作交付。如果保持简单，敏捷可以非常有用。然而，这并不是本书的主要关注点。我们只想指出，采用"复杂"的敏捷可能会带来的损害，以及敏捷方法如何提供帮助。关于我们如何看待敏捷方法能提供的帮助的简短讨论，请参见第 1 章中的"善待敏捷"部分。

考虑到我们的背景，一些读者可能会惊讶地发现，我们并不将本书视为一本关于领域驱动设计（DDD）的书。当然，我们确实介绍了领域驱动设计的方法和优点，以及如何使用它，但我们并没有将自己局限于 DDD，而是提供了更广泛的观点。本书旨在应对这样一个现实需求："软件正在吞噬世界，因此我们需要聪明地与时俱进，进行创新，做出基于实际目标的明智架构决策，否则我们就会落后。"我们解决的是多年与各种公司打交道遇到的实际问题，特别是我们过去五到十年观察到的问题。

我们有点担心，用来提醒大家的鼓点听起来可能会太响。然而，对比其他由科技驱动的行业周围的鼓点，我们认为自己的声音是必要的。当其他人在高山上不断敲打着"下一个被高估的产品就是银弹"的鼓点时，我们觉得至少需要一些对应的声音，用来提醒人们，大脑才是最好的工具。我们的目标是展示出真正的创新来自思考和反思，而不是购买通用产品或者不断投入技术力量来解决难题。所以，请把我们看作在相邻的另一座山上敲打着"成为科学家和工程师"的鼓点的人，我们希望你能通过创新和独特的方式超越平凡。确实，我们在这个过程中付出了很多汗水。如果我们强烈的鼓点声给读者留下了一些深刻的印象，那么我们认为自己已经实现了目标。如果这种刺激能够引导我们的读者获得更大的成功，那就再好不过了。

图例

图 P.2 展示了本书大多数架构图中使用的建模元素。这些元素的规模从大到小不等，取决于图表的主题。其中一些元素来自事件风暴部分。

在图 P.2 中，上半部分是战略和架构元素：业务/限界上下文是业务能力和知识领域的软件子系统及模型边界；大泥球是许多企业所处的"无架构"状态；端口和适配器表示既有基础功能又富有灵活性的架构风格；模块是包含软件组件的有独特名字的包。

图 P.2 的下半部分描绘了 8 种战术组件类型：命令引起状态转换；事件捕获和记录跨子系统边界的状态转换；策略描述业务规则；聚合/实体保存状态并提供软件行为；用户角色与系统进行交互，通常代表一个角色；视图/查询收集和检索可在用户界面上呈现的数据；进程管理多步操作，直至操作全部完成；领域服务提供跨领域的软件行为。它们存在于子系统内部，有时会流向其他子系统。

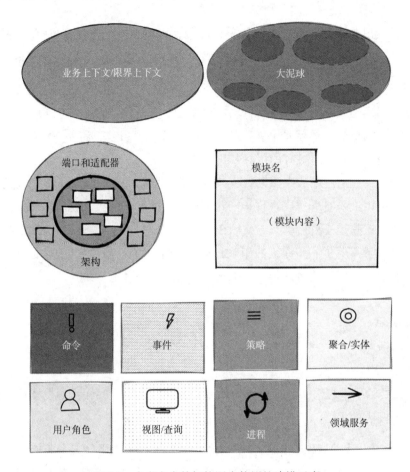

图 P.2　本书大多数架构图中使用的建模元素

致 谢

写书是一项艰巨的任务。读者或许会误以为，书写得越多，作者的写作过程就越顺利。那些写过众多作品的作者，可能会赞同这个观点，认为经验的积累让写作过程更加流畅。然而，大多数作者会为自己设定比以往更高的目标，因此需要付出更多的努力。知道在开始写作之前将要面临的挑战，可能会令人感到不安。有经验的作者深知，每本书都有其独特的生命力，需要投入比预期更多的精力。

对于本书的作者来说，每次写作都是这样的。在创作本书的过程中，其中一位作者（我）虽然知道会遇到什么，但仍然坚定地写作。而另一位只有翻译经验的作者，之所以愿意参与这次的写作，完全是因为那位经验丰富的作者告诉他不必有所顾忌。

这就好像是一位南非开普敦海岸的鲨鱼笼导游，在让新手穿上防护服之前告诉他们的话。事实上，观察大白鲨的旅客是相当安全的。至少统计数据表明，从未有人死于近距离观察鲨鱼。这部分得益于黄色或棕色的水对鲨鱼的吸引力并不如血液那么大（具体的研究留给你）。同样地，试图写一本书可能并不会"死人"。但你是否曾经思考过，那些想要写书的人和真正写完一本书的人之间的比例是多少呢？这个比例可能与那些声称要和大白鲨一起潜水的人与真正去潜水的人之间的比例相似。

一本书的创作可能只需几位作者，但却需要一批人来进行审阅、编辑、再编辑、再三编辑、制作和出版。尽管作者自认为这本书的初稿已经"非常整齐"，但每个章节仍然经历了数百次的修改、添加和删除。至于插图，就更不必提了。就算是最杰出的作家——没有人会如此自夸——在他们的图书面世之前，也需要经历一系列让人望而生畏的"实战考验"。实际上，我们需要强调的是，如果你是 Addison-Wesley 的作者，这就是你所要经历的。（我们在这里并不会讨论其他技术出版商图书前几页中明显错误的数量。）"实战考验"这个比喻非常恰当，因为 Pearson 拥有一支虽小却精悍且专业可靠的编辑团队。

我们非常感谢 Pearson Addison-Wesley 给予我们在其备受尊重的品牌下出版的机会。其团队在整个创作过程中为我们提供了指导，直至本书出版。要特别感谢我们的执行编辑 Haze Humbert，她在接收书稿、审核、改进和全面编辑制作的过程中推动了项目的顺利进行，即使在过于乐观的作者未能按预期提交所有章节时，她也给予了极大的支持。Haze 的助理编辑 Menka Mehta 保证了通信和日程的同步和流畅。我们的技术编辑 Sheri Replin 和 Chris Cleveland 进行了高质量的稿件加工，并准备好了各章节的版式布局。感谢 Rachel Paul 使出版流程保持顺畅。同时，要感谢 Jill Hobbs，即使不得不将我们"非常整齐的"手稿改得像回事，但仍能如此友好；一个优秀的文稿编辑对一本书——尤其是一本由技术作者写的书——的影响是无法估量的。当你看到事情稳步推进，却不知道这一切是如何实现的时候，很可能是因为有一个极其能干的产品管理总监默默承担了一切，而在我们的案例中，这个人就是 Julie Phifer。

我们的大部分编辑伙伴都是女性，我们认为这个团队完全可以被称作"科技女性们"。如果你是一位在科技领域工作的女性，并且希望成为一名作者，那这个团队会是你最好的选择。我们有幸与这个团队合作，感觉非常棒，因为她们相信我们，并把我们视为团队的一部分。所以，未来的女性作者们，请允许我为你们介绍 Haze Humbert，她将是你们进入图书创作领域的最佳引路人。

如果没有审阅者的宝贵反馈，本书将无法完成。我们要特别感谢 Mary Poppendieck，她对我们的书进行了细致的审阅，提供了宝贵的反馈，并为我们写了一篇精彩的序。Mary 为我们提供了她对于软件开发人员和软件工程师之间差异的深刻见解。虽然任何公司都可以雇用软件工程师，但 Mary 描述了一种超越职业的角色。读者会在正文旁边的小方框中发现她的许多观点，但她对本书的贡献远远超过了"辅助"的程度，她的输入无疑是最宝贵的财富。请认真倾听她的观点。

其他提供有价值反馈的审阅者分别担任过 CTO、首席架构师、主程序员等角色，他们在从大型公司到敏捷创业公司的各种环境中都有工作经验。他们的名字按字母顺序排列：Benjamin Nitu、Eoin Woods、Frank Grimm、Olaf Zimmermann、Tom Stockton 和 Vladik Khononov。此外，还有其他一些提供了有益反馈的人，包括 C 级管理者、副总裁和其他高级领导，可惜他们选择匿名。我们非常荣幸能够汇集一群经验丰富的技术高管作为本书的早期读者，并为他们对本书的深刻印象感到非常高兴。由于各种原因，我们无法列出所有早期读者的名字。对于未被提及的早期读者，我们表示深深的歉意。感谢你们的每一次帮助和对我们的信任。

沃恩·弗农（Vaughn Vernon）

没有新编辑 Haze Humbert，这本书不可能问世。在 Haze 接替了我的前一位 Addison-Wesley 编辑后，她积极地提出并和我讨论了我未来可能写的图书的想法。Haze 对我非常有耐心。在五年内出版了三本书后，我并不急于再写一本。我并未感到精疲力竭，只是深深地敬畏把新书带到世界需要做出的承诺。我更喜欢设计和创作软件，而不是写书。作为一个有创造力的人，我在与 Haze 的讨论中提出了一些可能让她大笑的想法。然而，她的温和态度和耐心掩盖了我大胆和荒谬的构思。

在 2020 年年初，Haze 提供了一个更为现实但完全出乎我意料的机会。她提议自己成为我冠名的系列图书的编辑。考虑到我之前的图书都成功了，甚至一度成了畅销书，我确实认为自己还可能再取得这样的成就。但是，构思和创造一整个系列比取得以往这些成就要复杂得多。这真的是一件令人兴奋的事情。这个想法在我与我信任的顾问 Nicole 进行了几周的讨论后，才慢慢地扎根在我的脑海中。让我确信这个想法可能成功的一个原因是：如果像 Pearson Addison-Wesley 这样的顶级出版社认为我的作品值得拥有这样的机会，那就意味着其团队对我有信心。如果其团队认为有任何问题，就不可能支持这个项目。

正是因为这个原因，而非我个人的能力，我抓住了这个机会。因此，我在此深深地感谢 Haze 和她的团队。感谢你们所有人。

我非常感激托马什·亚斯库瓦接受了和我一起合著这本书的邀请。我希望那些"鲨鱼"没有让他感到太过惊慌。托马什非常聪明、坚韧，同时也是我们培训和咨询业务中值得信赖的商业伙伴。他几乎完成了我们开源反应式平台 VLINGO XOOM 的.NET 实现的所有重要工作。

我对我的父母一直是我生活中的支持力量表示感激。他们多年来一直在教育和支持我。当我写出我的第一本书《实现领域驱动设计》时，他们还很健康和有活力。然而，经过了八年多的时间，以及由于疫情导致的长时间的封锁，他们现在面临着更多的挑战。我很幸运现在可以再次去看他们，我们一起度过的时光非常令人愉快。妈妈依然机智幽默，体力也还不错。我很高兴爸爸依然热衷于使用计算机、阅读图书和摆弄其他工程工具。我期待着看到他收到新的设备或我的新书时的兴奋表情。妈妈和爸爸，我无法用言语表达对你们的感激之情。

我无法用言语形容我妻子和儿子一直以来给予我的支持。尽管过去的 18 个月里发生了很多事情，出现了很多变化，我们已经成功地共同成长。Nicole 在我们的企业遭受不可避免的打击时表现出了非凡的适应性。尽管面临很多挑战，她仍然带领我们的培训和咨询公司 Kalele，以及我们的软件产品初创公司 VLINGO 达到了业绩增长的新高度。我们的初始产品 VLINGO XOOM，一个开源的反应式平台，得到了更多用户的采用。VLINGO 还在开发两款新的 SaaS 产品。我们的团队不仅效率高，而且 Nicole 的商业智慧也在更大的挑战下不断扩展。如果没有她，我根本无法在任何领域取得成功，更别提创建一个系列图书和撰写新书了。

托马什·亚斯库瓦（Tomasz Jaskuła）

2013 年，沃恩·弗农写了一本出色的书——《实现领域驱动设计》，随后他创办了同名的全球巡回工作坊。那本书是第一本从实践角度解读领域驱动设计的图书，揭示了许多过去在领域驱动设计社区中被误读或模糊的理论概念。当我首次了解到沃恩的 IDDD 工作坊时，我毫不犹豫地参加了。那时，我正在不同的项目中应用领域驱动设计，我不想错过与社区中最杰出的一员见面的机会。因此，在 2013 年，我在比利时的鲁汶遇见了沃恩，那里是他的工作坊活动之一的举办地点。在那里，我遇到了许多受领域驱动设计社区影响的人，他们都在向沃恩学习！几年后，沃恩已经成为我的朋友。能与他一起撰写这本书，我深感荣幸。在过去的几年里，他一直给予我支持，我深深地感谢他对我所有的信任。写这本书是一次非常有益的学习经历。沃恩，感谢你的所有帮助、信任和支持。

我还要感谢 Nicole Andrade，她在我们撰写这本书的过程中，以最温柔的方式支持我们。多年来，她在加强沃恩和我之间的友谊方面起了关键作用，我知道她在未来还会继续这样做。

如果没有我们公司 Luteceo 的朋友和业务伙伴 François Morin 的支持，写这本书会更加困难。他鼓励我写作，并愿意在我不在时承担公司的管理责任，这给了我承担这项任务所需的空间。François，你的支持是无价的，我非常感谢你。

我要感谢我的父母 Barbara 和 Stefan，他们一直相信我，并支持我面对挑战。他们早期就让我认识到好奇心和持续学习的重要性，这是我曾经获得的最好的建议之一。

最后，如果没有我妻子 Teresa 和我可爱的女儿 Lola 和 Mila 的无条件支持和爱，我也无法完成这本书。她们的鼓励和支持对我完成这本书非常重要，非常感谢你们。

关于作者

　　沃恩·弗农是一位企业家、软件开发者和架构师，拥有超过 35 年的丰富跨领域业务经验。沃恩是领域驱动设计、反应式架构与编程方面的顶尖专家，倡导简单性。他的工作坊学员一直对他所教授的广度和深度以及独特的教学方法给予高度评价，许多人在参加他的一次工作坊后，就成为他的其他知名工作坊的长期学员。沃恩提供有关领域驱动设计、反应式软件开发以及事件风暴和事件驱动架构的咨询和培训，帮助团队和组织发掘业务驱动和反应式系统的潜力。他的专业知识和经验帮助许多企业从遗留的技术驱动的实现方法过渡到业务驱动的现代方法。沃恩是 4 本书的作者，包括你现在正在阅读的这本。他的图书和他的沃恩·弗农系列图书均由 Addison-Wesley 出版。

　　托马什·亚斯库瓦是巴黎软件咨询公司 Luteceo 的 CTO 和联合创始人。托马什有超过 20 年的开发者和软件架构师专业经验，曾在许多电子商务、工业、保险和金融领域的公司工作过。他主要专注于创造真正产生业务价值、与战略业务举措保持一致、提供具有明确竞争优势的软件解决方案。托马什也是.NET 平台开源项目 XOOM 的主要贡献者之一。在业余时间，托马什会练习吉他演奏，并与家人共度时光。

目　录

第 1 部分　通过实验学习转型战略

第 3 部分 事件优先架构

第 4 部分　两条通向目标架构之路

第 1 部分

通过实验学习转型战略

内容提要

本书的第 1 部分旨在阐述本书的主题，即将数字化转型作为企业实现盈利的商业战略。软件建设成为在未来几十年行业竞争中生存的唯一途径，是无论多么伟大的企业都要全力以赴地推进的。然而，企业往往都是发现自己处于弱势或不利之地，或缺乏创新思维之时才开始挣扎的。

要想大胆、勇敢、自信地领先其他企业，打破平凡且普通的以讨好用户获取利益的模式，就需提供以业务为主、有差异化的软件。胜利者都会加大创新的力度，成功的方向可以是改进一个既定行业已经成熟的模式，也可以是改进已经实现的软件产品。更有甚者，会像发明家一样完全改变整个行业的运作方式。即便如此，成为一个成功的创新者并不一定要依赖发明。

作为一个行业领导者，你的创新应当是有意为之的。最伟大的创新来自坚持不懈的实验和持续的优化。本书的前 3 章将介绍驱动创新的思维方式和工具。

第1章　业务目标和数字化转型

SpaceX 不是火箭和太空旅行的发明者，这家公司只是在这个现存且相对封闭的行业中将创新做到了极致。

- 创新真正的目标是业务驱动性的突破，而不是让极客群体兴奋不已的新技术。除非这些技术有明确且合理的目的，否则它们很可能只会带偏真正以业务为中心的创新。理解创新的重点要放在软件产品上。
- 认识到创新通常包括对现有事物的突破性改进。独特的创新产品可能会吸引所有人的关注。考虑到新的交付机制和收入模式，现有的产品可能是创新的催化剂，能够带来比昨天更大的价值。
- 识别软件项目的问题所在。这是发现进行中或已经交付的软件项目存在类似问题的好方法。这些问题通常始于缺乏有效的合作交流，或者交流时没有认识到主题已经从一个专业知识领域转移到另一个专业知识领域。这两种情况都会导致笨重、难以维护的软件产生。

- 重视知识传递。知识共享是超越"平凡且普通"的唯一途径。不断挑战平凡思维的限制，是通往发现的实验的第一步。
- 像产品公司一样思考，对任何公司来说都不会错的。许多企业销售的是非技术产品，当它们将软件作为产品进行投资时，就增加了一个新的质量维度。这时候，软件产品的改进动机来自明确的客户营收目标，不再是企业内部对功能的无休止的渴望。如果你的企业还没有做到这一点，那么是时候开始了。

第2章　基本战略学习工具

如果不允许团队成员在实践中犯错并快速学习，SpaceX 就不可能像如今这样快速成功，甚至可能永远无法成功。与软件在实验中快速失败相比，SpaceX 火箭坠毁的代价是很高的。最终 SpaceX 的行为奠定了其在该市场上的领先地位。

- 将业务举措置于软件架构和技术平台之前。向客户介绍软件时，要强调的是它能为对方带来什么样的结果，而不是微服务架构或云等技术细节。用户最关心的是软件的实际效果，而不是它所采用的技术。
- 直接进行增量改进是为用户提供最佳结果的最快速的方法。充分了解需求和目标，有助于选择最合适的架构和部署方式。
- 实验性质的失败不是坏事。每次快速失败都会带来快速学习。采用基于实验心态的工程模型，而不是僵化的承包商模型，可以更好地应对未知情况。
- 拥抱失败文化，失败文化并不是指责文化。创新已经够困难了，不要让那些可怜的科学家因为尝试冒险的新想法而面临被报复的威胁。当受控的失败导致成功时，那些失败看起来就像通向胜利的道路。
- 关注企业的业务能力是了解投资战略性软件计划最重要的方法。不要构建可以购买或免费下载的东西，因为这些解决方案是通用的，没有差异化，但通常又难以实现。你的业务是由企业核心能力所定义的，如果投以适当的关注和投资，就会得到对应的价值。

第3章　事件优先的实验和发现

芸芸众生，性格各异，要如何克服沟通障碍，实现协作沟通、学习、实验和探索型创新，以及改进软件构建？

- 不要把外向者和内向者分隔开。如果将业务和技术人员推向不同的方向，所开发的软件也会受这种分离的影响，无法满足真正的需求。相反，应该找到将这两种思维方式结合起来的方法，并持续推动探索创新。本书第 3 章介绍了一些方法，第 2 部分将进一步探讨这个话题。

- "事件优先"可能听起来很陌生，甚至令人生畏。但实际上我们并不需要对其特殊对待。在日常生活中，几乎所有的行为都是对外部事件的反应。在软件中，事件是已经发生的事情的记录，会引起其他响应性的事情发生。将事件作为学习和发现的工具是非常有价值的实验经验。

- 借助有效的学习工具快速实验，从而完成组织的快速迭代。快速学习需要业务专家和技术专家之间的协作沟通。通过使用轻量级建模工具，快速学习和实验的效果能够得到增强，使用这些工具的费用与使用纸笔无异，更何况还可以使用免费的在线协作工具。

- 无论是线下线上还是二者皆有的实验会议，都可以使用廉价或免费的工具来支持轻量级的探索活动，也就是所谓的事件风暴。重要的是要确保会议中有业务专家和技术专家，他们能够回答"寻常"的问题并愿意挑战"平凡"。

要拥抱新的思维方式。将计算机和软件视为只是代替重复、手动、纸质文件为主的任务的方法，这种思维至少已经落后了 30 年。不要再把软件当作成本中心。每个行业即将进入新的业务时代，当下的思维是力求拥有能够改变一切的软件。要将软件提升为盈利中心，并要求由此产生战略创新。

第 1 章

业务目标和数字化转型

在商业领域，最出色的成果是创造出独特的、以最优价格满足广大消费者的需求的产品。从历史经验来看，要取得这样的成就，必须有能力识别市场主要消费者的需求。正如哲学家柏拉图所说："我们的需求才是真正的创造者。"如今，这句话被更广泛地解读为"需要是发明之母"。[①]

然而，最具影响力的创新者会在消费者发现他们的需求之前就创造出独特的产品。这样的故事屡见不鲜，但大多与那些敢于质疑"为什么不能"[②]的人有关。数学家及哲学家阿尔弗雷德·诺斯·怀特黑德（Alfred North Whitehead）早在自己的时代就曾谈到这个话题。他曾说过："一切创造的基石都是科学，而科学则是快乐的好奇心的产物。"（见参考文献 1-1）

当然，绝大多数企业都面临着一个严峻的现实：带来深远市场影响的产品研发突破，并非每天都会发生。随随便便地创造出独一无二的产品，轻而易举地抢占市场，听起来更像是白日做梦。

因此，商业计划中最主要的部分是竞争，而非创新。具体表现为通过（比竞争对手）更低的价格来抢占市场，而不是开发更有价值、更具特色的创新产品。但是，采取这种价格竞争策略的商业机构是自甘平庸且缺乏想象力的，因为价格竞争并不是确保成功的可靠手段。如果认为制造更多的竞争是最好的策略，那么考虑一下史蒂夫·乔布斯的建议："你不能看着竞争对手，说你会做得更好。你必须看着竞争对手，说你将以不同的方式去做。"

---

① 译者注：有人说是日本谚语，有人说来自柏拉图的《理想国》，也可译为"需求是创造之母"。
② 萧伯纳说："有些人看到事物问为什么。另一些人梦想着从未实现过的事物，问为什么不呢？"

SpaceX 公司的创新

在 20 世纪 70 年代至 2000 年期间，将物品送往太空的平均成本为每千克 1.85 万美元。然而，SpaceX 的"猎鹰 9 号"只需每千克 2720 美元，成本降低至原来的七分之一。这是为什么 SpaceX 现在几乎占据了整个太空发射业务市场的原因。其团队是如何做到的呢？他们当时没有与政府签订合同，仅靠融资机构的资金支持。他们的首要目标是尽可能降低货物的发射成本，其次是开发能回收和重复使用的推进火箭。在 YouTube 上有一段精彩的视频，介绍了他们为实现这个目标而坠毁的所有推进火箭，而政府不会容忍像 SpaceX 这样的承包商多次发射失败。然而，正是这些发射的失败加速了低价、可靠的推进火箭的发展（甚至加快了 5 倍）。SpaceX 的做法是不断地通过试验去探索未知情况，这种策略被称为"集成式"策略，即多个工程团队快速地与其他团队一起试用最新版本产品。虽然"集成式"策略在工程领域非常典型，但政府绝对不会允许自己的承包商采用这种策略。SpaceX 团队表示，火箭失事和找出问题的代价远低于（因为害怕风险）无所作为。

模仿不是策略，差异化才是。

差异化是企业必须不断追求的战略目标。然而，带来差异化的创新往往不可能一蹴而就，而是需要持续不断、努力地改进才能实现的。在本书中，我们的任务是帮助读者通过不懈的改进来实现企业在数字化转型中的差异化战略。

数字化转型的目标是什么

我们必须承认，创造出独一无二的产品是一项伟大的成就，我们不应该阻止任何人以坚持不懈的决心，用小而科学的步骤，坚定不移地进行创新。或许经历漫长而复杂的旅途才能到达终点，正如从 A 到 Z 那么遥远。但无论如何，从 A 出发通过科学实验逐步到达 B，都是一个非常合理的期望。在 B 的基础上，到达 C 和 D 也是完全可行的。这种方法可以确保我们在测验和资金投放上保持安全和谨慎。这个过程充满了创造市场认可的独特产品的机会。

尽管微软 Office 在一开始并未被视为一项提高工作效率的创新产品，但它无疑成了办公软件市场上最成功的套件之一。现在，借助微软 Office，Office 365 办公系统可以专注于更有价值的业务，例如提供新的交付机制、增强团队协作能力，以及实现其他高附加值功能，而无须重新发明文字处理软件和电子表格软件。难道不是这样的数字化转型创新让微软再次成功的吗？

在数字化转型中，企业经常会忽视转型中的创新。这种转型创新需要企业理解"改变基础设施平台"和"创造新的产品价值"之间的区别。例如，将软件服务从企业本地数据中心转移到云端可能是一项重要的 IT 举措，但它本身并不是一项业务创新活动。

把软件迁移到云端是否符合数字化转型的要求？也许是的，但如果这一行动能够促进创新和差异化产品的研发，那就更好了。如果向云计算的迁移能带来新的创新机会，或者至少可以减少高额的数字资产运营成本，同时将节省的资金用于投资新产品，那么它将完美契合数字化转型的要求。云是将你从传统数据中心的烦琐责任中解放出来的机会。然而，如果向云计算的迁移等于用一种成本换取另一种成本，那么这种迁移就不是转型创新。亚马逊公司向外界提供了其已经验证成功的云计算基础设施，这对该公司来说是一次数字化转型，也为业界在云计算领域提供了创新的基础。当然，对于亚马逊公司的客户来说，向亚马逊支付费用来使用其云计算服务，并不算是自己的一项创新。这告诉我们：要么创新，要么被创新。

正如向云端迁移不是创新一样，创建新的分布式计算架构也不是创新。用户并不关心分布式计算、微服务、单体，甚至软件功能。用户关心的是成果。好的软件应该带给用户更多有价值的成果，同时又不会为用户的工作流程带来不便。为了能使软件有机会向这个方向演变，其架构和设计必须能够支持业务功能的快速迭代。

在使用云计算时，如果能够选择合适的架构和设计方法（以及任何可以提高生产效率的措施），那么达成创新转型的目标就会变得更加容易。使用基础设施即服务（IaaS），可以使企业自由地开发创新性的业务软件，而不需要在基础设施上进行创新。基础设施创新不仅耗费时间和成本，而且可能不利于企业的正常发展——内部开发的基础设施可能永远无法像 AWS、GCP 和 Azure 那样能满足运营的需求。当然，情况也并不总是这样。对于某些企业来说，将运营迁移到内部或保留在内部会更有成本效益（见参考文献 1-2）。

请记住，数字化转型是 A 到 B、B 到 C、C 到 D，一步步进行的。需要接受重复任何一个已经完成的步骤，以确保你有足够的知识来进行下一个步骤。在进行步骤 K 之前，先从步骤 J 回到步骤 G 是完全有可能的，而最终目标 Z 并不需要真的达到——这无疑是一种解脱。在创新的过程中，每一个转型步骤都不能容忍漫长的周期。第 2 章会展示实验是如何促进创新和对抗优柔寡断的。

软件架构概览

本节介绍了软件架构这个常见的术语。软件架构是一个相当宽泛的话题，本书将详细地讨论它。

现在，请把软件架构想象成建筑的架构。建筑的架构体现了建筑师和业主之间，就某种设计特征进行交流的结果。一栋建筑就是一个由多个子系统组成的整体系统，每个子系统都有其特定的目的和作用。这些子系统都或松散或紧密地与建筑的其他部分联系在一起，以独立或协同的方式工作，使得建筑满足其设计目的。例如，一栋建筑的空调系统需要电力、管道、温度调节器、隔热系统，甚至需要一个封闭区域来冷却，这样才能保证这个子系统的运行效率。

同样，软件架构也是一种架构设计，不是对某单一系统，而是针对许多子系统的架构进行设计。架构设计使系统组件能够协同工作，并为它们提供互相通信的手段。系统的架构用于隔离组件集群，以便它们能够独立运行。因此，系统架构必须满足质量属性而不是功能属性，与此同时其中的组件则负责实现具体的功能。

图 1.1 展示了两个子系统（只显示了整个系统的一个局部），每个子系统都有内部组件，但与另一个子系统是隔离的。这两个子系统通过一个通信通道交换信息，中间的方框代表所交换的信息。假设这两个子系统在物理上被分离成两个部署单元，并通过网络进行通信，就构成了一个分布式系统的一部分。

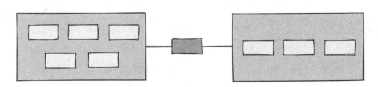

图 1.1　一个支持子系统之间的通信的软件架构

建筑和软件架构的另一个重要共同点是它们必须能够应对随后到来的变化。如果建筑或者软件架构中有一些组件无法满足新的需求，那么这些组件必须能够被替换，且不需要花费很大的代价。架构还必须能够适应可能发生的扩展，而不会因为扩展而严重影响架构本身。

为什么软件项目会出问题

我们无须夸大企业软件开发窘况的严重程度，也没有夸大的余地。

在与《财富》杂志和环球公司的人探讨企业软件系统的现状时，我们很快发现了他们的主要痛点。这些痛点都与老旧的软件有关，这些软件经历了几十年的维护，已经无力支持当前的创新活动。而且，他们更倾向于将软件开发部门视为企业的成本中心，这使得改进软件的行动难以获得资金支持。实际上，当今的软件开发部门应该成为企业的一个盈利中心。但很遗憾，企业依然停留在 30 多年前的思维模式，那时的软件仅仅能用来替代某些重复、手工的操作。

最初，应用程序（或子系统）一定是围绕一个核心的业务开始构建的。随着时间的推移，其核心业务可能会扩展，甚至发生根本性改变。新的特性会不断地添加进来，人们可能会逐渐忘记该应用最初的用途。与此同时，这个应用在不同的业务部门眼中也会变成完全不同的东西，但没有人能够全然了解所有的改变。人多手杂，最终开发工作的重心会从实现企业的战略目标，转移到维持软件运营上——通过修复紧急 Bug 和直接在数据库中修补数据的方式来实现。为了避免产生更多的 Bug，添加新特性的行为通常会既缓慢又谨慎。即便如此，还是不可避免地引入了新的 Bug：随着系统混乱程度的不断提高和初始信息的不断丢失，人们现在已很难确定一个变更会对系统造成多大的影响。

开发团队承认，他们并没有在子系统或整个系统中清晰地展示软件的架构。即使能感知到架构的存在，但由于硬件设计和云计算等操作环境的不断变化，架构也是脆弱和过时的。他们对软件设计也不太上心，让人很难感受到软件是精心设计出来的。到最后，大多数实现背后的想法都是隐性的，仅存在于少数几个人的记忆中。他们的软件架构和设计在很大程度上都是为了一些特别或者奇怪的需求而拼凑起来的。不认真的工作和这些不起眼的错误做法终将导致一系列非常不利的结果。

　　与没有良好的架构一样危险的是，仅仅出于技术原因而引入架构。软件设计师和开发者都热衷于尝试一些新的东西，他们乐于采纳全新的开发模式，喜欢使用新出现的软件工具，因为这些工具被大肆宣传或在业界引起了热烈讨论。这通常会引入偶然复杂度[1]，因为 IT 专业人士并不完全明白他们的不明智决定会对整个系统——包括但不限于系统运行环境和操作方式——造成怎样的影响。像微服务架构和 Kubernetes 等工具，在某些情况下确实发挥了作用，但是在许多地方却被滥用了。对新技术的采纳很少来源于对业务的洞察，这是非常令人遗憾的。

　　由于未能及时修复错误，软件模型的不准确性在系统内长期积累，这被称为债务隐喻（Debt Metaphor）。与此同时，不受控制的变化在系统内不断积累，则会形成软件熵（Software Entropy）。两者都值得仔细研究。

债务隐喻

　　几十年前，当一位非常聪明的软件工程师沃德·坎宁安（Ward Cunningham）正在开发一款金融软件时，他需要向老板解释为什么改变当前的软件是必要的（见参考文献 1-8）。他要做的改变并不是临时性的；事实上，恰恰相反。那些必要的更改会让人们觉得软件开发人员一直知道目标是什么，并且使目标看起来很容易达到。他们使用的技巧现在被称为软件重构（Software Refactoring）。重构是按照软件原本应该被实现的方式进行的，也就是将新的业务知识反映在软件模型中。

　　为了证明这项工作的合理性，坎宁安需要解释清楚，如果团队不对软件进行调整以适应他们在问题领域不断增长的理解，他们将在现有的软件逻辑和内心日渐深化的业务理解之间苦苦挣扎。这种持续的挣扎会拖慢团队的开发进度，就像银行贷款需要不断地支付利息一样。于是，债务隐喻就产生了。

　　借钱可以让人们比在没有钱的情况下更快地完成任务。但当借债发生之后，我们就必须承担利息。在软件开发中，为了更快发布产品，我们可能会承担一些技术债务，但这些债务必须及时偿还。我们可以通过重构软件来偿还技术债务，以反映团队新获

---

[1]　偶然复杂度是由开发者试图解决问题而引起的，可以被消除掉。在某些软件中也存在本质复杂度，这是由所解决的问题引起的。虽然本质复杂度无法避免，但它们通常可以被隔离在专门用于处理它们的子系统和组件中。

得的业务知识。然而，在坎宁安那个时代（现在也一样），即便团队知道技术债务仍未偿还，仍会匆忙地交付软件。这是因为他们常常认为技术债务永远无须偿还。

当然，我们都知道接下来会发生什么。如果债务继续堆积，终将会有一天，借款人的所有资金都必须用来支付利息，他们的购买力就会降到零。类似地，深陷技术债务的开发者也会面临严重的阻碍，导致添加新功能的周期越来越长，最终可能无法再添加新功能。

目前，对债务隐喻的最大误解在于，很多开发者都觉得他们可以把设计和实现中的严重缺陷归为技术债，只要能够加快软件发布速度。然而，债务隐喻并不能支持这种做法。这种用速度换质量的行为更像是借入利率可调高的次级贷款[①]，往往导致借款人在财务上过度扩张，最终沦落到因债务违约破产了事的地步。债务只有在受到控制的情况下才有用；否则，它将造成整个系统的不稳定。

软件熵

软件熵[②]是不同于债务的另一种隐喻，但在软件系统的语境中，与债务隐喻密切相关。"熵"这个术语在热力学领域中被用来衡量系统的无序程度。"热力学第二定律指出，孤立系统的熵不会随时间而减少。孤立系统自发地向热力学平衡演化，即向熵最大的状态为演化"（见参考文献 1-9），在这里我们不必深入讨论这个专业描述。软件熵的比喻是指软件系统不可避免地会发生变化，这些变化将导致不可控的复杂性不断增加，除非我们竭尽全力消除这些复杂性。（见参考文献 1-11）

大泥球

符合前面两种描述的应用程序或系统被称为大泥球（Big Ball of Mud）。这些系统的架构往往结构杂乱、枝蔓丛生，到处充斥着不受控制的新增代码和无休止的临时修

---

① 令人费解的是，一些人对持续数年的 2008 年金融危机并不熟悉。这一蔓延全球的危机就是由无资质的购房者大举借入次级贷款引发的。本书的一些早期读者问："什么是次级贷款？"了解了那段历史，这些读者就可以免于陷入很多经济困境。

② 除了熵，其他类似术语也生动地描述了这个现象，如软件腐烂、软件侵蚀和软件衰退。本书在这里主要使用了"熵"一词。

补。系统各处可见散布的数据，重要数据也经常被用作全局数据或重复数据。这些系统的总体架构通常缺乏规划，或者早已被改得面目全非（见参考文献 1-3）。

说起来，把大泥球系统的架构称为"无架构"，似乎更为贴切。

在本章的其余部分，以及本书的很多章节，我们将重点介绍大泥球系统的一些特性：随意任性的架构；无节制的增长；重复的、临时的补丁；杂乱无章的数据共享策略；所有重要的数据都是全局的或重复的。

由于大泥球系统的存在，企业在市场竞争中将会处于劣势，这种情况已波及各个领域。那些一度拥有巨大竞争优势的企业，在面临高额的软件债务和近乎达到最大熵的系统时，往往会深陷其中，从而无法前进。

可以对比一下图 1.1 和图 1.2 描述的两个系统。尽管在功能上，图 1.1 所示的系统与图 1.2 所示的系统相比有所逊色，但很明显的是，前者因为有良好的架构而更加有序，后者则因为存在架构缺陷而变得混乱。

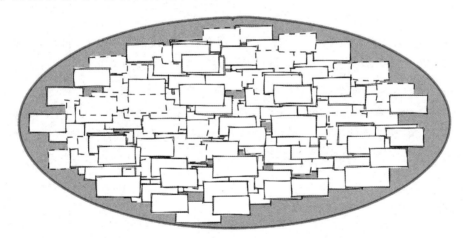

图 1.2　大泥球系统可以归类为无架构

混乱的系统状况会导致软件发布的频率降低，从而导致问题进一步恶化。开发者和团队对于系统的糟糕状态不理不睬，因为他们觉得无能为力，无法采取任何措施来改善。这种绝望的心态会使士气低落，让理想破灭。最终，企业无法进行软件创新，也无法在市场竞争中保持竞争力，从而成为新生敏捷公司的手下败将，这些公司可以在几个月或几年内取代以前的市场领导者。

案例研究

现在，我们找来一个现成的大泥球系统进行案例研究，并讲解企业在深陷软件债务和系统熵时，该如何努力进行创新。谁都讨厌听到坏消息，不过可以剧透一下：糟糕的现状会随着时间的推移而改善。

没有比借用现实世界中的例子更好的方法来解释每个公司在软件开发中必须面对的问题。这里提供的处理现有大泥球系统的例子来自保险业。

在人生的旅程中，几乎每个人都要和保险公司打交道。人们因为各种原因需要不同的保险。有些人买保险是为了符合法律要求，有些人买保险是为未来提供安全保障。保险公司提供的险种涵盖人寿、汽车、房屋、抵押贷款、金融产品投资、国际旅行等多方面，你甚至可以为你最喜欢的一套高尔夫球杆投保。保险领域的产品创新似乎永无止境，似乎覆盖几乎任何可以想象得到的风险。只要你认为有潜在的风险存在，总能找到一家保险公司提供对应的保险。

保险的基本理念是，一些人或事物会面临损失的风险，只要支付一定的费用，保险受益人就可以在这种损失发生后得到赔付，其数额取决于计算出的被保险人或某物的经济价值。由于大数定律，保险是一个成功的商业模式。大数定律认为，在有大量被保险人和物的情况下，所有被保险人和物的总体损失风险相当小，所以投保人支付的保费将远远大于实际发生赔付的费用。而且，损失发生的可能性越大，保险公司收取的保费也就越高。

想象一下保险领域的复杂性。汽车和住宅的保险范围相同吗？调整一些适用于汽车的保险规则，就能适用于住宅保险吗？即使汽车和住宅保险已经"足够相似"，但这两类保险应对的总归是不同的风险。

设想一些示例场景。一辆汽车撞上另一辆汽车的可能性要比一间房屋撞上另一间房屋的可能性大得多。在日常生活中，厨房发生火灾的可能性也会大于汽车发动机起火的可能性。如你所见，这两种保险并不是只有微小的差别。考虑到各种可能的保险种类，保险公司需要大量的投资来设立不同的险种，既要保证保险对投保人有价值，又不能让保险公司自身蒙受损失。

因此，保险公司在业务战略、运营和软件开发方面的复杂性是相当大的。这也是为什么保险公司更倾向于专门聚焦于一小部分可保险产品。并不是不想在市场上扮演更重要的角色，而是在所有方向都进行投资，很容易导致成本超过收益。有鉴于此，保险公司更愿意在已经获得专业知识的保险产品上保持领先地位，也就不足为奇了。即便如此，对于保险公司来说，调整业务战略、接受不熟悉但可衡量的风险、开发新产品，依然是有利可图的机会。

现在是时候介绍 NuCoverage 公司了。虽然公司名是虚构的，但故事来自作者的真实经历。NuCoverage 是美国廉价汽车保险行业的领头羊。该公司成立于 2001 年，其业务是为司机提供廉价的保险服务。它看到了这个细分市场的机会，并且一举成功。NuCoverage 的成功来自该公司能够非常准确地评估风险和保费，并在市场上提供最便宜的保险。近 20 年，该公司在全美汽车保险市场的占有率为 23%，而在廉价汽车保险市场，这一数字接近 70%。

当前的业务背景

虽然 NuCoverage 公司在汽车保险方面处于市场领先地位，但它也希望将业务扩展到其他类型的保险产品上。该公司近来发布了住宅保险，并正在致力于发布个人保险产品。然而，增加新的保险产品比想象中更复杂。

在个人保险业务增长的同时，NuCoverage 公司管理层得到了一个和美国最大的银行（WellBank 银行）合作的机会。这次合作使 WellBank 银行能够用自己的品牌销售汽车保险。WellBank 银行认为，因为自己长年承接汽车贷款业务，所以在销售汽车保险方面也应该潜力巨大。而 NuCoverage 公司则在背后为 WellBank 银行提供真正的产品支持。

当然，从 NuCoverage 公司购买的汽车保险和从 WellBank 银行渠道购买的汽车保险还是有区别的，主要的区别点如下。

- 费用和保障范围。
- 规则和保险费率价格计算方法。
- 风险评估标准。

虽然 NuCoverage 公司从未有过这种合作经验，但管理层敏锐地注意到，这是一次扩大业务边界的机会，甚至可能演化出一种全新的、创新的商业模式。但是它应该是什么样的呢？

商机

NuCoverage 公司的董事会和高管发现了一个比和 WellBank 银行合作更大的战略机遇：建立一个"白标"①保险平台，专门为初创的保险公司提供保险产品。许多公司都倾向于销售自家品牌的保险产品，因为了解自己的客户，熟知不同客户对于保险产品的不同需求。与 NuCoverage 公司合作的 WellBank 银行就是一个很好的例子。既然如此，NuCoverage 公司当然应该继续寻找其他同样具有战略前瞻性的合作伙伴，为这些合作伙伴提供白标保险产品。

例如，NuCoverage 公司可以与提供厂商金融方案的汽车制造商合作。在客户购买汽车时，经销商可以提供厂家自有的金融方案和保险。这样的例子数不胜数，虽然不是所有的公司都能成为保险公司，但是它们仍然可以通过销售保险来获利。在未来，NuCoverage 公司计划引入更多样化的保险产品，如摩托车保险、游艇保险，甚至宠物保险。

董事会和管理层对这种商机感到非常兴奋，但是当软件管理团队了解到上述计划时，却不得不倒吸一口凉气。最初的汽车保险应用程序是在巨大的交付压力下快速实现的，是一个大泥球般的单体应用。正如图 1.3 所示的那样，由于 20 多年的变化和沉重的未偿债务，以及个人保险业务的不断发展，软件开发团队已经遇到了难以置信的、计划外的复杂性。现有的软件绝对无力支持当前的商业目标。但无论如何，软件开发都需要响应业务的号召。

NuCoverage 公司必须明白，它的业务不再是单独的保险了。它依然是一个产品公司，但它的产品已是保险策略。NuCoverage 公司的数字化转型正在引领它成为一家科技公司，其产品现在也包括了软件。为此，NuCoverage 公司必须开始像一家科技产品公司那样思考，做出符合这一定位的决策：这不是为业务打一个快速补丁，而且要从根本上改变。这是公司管理者心态的一个重要转变。NuCoverage 公司的数字化转型如果仅仅依靠技术选型是不可能成功的。在决定使用何种技术工具及如何使用它们之前，公司高管更需要专注于改变组织成员的思维方式，以及组织文化和流程。

---

① 白标产品是指一家公司（生产商）生产的产品或服务，可以被其他公司（营销者）打上自己的品牌标签，使产品看起来像是后者制造的。

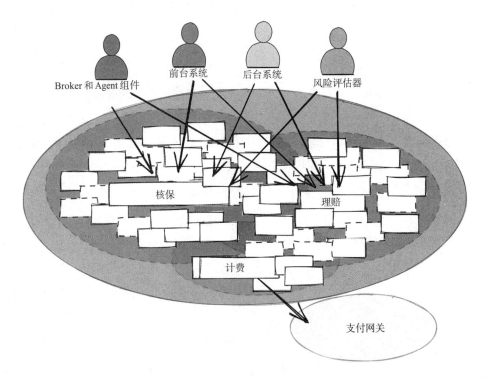

图 1.3　NuCoverage 公司的大泥球系统

所有的业务活动都与软件组件纠缠在一起，这些组件债台高筑，软件熵接近最大值

企业与康威定律

很久以前（好吧，1967 年），在一个离我们不远的星系（对，银河系），另一个聪明的软件开发者发现了软件开发中一个不可避免的问题。这个问题业已成为一个众所周知的定律。这个聪明人正是马尔文·康威（Melvin E. Conway），而描述那个不可避免的问题的定律就是著名的康威定律。

　　康威定律：设计系统的架构受制于产生这些设计的组织的沟通结构（见参考文献 1-7）。

很明显，这与前面描述的大泥球系统相关。一般来说，这是一个沟通中断的问题，导致了"无序的结构；不受监管的增长；重复的权宜之计的修复"。

　　然而，还有另一种重要的沟通却几乎总是被遗漏：业务利益相关者和技术利益相关者之间进行的有效沟通，可以实现深入学习，进而带来创新。

　　假定：那些想要构建优秀的创新软件的人，必须在尝试任何其他东西之前，先学会这种"交流-学习-创新"的方法。

　　有趣的是，这些定律有没有可能被"改造"？例如，人类无法真正"改造"万有引力定律。我们知道，如果我们从高处跳下，就会摔到地上。通过学习万有引力定律，能够计算任何一个跳跃的人需要多长时间才会落地。有些人可以跳得更高更远，但他们仍然和地球上的其他人一样受重力的影响。

　　正如我们不能"改造"万有引力定律一样，我们也不能"改造"康威定律，我们不得不服从它。那么，我们该怎样应对康威定律呢？一个选项是"改造"我们自己，以便在面对这个不可避免的现实问题时能够更好地应对。挑战和机会总是并存的。

知识传递

　　知识是每个公司最重要的资产。一个组织不可能事事出色，所以必须找准自己的核心竞争力。一家公司在其专业领域内获得的知识能使其建立竞争优势。

　　尽管公司的知识可以通过文档、源代码和算法来体现，但这些知识无法和企业员工的集体知识相提并论。大部分知识都存在于每个员工的脑海中，这些没有被外化的知识被称为隐性知识。这些知识可以是集体所有的，例如企业内部不成文的例行程序，或者每个人都拥有的个人最喜欢的工作方式。个人知识则包括技能和行业知识，比如公司自成立以来收集的没有证据的商业秘密和历史背景知识。

　　组织内部的人员通过有效的沟通来传播知识。他们的沟通越顺利，公司的知识分享就会越有成效。然而，知识的共享不应该仅仅是静态的，静态的知识共享如同输入百科全书一样，好处有限。旨在实现目标的知识共享会产生学习过程，而集体学习的经验会带来突破性创新。

知识不是实物

　　因为知识不能像物理实体那样由一个人传递给另一个人，所以知识转移是通过感知和理解结合的方式进行的，正如图 1.4 所示（见参考文献 1-14）。

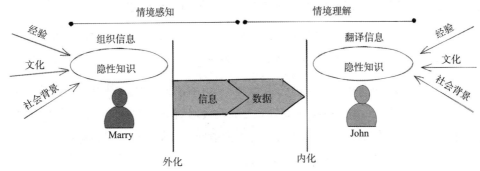

图 1.4　通过情境感知和情境理解的过程进行隐性知识转移

知识传递需进入情境感知（sense-giving）模式，将知识组织成具象的信息（见参考文献 1-12）。接收者则需要进行情境理解（sense-reading），从所接收的信息中提取数据，转化为个人知识并铭记在心。两个人能否对相同的信息做出相同的理解，不仅由相互通信的准确性决定，也受先前的经验和接收者所处的特定环境等因素影响。

没有人能保证，某人接收的信息就是另一个人想要传递的，下面会以具体实例进行说明。

电话游戏

电话游戏说明了某些通信过程中会出现的问题。你知道的可能是这个游戏的其他名称，但规则是相同的：人们排成一行，一端的第一个人向下一个人耳语一条消息，然后由下一个人用相同的形式向下传递消息，直到消息到达另一端的最后一个人。最后一个人宣布他接收的消息，开头的人则宣布原始消息。这个游戏的乐趣就在于，信息在到达队尾的时候会变得严重失真。

这个游戏最有趣的地方就是，每一个单独的交流点都会产生信息扭曲。队里的每个人，甚至是那些最接近消息来源的人，都无法准确重复自己被告知的消息。队伍里面的人越多，消息传到最后就越失真。

从本质上说，每一个转述的交流点都产生了一次新的翻译。这个故事告诉我们，即使是两个人之间的沟通也是困难的。达成明确一致的认知是可能的，但要实现起来也有困难。

当这种情况在企业内部发生时，可就不是一个有趣的游戏了。消息越复杂，就越可能在传递过程中发生严重的失真。如图 1.5 所示，在超大型组织中，可能有 20 多个级别，这意味着信息的中间节点也非常多。如此多的层次结构，以至于组织中的任何事情都难以精确地完成，有些软件开发人员听说后对此感到惊叹。

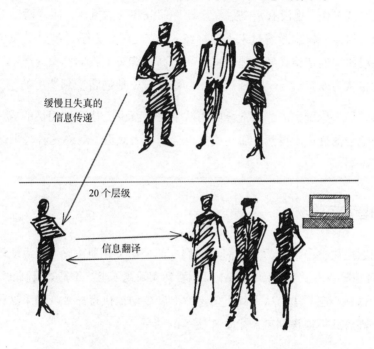

缓慢且失真的
信息传递

20 个层级

信息翻译

图 1.5　典型信息交流结构：从高管到项目经理再到开发者

艰难的一致

团队成员的消极情绪，如冷漠、自满、幻想破灭和士气低落，是可以克服的。通过帮助团队创建可完成的目标和提供新的轻量级技术，可以实现这个目标。比如，为了更好的沟通而塑造团队，以及参与逐步的、价值驱动的软件重构。

然而，当沟通的不同点之间及层级间的沟通风格存在差异时，业务和技术参与者之间的裂隙会扩大。当面临重大变化时，沟通距离使达成共识变得更加艰难。

技术领导者意识到，自己及团队在受到被指责或变动的威胁时，会产生负面的问题。各种流言都表明，当下的状态不能长期持续下去。人本是自我的，并与辛勤工作所创造的成果深深绑定，这种依恋通常被称为"婚姻"。当这种紧密的联系看起来可能破裂时，涉及的各方往往都会采取防御姿态，不仅守住已完成的工作不放，还要紧紧维护既定的做事方法。摆脱这种强硬的立场并不容易。

也有外部人员强烈建议进行那种与常规业务不相容的变革。这些外来者没有经历过几十年的辛苦工作，也没有承受过深度软件债务和熵的重压，而这两重重压如今像两个剧痛的大拇指一样刺激着过来人的神经。所有这些令人不适的感受在技术领导心中形成了一股压抑的情绪，导致他们喊出了"高管背叛了我们！"的声音。显然，有些人已经被指认为罪魁祸首，在回天乏术的情况下，他们将受到严厉的惩罚。

当技术领导产生疑虑时，通常会向团队中几个至少支持这种担忧的成员倾诉，但这只会增加他们的疑虑。自然，那些成员也会向他人倾诉，最终这种恐惧会导致对新需求的广泛抵制。

但是一切皆有可能

整个问题往往被一种名为"我们与他们"的公司文化所束缚。因为缺乏合理的沟通结构，这种情况一再发生。回头看图1.5，你看到大问题了吗？正是等级制度滋生了"我们与他们"这种心态。法令从上到下传递，下属被动地执行命令。如果这种等级制度继续保留，高管就不应该期望产生合作变革的结果。

合作变革必须源于执行层面顶端的领导层。如果高管可以认识到，分级指挥和控制是站不住脚的，也就知道解决办法不是用新控制取代旧控制。

无论对于哪类工作，团队在大型活动中都远比个人更成功。成熟的体育团队通过制定创新的战术手册，并以固定的方式向全队传达每一个战术而获得成功。

像团队一样行事的前提是成为一个团队。在团队中，沟通不是单向的。任何一个团队成员都可以有足够的经验来指出计划中忽略了某些东西，或者通过这个或那个额外的动作使战术更成功，或使效率更高。当每个团队成员都因其能力和经验丰富而受到尊重时，沟通就会变得更有效，如图1.6所示。

图 1.6　最佳的沟通结构是团队合作的结果

通过以下关键点可以提升沟通的质量。

- 我们，而不是我们和他们。
- "仆人式领导"但不卑不亢。
- 了解建立战略性组织的力量。
- 创建让任何人发表建设性观点的安全环境。
- 积极影响是激励人们采取建设性行动的关键。
- 在相互尊重的基础上建立业务-技术合作关系至关重要。
- 要实现颠覆性、变革性的软件系统，深度沟通、批判性思维和合作是必不可少的。

这些战略行为模式并不是标新立异，它们已有数百年历史，是从众多成功组织的经验中总结出来的。

康威定律直接回答了如何使组织沟通结构为共同利益服务，正如康威在论文结论中所述：

我们找到了设计组织结构的标准：设计工作应该根据沟通的需要来组织。由于最初的设计几乎从来不是最好的解决方案，所以主流的系统概念可能需要改变。因此，组织的灵活性对于有效的设计非常重要。必须找到办法奖励设计经理，让他们保持组织的精炼和柔性。

这些想法反映在图 1.5 中，并贯穿于本书。

（重新）思考软件战略

建议在考虑任何技术手段之前，专注地思考，再思考。在我们了解必须追求的战略业务目标之前，不应该指定系统的任何技术特征。只有经过一番思考，引入系统级的规划才是有意义的。

思考

萧伯纳就思考发表过这样一句被多方引用的名言：恐怕你们不常思考吧。在一年中思考两三次的人已经不多。我每星期总要思考一两次，所以名闻天下。

当然，我们所有人每天都在思考。有智慧的生物不可能没有思维活动。萧伯纳的话揭示了另一层意思：在生活中的大部分时间里，人们都是在完成日常活动，并不需要花费心思。人们需要考虑的细节越少，就越不会有意识地思考自己所做的事情。这就是为什么老年人往往会逐渐丧失认知能力，除非他们在晚年依然对某些事保持精神上的投入。萧伯纳的示例表明，即使是一个著名的思想家，也可能不会经常进行深刻思考。同样地，对于知识工作者，缺乏有深度的思考也成了一个问题。

知识工作者进入惯性思维模式的问题在于，软件对错误的容忍度很低，特别是对那些存在了很长时间的错误。如果软件开发人员对交付的软件不尽心呵护，那么他们就将在偿还软件债务方面变得松懈，从而导致不受监管的增长和使用权宜之计的修复方法出现。

还有一个担忧是，开发人员将越来越依赖产品公司想要销售给他们的产品，而不去思考自己所属部门的业务重点。鼓吹新技术的声音不断从各处传来，盖过了最为重要的业务内容。一些踌躇满志的开发者希望引入新技术来解决问题，另一些人也渴望有新玩具能吸引开发者的注意力。要知道，错失恐惧症（Fear of Missing Out）背后的动力并不是由深入的批判性思考所产生的。

正如图 1.7 所强调的那样，对系统规范中涉及的所有内容进行充分思考，对于做出正确的业务决策及随后的技术决策至关重要。以下问题可以帮助检查动机。

图 1.7　成为思想的领导者，多思考，多讨论

- 我们在做什么？发布劣质软件可能是为了赶上最后的交付期限，但这类软件往往难以重构，且缺乏重构计划。团队可能会考虑使用更新、更流行的架构进行全面重写。然而，不容忽视的是：相关人员可能没有在现有系统中采用良好的架构，或者在维护现有架构时犯了错误。

- 我们为什么要这样做？比起采取必要的手段来维护已有的软件，采购外部产品的解决方案似乎更有吸引力，因为现有的软件除了需要保持运行，似乎已经失去了存在的理由。在这种情况下，人们可能更容易受到错失恐惧症（FOMO）和"简历驱动开发"（CV Driven Development）①的影响，而不是考虑采用良好的开发技术。但要牢记的是架构或技术是否适用，是由实际的业务和技术需求决定的。

- 经过全面而深刻的思考了吗？每一项学习都必须经过批判性的思考，无论是从正面还是反面。有理不在声高，强烈的主观意见并不能证明决策的正确性。对已知信息进行清晰、广泛、深入、批判的思考，是极其重要的。这些思考可以引发更有深度的学习。

---

① 译者注：类似于 Resume Driven Development。

寻求深度思考开启了我们真正的使命：重新思考我们的软件开发方法，从而实现战略差异化。

反思

古希腊的《希波克拉底誓言》①中强调了"首先，不要伤害"的原则，它不仅适用于医学，还可以应用于其他领域，包括软件工程。在处理遗留系统时，我们同样需要遵循这一原则，因为这些系统是企业的遗产，代表了需要被继承的特定价值。如果没有价值，它就不会成为遗产，而应该被丢弃。这些系统仍在被广泛和持续地使用，这也是它们至今无法被替换的原因。尽管软件开发人员可能认为企业存在误区，但实际上企业非常明白，对那些几十年来为企业带来收入并且仍在带来收入的系统进行投资是完全合理的。

当然，沉重的债务和软件熵可能不是当前这些系统运维人员的错，也不是那些强烈建议让系统退役的人的错。坦诚地说，许多遗留系统确实需要一些帮助才能成功退役，特别是当这些系统是使用古老的编程语言、技术和硬件实现的时候，这些语言、技术和硬件都是由那些已经过世的人或那些已经有曾孙的人创建的。听起来像是在说用 COBOL 语言编写、使用老旧的数据库并且运行在大型计算机上的程序，实际上真有可能就是这样的。

不过，还有其他符合这种描述的系统，例如许多由 C/C++编写的商业系统。当开发这些系统时，C/C++无疑是比 COBOL 更好的选择。C 程序一个很大的优势是所需的内存占用率低，而且很多软件都是为个人电脑及其 256K~640K 的内存限制而编写的。还有一些系统是建立在完全过时的、不被支持的语言和技术上的，如 FoxPro、边缘化的 Delphi 和近乎消亡的 Visual Basic 语言。

替换遗留系统的主要问题在于，在替换过程中，可能会失去一些功能，或者破坏以前仍然有效的功能。同时，替换也可能发生在持续变化的遗留系统上，即使变化可能很缓慢，但仍然存在。这些变化不一定意味着引入了新功能，也可能是日常对程序或数据打打补丁而已。就像试图打中一个移动目标，一个随时都在移动的目标，是非

---

① 《希波克拉底誓言》在今天是否仍然被认为是适用的，或者"首先，不要伤害"的具体陈述起源于什么时候，都与本文无关。时至今日，许多医生仍然认为宣誓很重要。

常困难的。更何况，这些软件之所以成为需要被替换的"遗留系统"，主要是因为它们缺乏必要的照料和维护。因此，只要团队还在积极地对遗留系统进行维护，贸然替换很可能会带来更多的不确定性问题。

　　尽管使用时兴的架构、语言和技术来取代一个遗留系统是合理的，但这项任务仍然存在风险。许多人得出的结论是，拆分当前的实现并编写一个新的实现来结束它是唯一的出路。然而，那些倡导这种想法的人，通常会要求用几个月的时间来完成这一壮举，并且要求在此期间不能受任何变化的干扰。这意味着让移动目标静止几个月，但正如前文所述，该系统很可能需要对代码和数据进行修补。这些修补能够被搁置一段不确定的时间吗？

毫无选择的困境

　　作者之一曾参与过这样一项工作，将软件从一个平台转移到另一个平台。例如，把一个在 MS-DOS 上实现的具有图形用户界面的大型系统转移到微软 Windows API 上。直到深入其中，你才会觉察到这里存在许多棘手问题。比如，两个 API 可能会转置参数。在不同的 API 中，GUI 的 X、Y 坐标发生了改变。只要忽视掉哪怕其中一次改变，都会导致难以计数的问题，而这些问题是极难追踪的。在这里，"极难追踪"意味着需要花费数月的时间调查原因。造成这种复杂性的根本原因是 C/C++ 程序的不安全内存空间：不正确的内存引用不仅以无效的方式覆盖内存，有时甚至每次都以不同的方式覆盖内存。因此，奇怪的内存访问违规以许多离奇的方式发生。

　　当然，这不是我们当今所面临的典型问题——现代编程语言大多能防止这种错误。在任何情况下都有可能出现完全无法预测的麻烦。处理这类计划外的复杂问题可能会耗尽"几个月"的时间，而这几个月是为"跳进去，剥离，然后写一个新的"准备的。这总是比你想象的要难，要花更多时间。

　　在整个过程中，重新思考在哪里？简单地放弃遗留系统很可能会造成更大的伤害。虽然避开大问题是一种本能反应，但这很可能只是用另一个大问题来掩盖原有的问题，最终出现两个大问题。大泥球系统导致企业陷入竞争性瘫痪是常有的事，但首要任务仍然是不要造成伤害。在进行治疗的同时，病人必须仍然能够呼吸。我们需要找到一种方式来跳入"重新实现"的泳池，但又不能造成巨大的水花。这需要一些特别的"压水花"措施和操作方法。

我们还没有考虑如何创造新的学习机会。如果我们只是用 C#完全重写一个最初用 Visual Basic 实现的大型系统，从战略的角度来看，根本学不到任何东西。例如，一个客户在替换一个 COBOL 遗留系统的过程中发现，40 多年来产生的 70%的业务规则已经过时了。但这些规则仍然存在于 COBOL 代码中，处理它们需要花费额外的认知成本。现在，可以想象一下，如果不学习这些业务规则，我们会额外花费多少时间和精力将无效的规则从 COBOL 移至现代架构、编程语言和技术中。转型已然是一个需要多年投入的复杂计划，不要再加入不必要的返工了。

扩展一下我们之前的动机检查的条目，以下问题强调了重要战略学习的必要性。

- 什么是业务目标和战略？在战略计划中，每一个软件功能都应该直接关联到核心业务目标。为了达到这个目的，要说明（1）业务目标，（2）为了达到这个目标必须影响的目标市场（个人和/或团体），以及（3）必须对目标市场产生的影响。在了解必要的影响之前，无法确定软件所需的功能或具体要求。本书后面将介绍可用于揭露战略目标和影响的工具。

- 为什么不这样做？在制定战略决策时需要考虑一个技术领域的重要原则：YAGNI（You Aren't Gonna Need It）。该原则旨在帮助团队避免在设有充分的埋由时开发当前不需要的业务功能。为交付不必要的软件而花费时间和金钱，并承担风险，是一个糟糕的选择。不幸的是，借助 YAGNI 将任何反对的观点全盘否定已经成为一种普遍的方式。把 YAGNI 作为一张王牌来否定一切，既不能赢得团队的忠诚，也不能创造突破性的学习机会。有时不实现一些"不需要"的功能是一个巨大的错误。一个能带来创新差异化的突破被否决，很可能应该归责于管理者在深度思考、认识机会或抓住机会方面的无能。事实上，拒绝为后续的讨论留出空间，会暴露出组织在思想上的弱点。

- 我们可以尝试新的东西吗？团队可能会对哪些策略能在目标市场上发挥作用产生分歧。准确地预测市场对某种策略的反应几乎是不可能的。评估市场的反应需要给市场一个机会来尝试新的想法。科学实验可能是了解战略真正的可能性和局限性的唯一方法。然而，在尝试新事物时，跳出既定的思维模式并不容易。"人们很难意识到，当他们受限于某种模式，特别是下意识，或与自身的文化和期望交织在一起时，已经无法看到这个束缚会造成多大的妨碍。"（见参考文献 1-4）

- 服务级别要求是什么？一旦确定了战略业务目标，团队就可以开始做必要的架构决策了。备选的架构方案将依据服务级别要求来排序。团队不应该太早确定解决方案，通常延迟一些架构细节的决策会更加有利。例如，即使团队确信微服务架构是必要的，推迟做出这个决策也可以帮助团队更多地关注实际的业务，而不是过早地着手应对分布式计算的开销。（参见第 2 章"部署放最后"一节）

重新思考是关键的一步，也是正确的一步。通过多维度和批判性的思考，从不同的角度重新审视旧有的战略，可以带来许多好处。

然而，我们不能轻易地下结论说所有的单体遗留系统都是大泥球。虽然绝大多数的确如此，但我们需要仔细思考后再做出判断。接下来我们将解释这一点。

单体系统一定不好吗

在过去的几年里，"单体"和"单体化"这两个词在软件行业内已经有了非常负面的含义。即便如此，也仅能说明绝大多数的单体遗留系统已经到达大泥球区，但不意味着所有的单体系统都会走向这里。问题不在于单体，而在于"泥"。

在软件开发中，"单体"这个术语通常指整个应用或整个系统的软件被放置在一个容器中，该容器被设计为可以容纳多个子系统。单体容器通常包含整个应用或系统的所有或大部分子系统。由于系统的每个组成部分都被放置在同一个容器中，因此可以称系统为自包含的（self-contained）。

单体的内部结构可以被设计成：不同子系统的组件相互隔离，同时也具有子系统之间的通信和信息交换方式。图 1.8 展示了图 1.1 中相同的两个子系统，但它们都在一个单体容器中。

在图 1.1 中，我们假设这两个子系统在物理上被分到两个进程中，并且它们通过网络进行通信。这种情况意味着该系统是一个分布式系统。而在图 1.8 中，同样的两个子系统在物理上同属一个进程，并通过简单的进程内机制（如编程语言方法或函数）进行信息交换。

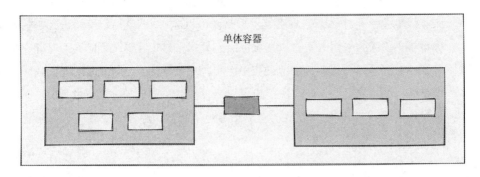

图 1.8　展示整个系统一部分的单体容器，这里只显示了其中两个子系统

即使最终的系统架构是微服务，一开始选择单体架构也有好处。在系统早期的开发中，没有子系统之间的网络通信可以避免很多问题，这些不必要的问题会产生很大的负面影响。此外，使用单体应用是一种展示对子系统之间松耦合承诺的好方法，尤其是在允许紧耦合的情况下。如果系统有计划转换为微服务架构，你最终会发现单体内的耦合实际上可以非常松散。

尽管有人反对在分布式微服务架构为目标的早期开发中使用单体架构，但在本书第 2 和第 3 部分讨论这个话题之前，请保留意见。

微服务一定好吗

微服务这个词已经有了许多不同的含义。其中一个说法是，一个微服务应该不超过 100 行代码。另一个说法是，上限不是 100 行，而是 400 行。还有一种说法是，上限是 1000 行。所有这些说法或多或少都存在一些问题，这可能与其名称本身有关。"微"这个字通常被视为规模、尺寸小，但"微"真的是这个意思吗？

当使用"微"来描述计算机的 CPU 时，完整的术语是微处理器。微处理器的基本理念是，它将 CPU 的所有功能都打包到一个或几个集成电路上。在微处理器出现之前，计算机通常依赖于带有许多集成电路的电路板。

然而需要注意的是，微处理器并不代表小，好像超过某些数量的集成电路或晶体管就不配再叫"微"，这个术语没有这方面的意思。图 1.9 展示了一个典型的例子，最大的 CPU 之一仍然是微处理器。例如，拥有 28 个核心的 Xeon Platinum 8180 拥有

80 亿个晶体管，而 Intel 4004 仅拥有 2250 个晶体管（1971 年），两者都是微处理器。

图 1.9　Intel Xeon 是现代最大的微处理器之一

没有人因为它有"太多的电路和晶体管"就说它不是一个微处理器

微处理器的限制一般是根据用途来设定的。也就是说，一些类型的微处理器根本不需要提供其他功能。它们可用于电力资源有限的小型设备，因此应该需要较少的电力消耗。此外，当单个微处理器的功率——哪怕这是一个出色的微处理器——不足以满足计算环境时，计算机会提供多个微处理器。

在微服务中限制代码行数的另一个问题是，编程语言与实现某些功能所需的代码行数有很大关系。比如，同样限制 100 行代码，Java 和 Ruby 能实现的功能是有差距的，反过来要实现相同功能，Java 往往比 Ruby 多出 33% 的代码。在 Java 与 Clojure 的对决中，Java 需要多出 360% 的代码。

此外，更重要的是，已被证明创建微小的微服务会带来许多缺点。

- 微服务的数量可能达到几百上几千个，甚至几万个。
- 缺乏对依赖关系的理解，导致变化不可预测。
- 变化的不可预测性导致无法修改或终结服务。
- 大量的微服务是用类似的方式（复制-粘贴）创建的。
- 不断增长且过时的微服务所需的维护费用持续增加。

这些缺点表明，如滥用微服务架构，结果不大可能都是整洁的分布式系统解决方案和服务自治。有了本章给出的背景，问题应该很明显了。从本质上讲，许多微小的微服务造成了与大泥球系统一样的情况,如图 1.10 所示。没有人能完全理解这个系统,它也有着大泥球遇到的同样问题:随意任性的架构,无节制的增长,重复的、临时的补丁,杂乱无章的数据共享策略,所有重要的数据都是全局的或重复的。

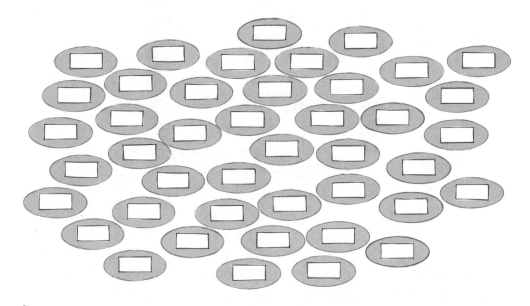

图 1.10　许多过于微小的微服务导致了一个分布式的大泥球

有一些解决方案和额外的努力可能会解决这里的一部分问题,但一般不建议在每个微服务上使用完全独立的容器部署。

思考微服务的最佳方式不是定义大小,而是确定服务的目的。与单体服务相比,微服务是很小的,但我们提供的建议是,要避免实现过于微小的微服务。这些要点将在本书第 2 部分详细讨论。

善待敏捷

在 1969 年的电影《如果星期二,一定是在比利时》中,一个导游带领一群美国人在欧洲进行快节奏的观光旅游。就旅游而言,这是旅游者走马观花的一个典型例子。

敏捷软件开发也会发生同样的事情,"现在是上午 10 点,我们在进行每日站立会，那我们一定正在应用敏捷思想。"每日站立会只是一个例子，走过场的做法将原本有价值的项目沟通活动变成了单纯的仪式。阅读 Scrum.org 网站上关于"敏捷：方法论或框架或哲学"的文章，真是让人大开眼界。在撰写本书时，这篇文章已经有大约 20 条回复，以及同样多的各种答案。①对于敏捷是什么的争议，有一个合理的问题是：敏捷为什么这么重要？

近年来，敏捷软件开发受到了很多批评。虽然这些批评大部分针对特定的项目管理方法，但是这些方法常常被错误地视为敏捷软件开发本身。这种混淆导致很多从业者并不真正理解敏捷软件开发是什么。Scrum.org 网站上的例子表明，很多声称使用敏捷概念或敏捷方法论的从业者并不知道它真正的含义。

最初的敏捷哲学并没有承诺要将软件开发人员变好，而敏捷开发方法的真正意义在于倡导一种以敏捷方式开发软件的思维方式，这一思维方式体现在《敏捷宣言》（见参考文献 1-13）中，其背后也不乏典故（见参考文献 1-5）。我们注意到，并不是所有的开发者都接受这种思维方式。

第一个问题：敏捷软件开发的理念已经走上歧途，人们热衷于争论是否可以将某种方法称为敏捷，以及其是否正宗。有时，我们甚至会因为使用"方法"这个词而遭到抨击。因此，从现在开始，我们将不再把它称为"敏捷"，而是称为敏捷。这个术语是为了覆盖每一种可能的用途，无论人们选择如何拼写敏捷，软件开发人员必须要从敏捷中得到更多，而不是敏捷从他们那里得到什么。

第二个问题：一些相当简单的概念已经变得非常复杂。例如，敏捷的术语和步骤竟然是以地铁地图的形式呈现的。至少有一家高端咨询公司曾以纽约市或伦敦地铁/管道系统地图的形式来展示其敏捷方法。尽管在一个广袤的地铁网络中旅行也不是非常复杂，但大多数人不会每天或每周走完地铁网络中的每条路线，他们只是为了到达一个必要的目的地，比如公司和家。

许多人劫持了敏捷，使它远离了它的初始含义，这是非常不幸的。敏捷的使用方法应该非常简单，一般只需要把工作归结为这 4 件事：协作、交付、反思和改进（见参考文献 1-6）。

---

① 3 个选项的排列组合数是 6 个。不知何故现在的答案数量停留在 20 个，这似乎比答案居然有这么多这件事更让人难以理解。

在接受任何无关且复杂的路线之前，团队都应该学习如何运用这 4 个基本步骤去上班和回家。

1．确定目标。目标超出了单个工作任务的范畴，需要通过合作来确定软件对消费者产生的影响。这种影响以积极的方式改变了消费者的行为，并且被认为是消费者所需的，甚至改变发生在他们自己意识到这一需求之前。

2．迭代开发。迭代是一个过程，在这个过程中重复一系列操作可以使结果逐渐接近期望。团队一起确定这些结果，要考虑到项目压力、不可避免的中断及其他干扰因素（包括下班和周末）。团队应该将工作量限制在一个可以完成的合理范围内。

3．增量部署。增量指增加的行动或过程，特别是在数量或价值方面有所增加；获得或增加的东西；某物改变的数量或程度。如果通过一天的工作无法实现价值的交付，那么至少要达到价值的递增。团队应该能够把一到两天的迭代工作串起来，以实现价值交付。

4．验证结果，记录债务，回到第 1 步。现在带着改进的目的去反思已完成（或未完成）的事情。这个增量是否达成了预期的重要影响？如果没有，团队可以转向另一组具有不同价值的增量的迭代。如果达成，则关注团队如何总结成功的原因。即使完成了某些关键价值的交付，增量的结果也不会让团队感到完全成功，这很正常。实现需求的过程，也是更多的学习和对问题空间有更清晰的理解的过程。迭代是有时间限制的，有可能会没有足够的时间来立即重塑或重构当前的结果。可以把这些问题记录为债务，并且在下一次迭代中解决它们，从而使改进的价值得以交付。

规划得太远会导致目标和执行的冲突，走得太快会导致忽略或忘记债务。当面临沉重压力时，团队可能无法分心关注债务问题。

上面强调的 4 个关键敏捷步骤，可以帮助团队向前迈进很长一段路。这是实验所提供的思维方式，也是敏捷主要关注的内容。你可以从敏捷中获得更多，而不只是在敏捷上花费时间和精力。

摆脱困境

陷入大泥球并在技术和工艺上走过复杂弯路的企业都需要摆脱困境。虽然没有银弹，但总有一些方法能够帮助受困的企业。

一个已经深陷债务并达到最大熵值的软件系统，原本也有优良品质，只是经过多年（甚至几十年）的腐化和退化才会变成现在这个样子。从混乱中取得进展是需要时间的。即便如此，实现重大变革并不是浪费时间和金钱。以下是支持这种观点的两个原因，都基于继续投资一个亏损的项目是糟糕的决策。

- 承诺的上升。这是一种人类行为模式，指个人或团体面临决策、行动或投资带来的越来越负面的结果，却仍然坚持沿续原来的行为。行为者认为应该与之前的决定和行动保持一致，但我们知道这是非理性的。（见参考文献 1-10）
- 沉没成本谬论。沉没成本指过去支付的一笔款项，与未来的决策已不再相关。事实上，沉没成本确实影响人们的决策，人们认为过去的投资（沉没成本）证明了进一步的投资的合理性。人们表现出"在投入资金、努力或时间之后更倾向于继续投入的倾向"。这种行为可能被描述为"在坏账后投入更多的钱"，而拒绝屈服于所谓的"减少损失"。（见参考文献 1-15）

这并不意味着拯救已存在的系统总是等同于追逐沉没成本谬误。关键是，继续维持现有系统，并且不改变其负债累累且熵接近最大的现状，无论从情感角度还是财务角度来看，都是一个错误的决定。

岁月匆匆，变化不止。即使团队英勇地打败了巨大的混乱，在时间不断流逝、被泥浆所包围且变化不可避免的情况下，向前迈进而不是陷得更深也是非常必要的。在很多情况下，成功更多地取决于态度，而不是分布式计算。积极的态度是要用信心培养的，本书的其余部分提供了许多工具和技术，可用来建立所需的信心，进而实现战略创新。

小结

本章讨论了创新的重要性，它是实现软件差异化这一首要业务目标的重要手段。在"软件正在吞噬世界"的时代，不断进行数字化转型是最明智的策略。本章介绍了软件架构及其在企业中的作用。探讨了康威定律如何塑造组织和团队内部的沟通路径，以及它对组织和团队所生产软件的影响。讨论了沟通的重要性，指出知识作为其中的焦点，是每个公司最重要的资产之一。为了获得最佳的软件结果，必须将知识从隐式的变为共享的。没有适当的沟通路径就无法分享知识，也无法实现竞争优势。最终，不良沟通导致知识不完整和软件建模不良，最好的结果也只能是大泥球。最后，我们专注于最初的敏捷思维方式，以及如何帮助团队摆脱僵局，并专注于正确的目标。

本章的主要观点如下。

- 创新是数字化转型的最关键部分。创新带来了不同于竞争对手的盈利渠道，因此应该成为每家企业的战略目标。
- 软件架构必须支持变化，并且不需要为变化付出过多的成本和精力。对企业来说，如果没有好的架构，用糟糕的架构取而代之，最终会导致无架构。
- 大泥球系统往往是沟通中断的结果，不可能引发有深度的学习和知识共享。
- 组织中的成员必须通过开放和细致入微的沟通来交换知识，从而在创新方面取得突破。
- 单体架构不一定不好，微服务架构不一定好，根据业务目标选择架构是一种负责任的表现。

第 2 章提供了一些战略学习工具，这些工具可以帮助企业减少交流障碍，并为企业文化设定一个更高的标准。通过应用这些工具，你可以学习如何根据实验做出明智的决策，以及决策如何影响最终的软件及其架构。

第 2 章

基本战略学习工具

战略是企业所做的事情，战略能够指导企业采取多种创新举措，并产生多种利润来源。企业的战略要求企业考虑企业的业务如何与竞争对手形成差异化竞争，或者说，如何增加自身业务的独特性。这使得战略规划成为实现创新的一种手段，然而创新对于识别有价值的差异化战略又是必不可少的。

> 你不能去问别人，他想要的下一个跨时代产品是什么。亨利·福特有一句很棒的名言，他说："如果我问我的客户想要什么，他们会告诉我'一匹更快的马'"。

> ——史蒂夫·乔布斯

这并不意味着在下一个跨时代产品这件事情上，询问客户是徒劳的。实际上，"更快的马"是一种很好的暗示，而"更快的旅行"才是关键的客户需求。一般情况下，与客户和公众谈论业务是很重要的。即使如此，企业自身仍应该对业务有敏锐的理解力，这是成功的必要条件。企业必须通过学习来不断地挖掘和发现这种才能。请注意下面引用的乔布斯讲话的前半部分，他谈到了 Apple 公司内部在研发 iPod 时的这种才能。

> 我们创造了 iTunes，因为我们都热爱音乐。我们把自认为是最好的音乐播放软件做了出来。在这以后，我们都想要把整个音乐库带在身边。我们的团队成员都非常努力，而他们如此努力的原因，是我们都想要一个这样的产品？你知道吗？iTunes 最初的几百个用户是我们自己。这和流行文化没有关系，也不是欺骗别人，更没有试图说服别人接受他们不想要的东西。我们只是找出了我们想要的东西，而且我认为我们很擅长认真思考除我们外，是否

其他很多人也会想要。这就是为什么别人会为我们所做的事情付钱。

——史蒂夫·乔布斯

大浪淘沙始见金，好的学习工具可以帮助我们从身边的人和事中挖掘隐藏的知识。本章提供了战略学习工具，并展示了这些工具的使用方法。

决策的早晚和对错

如果你不能及时做出正确（或错误）的决策，就会陷入决策瘫痪。无论决策的结果是好是坏，我们都能从中学到东西，所以不要害怕做出决策。要了解何时应该做出决策，有些决策最好尽早做出，有些则是越晚越好。有些决策是正确的，有些则是错误的。无论如何，我们都需要有毅力和能力，在困难时刻做出决策。

敏捷开发中有一个常见的原则是，所有的决策都应该在"最后责任时刻（Last Responsible Moment）"做出（见参考文献 2-2）。但我们如何知道什么时候才是"最后责任时刻"呢？以下是 Mary 和 Tom Poppendieck 的建议。

> 并发软件开发指在只知道部分需求的情况下开始开发，采用短迭代的方式，不断接受反馈，促使系统逐步形成。并发软件开发使得可以将承诺延迟到"最后责任时刻"，即再不做出决定就将彻底放弃某一重要选择的时刻。如果推迟承诺超过了"最后责任时刻"，那就意味着采取了默认决策，这通常不是一个做决策的好办法（见参考文献 2-14）。

简而言之，无论早晚，都不应该不负责任地做出决策。如果时机过早，尚无足够的洞见去支撑决策，就容易做出不负责任的决策。换言之，只有信息足够时，才会有足够的洞见去支撑决策。如果有信息但未经证实，那么接下来要做什么应该是显而易见的。

随着时间的推移，逃避必要的决策比做出错误决策更糟糕。有自驱力的人不会袖手旁观。在项目早期，人们往往会编写一些初始代码，或定义通用的建模抽象。这时候，一些有想法的开发人员可能会朝不同的方向探索。这些任意的行为确实产生了工作量，然而它们却将团队隔绝在了决策过程之外。这种行为模式将会为应用程序或其底层架构设定一种明确的结构，这种结构或将贯穿整个软件的生命周期。

我们可以问问自己，基于由未经证实的假设推导出的结构、形式与抽象上工作，真的可行吗？很显然，我们最好对应用程序的架构方向有意识地做出决策。即使这样，团队也有可能因为害怕创建错误的架构而犹豫不前。

如果团队拥有足够的信息，就可以做出决策。这时，人们可能会提出几个不同的观点，但不能无休止地争论下去。此外，如果我们做了一些糟糕的决策，也不应该因此被刻在耻辱柱上。如果团队能够坦率地承认错误决策的负面影响，并致力于消除它们，这些错误很快就会被纠正。早期的架构重构并不会消耗太多时间，而随着时间的推移，架构变更的成本会越来越高。修正方向是学习的一部分，而学习应带来变化。

然而，如果我们因为担心做错，从而不断推后开始架构应用程序的时间，我们又会得到些什么呢？长期拖延能使我们做出更明智的决策吗？还是在经历了错误之后，反而能做出更正确的决策？经验表明，后者往往更加常见。这就是我们记录并尽快偿还技术债务的原因，这也是一种在最后责任时刻做出决策的成熟做法。

这提醒我们要保持一种正确的态度：不要因为可能做出错误决策而裹足不前。无论是计算机科学家，还是软件开发者，我们所做的一切工作几乎都可以被视为实验。我们有信心，有些实验只是为了证实我们的假设是正确的，而其他实验则是为了确定我们的想法是否经得起考验。

最后，在早期就做出某些决策是极不负责任的。比如，提前决定使用微服务架构，或尝试创建通用的解决方案和抽象模型，这都是不对的。在证明这些选择合理且必要之前，我们必须推迟决策。

专家和业余选手之间的区别主要在于对时机的把握。英国著名的计算机科学家哈罗德·廷布尔比教授在文章 *Delaying Commitment*（*IEEE Software*，1988 年 5 月/6 月）中指出，专家和业余选手之间的区别在于，专家知道如何延迟承诺并尽可能长时间地隐瞒错误，并在造成损失之前修复错误。业余选手则试图在第一时间就把所有事情都做好，但这会超出他们解决问题的能力，以至于他们过早地为错误的决策付出努力（见参考文献 2-5）。

廷布尔比教授没有提到的是，专家还会不断地记录并偿还债务，即使这些行为仅存在于他们的头脑中。

决策的结果是它触发的学习过程。决策引领行动，从而产生新的需求和知识。与此同时，做决策也有助于克服应用程序的核心难题。不要忽视这一点，因为决策最终带来的学习和知识沉淀才是最重要的。正如第 1 章所述，知识对任何企业都是最重要的资产，知识改变一切。

不确定的风险会以其他方式影响我们。认知偏差经常让人们做出不负责任的决策。我们也可能会陷入各种思维谬误，比如"害怕错过"等（见参考文献 2-9）。想想在我们不负责任地选择微服务的时候，都有哪些因素误导了我们。

- 诉诸权威。这种谬误认为，一个被认为是权威的人对某个命题进行肯定，声称该命题是正确的。例如，一个被公认为是专家的人声称微服务是好的，单体是坏的，听众就可能会做出不符合其自身上下文的有害决策。
- 诉诸新颖。这种谬论认为，新颖的想法就是正确的。例如，因为微服务是新颖的，所以就必须采用微服务。
- 诉诸潮流。与"害怕错过"类似，当人们因为某个观点日益流行而接受该观点时，就会出现潮流谬误。人们之所以接受某个观点，仅仅是因为这个观点受到追捧。例如，因为微服务越来越受欢迎，所以我们也必须迅速采用微服务。

有一些工具可以帮助对抗各种谬误和认知偏见，其中之一是批判性思维。

批判性思维是这样一种思维模式，它要求人们深入思考，并对指导他们的信念和行动的决策引起注意。批判性思维使人们能够进行更多的逻辑推理，处理复杂的信息，从更多角度审视问题，从而得出更可靠的结论（见参考文献 2-4）。

无论某个具体的决策是否具有重大影响，软件开发都涉及大量的决策。在软件生命周期中，几乎不可能直接追踪到所有采纳过及没有采纳的决策，尤其是对于新加入团队的成员来说，更是如此。即使是团队中待了很长时间的成员，能回忆起项目历史上的每个决定也不容易，而且某些成员可能并没有直接参与制定某些决策。更常见的情况是，团队做出的决策数量如此之多，加上很多决策没有被频繁讨论，就更难记起来了。在这种情况下，团队通常只能看到决策的结果，却无法追溯为什么会做出这个决策。

跟踪决策应当是软件开发中最重要的活动之一，但经常被团队忽视。诸如架构决策记录（ADR）之类的工具可以帮助团队维护决策日志，包括决策的过程和原因，这对跟踪团队的决策非常有帮助。ADR 有助于将决策的初始主题与该决策的预期和最终结果联系起来。本章后面的"战略架构"一节更详细地描述了 ADR 和其他技术。

在软件开发过程中，存在大量的技术，帮助团队推迟具有长期约束力的决策，并跟踪软件开发周期中做出的决策。本书后面将介绍这些技巧，比如端口–适配器架构，我们将在第 8 章讨论它。此外，如本章后面将要介绍的 Cynefin 认知框架也可以用来辅助决策。

文化和团队

创造一个崇尚实验和学习的敏捷文化，让大家即使在这个软件过程中犯错，也可以得到奖励，只要最终能够得到正确的结果，无论最终的"正确"是什么。想要在数字化转型中取得成功，就必须改变企业的文化，把从软件作为支持层面转到产品层面看待。文化是一件大事，团队的组建和配合也是如此。

工程模式与承包模式

我想着重说明一下，在软件开发中，采用工程模式是否胜过承包模式？在承包模式下，开发人员只有得到准确的工作任务，才能开展工作，哪怕一点细微的地方，他们也不能犯错。反观工程模式，开发人员可以通过实验来验证多个不同的选择，以达到学习和改进的目的。

SpaceX 和特斯拉公司都是工程模式的践行者。与他们相比，业内绝大多数软件项目都属于承包模式。在这两种模式的对决中，哪种模式引发了整个软件行业最大的创新，大家是有目共睹的。

"SpaceX 的主要目标——大幅降低向太空发射货物的成本，并大大缩短回收和重用助推火箭的时间。如何才能做到？SpaceX 没有和政府签订承包合同，虽然在过去很长一段时间内，政府才是太空探索项目的唯一赞助方。相反，他们愿意冒着火箭失事的风险，通过事件集成策略（这里指测试多种火箭）来实现他们的目标。这种策略让工程团队得以快速集成所有最新版本的组件，从而快速试错。政府项目往往要求一次就成功，这意味着承包商们无法像 SpaceX 那样多次做实验。最终，SpaceX 研发出一种可靠且廉价的助推火箭，其研发速度是普通承包商的五倍，仅仅是因为勇于尝试

> 来发现工程中的不确定因素。这是一种经典的工程方法，但在承包模式中通常是不允许的。SpaceX 的工程团队发现，为了发现问题而发生火箭坠毁，其花费的成本远比坐等风险自动消失要低得多。"

企业文化包含价值观和行为规范，致力于构建其独特的生存、社会和心理环境。文化影响着团队的互动方式，影响着知识创造的背景，影响着企业对变化的接受或抵制的决策，最终影响企业分享或维护知识的方式。企业文化代表了组织成员的集体价值观、信仰和原则（见参考文献 2-12）。

企业应该努力营造健康的文化，其目的是获得文化上的收益，例如更好地实现组织的愿景、使命和目标。其他收益包括提高企业各部门之间的凝聚力，提高员工的积极性和工作效率等。

企业文化不是一成不变的，将随着领导层和员工的行动变化而被改善或破坏。如果目前的企业文化是不健康的，那么就需要改善它，以获得上述文化收益。

营造健康的文化应当是企业的第一要务。不重视健康文化的企业可能会面临员工大量流失的风险，从而丢掉业务知识。从长远来看，不健康的企业文化也会破坏生产力和创新能力，使企业愈发不成功。

企业领导和员工都应该高度重视可以促进创新的文化。不过，尽管领导层不断强调在企业内营造创新文化的必要性，但想要真的创造和维持这种文化依然是困难的。很多时候，营造创新文化的障碍是不了解它，自然也就不知道该如何培养它。

失败而不是死亡

影响文化的一个最重要因素就是一家企业对失败的态度。为什么这么多团队害怕失败？对失败的恐惧决定了团队成员做决策的方式，更有甚者会完全逃避做决策。换句话说，害怕做出错误的决策，进而导致项目失败，往往是长期拖延做决策的原因。

回顾一下本章前面的内容，工程模式比承包模式优越的地方在于，工程模式允许失败，可以从失败中学习。失败不是最终的，关键是要验证更多的设想，即一些失败是不可避免的。一切实验性质的失败都可视为通向目标的帮手，因为实验让我们知道什么是可行的。有人说，如果一个团队从来没有经历过失败，那么他们就没有探索。

普遍情况也是如此，人们只根据已有的知识对已知的问题做决策，不再尝试新东西。

对失败的恐惧是否比失败本身更可怕？失败和放弃尝试哪个更糟？莱特兄弟于1899 年开始研究和实验飞机，从第一次实验开始，他们便遭遇了许多失败。大多数人只记得他们在 1903 年第一次成功的飞行，但莱特兄弟将他们的成功归功于之前许多的失败经历。这才是创新应该有的样子，走过的弯路和成功的结果同样重要。

建立一种敏捷的、包容失败的文化，鼓励人们试验新的想法，并提供心理安全保证，都能提高商业成功率和竞争优势。然而，这种文化还必须和一系列严格的限制搭配。比如企业应该容忍实验性失败，但不能容忍无能和自满（见参考文献 2-13）。这种不容忍的态度在软件开发中尤其重要，因为开发过程充满了不确定性。众多大泥球系统（见第 1 章）遍布全世界的常态就是明证，即使在成功的企业中，非实验性的失败也是常见的。如果容忍它们，失败就会逐渐积累，就容易导致战略上的消亡。

1. 一开始就创造出一个大泥球系统，是失败的软件开发（并不意味着是故意的）。

2. 实际上大多数企业一开始的成功功能都是在大泥球系统中实现的。

3. 如果不努力改变第 1 点的长久影响，大球泥系统的代码库只会变得更糟，这将在以后产生更大的负面影响。

4. 大泥球系统对变化的响应能力持续下降，最终无法满足企业的后续需求。

失败可以带来有趣的学习机会，从中吸取的重要教训可能是不良的模型设计、脆弱的代码、有缺陷的架构、有缺陷的分析和团队能力的不足。在陷入第 3 点所描述的阶段之前（当然也在第 4 点之前），要及时认识这些问题。

因此，必须区分积极的失败和消极的失败。积极的失败会产生信息和知识，而消极的失败可能是代价高昂的，而且对企业有害。失败的回报像是一张支票，只有在面对最终引导成功的学习成果和知识时，才能让它兑现。就像莱特兄弟一样，他们虽然失败了很多次，但最终还是成功了。

失败文化不是指责文化

失败文化和指责文化非常容易混淆。指责文化是消极的，因为它倾向于惩罚失败，无论这些失败导致的结果是积极还是消极的。在指责文化中，学习的成果并不值得称赞，也不被视为成功的真正关键因素。多数时候，学习成果被丢弃了。

指责文化也会阻碍实验的行为，导致工作继续以相同的、迂腐的、普通的方式进行。每个人都害怕尝试新的东西，因为一旦失败，他们就会被指责。在一个充满指责文化的企业里，人们往往忽略了成功的稀缺性，仿佛没有什么失败的可能；而失败则会受到处罚。在这样的企业里，谁也不愿意冒险，到处充斥着承包模式的味道。

因此，企业无力进行创新，只能通过提高运营效率来增加利润。常见做法是合并和收购。这导致了大量的人员集中，也确实带来了更大的利润。这种方法并不追求业务创新，反而将运营效率视为继续向股东提供漂亮的年度报告的捷径。尽管这种策略可以在一段时间内发挥作用，但它不可能产生持续的收益。事实上，这只是一条边际收益递减的路，如果没有另一次并购，利润就会趋于零。

生死抉择：新冠疫苗和矿难救援

在新冠病毒大流行期间，美国政府资助了许多疫苗研发项目，有些失败了，有些成功了。政府知道有些项目会失败，但他们愿意冒这个风险，因为他们希望有项目能够成功。

发生在智利的矿难和随后的救援行动是实验行为的另一个例子。那次行动由该国最顶尖的采矿工程师领导，他同时尝试了四五种方法来营救矿工。有些方法很快失败了；有些方法不能及时到达矿工所在的位置。但最重要的是，有一种方法最终救出了矿工。

面对生死攸关的问题，正确的工程方法就是多种手段并行。即使在不是生死攸关的情况下，探索多种选择往往也是解决难题最快捷、最有效的方法。

仅仅追求运营效率的企业很容易滋生指责文化。这种文化存在着一些缺陷，如使用有侵略性的管理手段、微管理、严格跟踪工作时间、强制要求团队加班等，旨在赶上交付期限。当绩效考核变得如此苛刻时，指责他人就成为一种有用的工具，因为唯一避免显得糟糕的方法就是让别人看起来更糟。

然而，实验不一定比不做实验更昂贵。同样，为了促进有效的学习和知识共享，沟通也是非常重要的。在面对康威定律的情况下，要同时考虑这两者。

康威定律的正确用法

正如第 1 章所述，我们不能"优化"康威定律，就像我们不能"优化"万有引力定律一样。客观规律是不可避免的，正如不管你身处法国还是美国，重力对你来说都是一样的。但是，在宇宙尺度下，重力并不相同，一个人在地球和月亮上受到的重力是不同的。这同样适用于康威定律。①

每个组织对康威定律的体验都不一样，因为每个组织的结构和组织方式都不同。组织变革将减少或加剧康威定律的影响。正如《团队拓扑》（见参考文献 2-15）中所说，如果系统架构不匹配组织模型，则需要更改两者之一。

值得注意的是，仅从技术架构角度出发对组织架构进行重组并不合适。技术架构只是企业战略架构的其中一个支撑点。团队的组织形式必须有利于业务人员和研发人员之间的业务交流。"领域专家在系统架构中的作用，正如最终用户在功能开发中的作用。大家应该认识到，在精益和敏捷项目中，最终用户和领域专家是最有价值的联系人"（见参考文献 2-8）。

2015 年，ThoughtWorks 公司的员工发明了一种名为"逆康威定律"的组织模式，它是在微服务日益流行的背景下提出的。该模式建议根据所需的架构来重新划分团队，而不是期望现有的团队能适应目标架构。通过重新配置团队，可以实现最佳的团队沟通，由于优化了沟通结构，更有可能实现期待的架构（见参考文献 2-17）。

梅尔·康威（Mel Conway）在其论文的结论部分谈到了这种"机动性"。相关引文如下。

　　"我们为设计组织的结构找到了一个标准：设计工作应根据沟通的需要进行组织。"

　　"组织的灵活性对有效设计至关重要。"

　　"奖励让组织保持精简和灵活的设计管理人员。"

康威凭借自己的敏锐洞察力，把他在 1967 年所发现的规律的解决办法编成了康

---

① 我们声明，在月球上体验开发软件之前，康威定律随环境不同导致的影响仅对地球上的团队生效。

威定律（并于 1968 年发表），这是一项令人称道的成就。

问题依然是如何有效地组织团队以改善沟通，我们在这里列出了一些方案。

- 保持团队在一起。根据 Bruce Tuckman 的理论（见参考文献 2-16），团队在进入高效阶段之前，必须经历组建和规范两个阶段。成员间需要时间来磨合，在他们互相习惯以后，许多交流都可以是非正式的。团队内部也会形成默契（也叫隐喻或隐性知识），这种默契使得团队进入高效阶段[①]。这一切都需要时间。

- 限制团队规模。你应该建立尽可能小的团队，但不能太小，以便在某个软件领域工作。团队内部的协调和沟通成本会随着团队规模的扩大而增加。此外，团队规模不仅由康威第一定律（"沟通决定设计"）所决定，也受沟通路径数量的制约。沟通路径可以通过 Fred Brooks 的相互沟通公式 $n(n-1)2$ 来估算（见参考文献 2-1）。一个团队的人越多，沟通效果就越差，因为有太多的沟通路径。例如，10 人的团队就会有 45 条沟通路径[②]，50 人会有 1225 条。所以通常认为 5~10 人的团队是最合适的。

- 打造独立的团队。协调团队间的互相依赖需要很多时间和精力，应当尽量降低跨团队的代码依赖，减少版本发布或部署所需的沟通。这对提升交付速率和交付质量都有积极的影响。

- 围绕业务能力组织团队。软件开发是一项需要各种技能的复杂工作，因此应当鼓励团队内部的技能多样性。如果团队由具有不同技能的人组成，如业务专家、软件架构师、开发人员、测试人员、DevOps 人员，甚至是最终用户，那这支团队大概率可以胜任这项工作。团队宽阔的技能广度不仅可以为决策和负责提供自主权，而且根据康威定律，他们还具有更加健康的交流结构。（不要只关注孤岛式技能！）这样的团队不需要为完成日常工作而进行大量的对外交流。

- 指定团队对外的沟通渠道。一个拥有众多技能和关键自主权的团队可以优化内部的沟通，但仍然需要通过沟通网关和其他团队交流。其表现类似于组件间的通信：团队间的交流需要遵循协议，以及不同团队对知识的映射和翻译。这些协议应该能够划分出清晰的沟通边界，以防干扰团队的目标，或者发生未授权的交流。这

---

① 当团队完成某个项目后，往往会被解散，同时把产出的软件交接给运维团队。原有团队的隐性知识在交接后往往不复存在。

② $10 \times (10-1) / 2 = 45$。

些沟通渠道之间的交流应该反映架构上的一对一映射关系，第 6 章中讨论了有关上下文映射图的话题。

- 单一职责团队。要求团队在一个项目中承担太多任务和上下文不会有好结果，更不用说同时负责多个项目了。必须避免这种错误，否则可能导致沟通的复杂性激增，使团队混淆多个上下文的概念。需要注意的是，单一职责并不一定意味着单一上下文，因为团队在解决一个问题空间的时候可能也需要多个上下文知识。

- 避免同时进行多个任务。本条虽然与康威定律没有直接关系，但是对于人类大脑而言，同时处理多个任务确实不是一个优秀的策略，尤其在解决复杂问题时更是如此。同时处理多个任务需要频繁切换上下文，而人类大脑需要时间依赖于上下文来记忆信息，每次上下文切换都可能需要花费数分钟或数十分钟。同时处理多个任务不仅会显著降低生产力，还会破坏原本有效的沟通渠道。通过观察一个试图同时完成多项任务的人所犯的错误，例如完全忽视一些基础的常识性步骤，你就会意识到不能同时处理多个任务的重要性。即使是杰出的人在同时处理多个任务时，也会表现平平，并且有时会出人意料地犯错。

图 2.1 展示了不同组织所产生的系统架构，这些架构与它们的组织架构相匹配。在左边，每个团队都是技能的孤岛。通常处于交流核心的团队，如图 2.1 所示的后端团队，承担着 DBA 团队和 UI 团队之间所有交流和协作的任务。这时候，如果想让团队的工作效率进一步降低，可以让他们同时工作在多种业务上下文环境里，无论理赔、核保还是保险产品上下文，都是很好的选择，只要能给团队工作增加更多的复杂度就行。相互依赖和高度协调的沟通使交付业务价值变得复杂。

图 2.1 右边的团队是跨职能的，与承担的业务需求相匹配。这些团队高度自治，他们负责名下所有子系统的整个生命周期。他们每天的任务是不仅要开发软件，还要深入了解交付的软件在生产中的表现。这些团队和终端用户之间的联系更加紧密，因为帮助用户解决问题是团队日常工作的一部分。这是一个良性循环，用户的意见可以帮助团队增强软件的业务能力。

创建团队的主要目的，是让业务专家和软件开发专家可以在团队内部就上下文进行沟通，这一点绝对不能忽视。如果一个团队能轻松地与其他团队沟通，但却无法和业务专家进行深入的交流以支持构建自己的战略交付成果，那么我们无法相信这个团队解决了自己最根本的沟通问题，这甚至比重组之前还要糟糕。

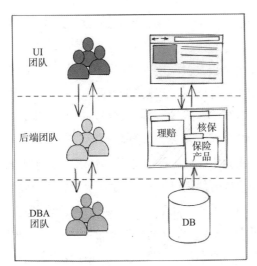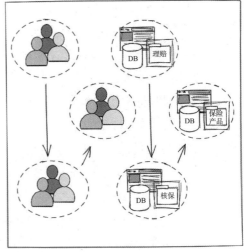

图 2.1　康威法则

左图：技能孤岛团队；右图：以业务能力组织的跨职能的团队

启用安全实验

　　承认指责文化和失败文化之间的区别是建立健康文化的第一步。下一步则是为企业提供一个安全的实验环境，当然这并不意味着团队可以武断地选择架构和技术方案。

　　安全的实验环境需要纪律，而纪律意味着团队需要仔细甄别可能产生重大学习成果和知识的想法。人们对"安全"有不同的解释，但正如埃里克·霍尔纳格尔（Erik Hollnagel）所说，"安全是一种远离不可接受的风险的自由"（见参考文献 2-6）。换言之，整个实验过程必须考虑预防不必要的事故和防止不必要的结果。

　　在进行安全实验时，要评估其过程并审查所收集的资料，这使组织能够决定是继续推进实验还是终止实验。重要的是通过减少错误和故障来降低业务风险，从而提高整体安全性。终止安全实验比盲目尝试新事物并将其称为实验更加安全；否则，一切都可以被称为实验。

模块化优先

所以，我们是不是要从"基本战略学习工具"，包括对成功所必需的失败文化的讨论，直接跳到诸如"模块"之类的技术主题了呢？首先，这并不是一个纯粹的技术话题。众所周知，各种容器都是为了在里面放东西的（例如厨房抽屉和冰箱储物抽屉）。容器的标签和里面放的物品应该是一致的，不然在我们需要某样东西的时候就很难再找到了。就软件开发而言，团队也必须在做其他事情之前做好这一点。第 1 章中关于康威定律的论断不也是这样的吗？

我们继续看康威定律（见参考文献 2-3）。

为什么大型系统会瓦解？这个过程一般分三个步骤，其中前两个步骤是可控的，第三个步骤则是组织同构的直接结果。

首先，最初的设计者意识到系统将会很大，再加上他们组织中的某些压力，使得他们不得不分配很多人到设计工作中去。

第二，将传统的管理方式应用于大型设计团队，导致其有效的沟通结构瓦解。

第三，同构性保证了系统的架构将如实反映设计组织中已经发生的解体。

如果把模块仅仅视为"技术话题"，就等于放弃了一个最有价值的战略学习工具。

模块化是人类处理复杂问题的重要解决方案。没有人可以把所有的业务问题都记得清清楚楚，遑论有效地解决问题。在面对复杂问题时，人们倾向于将其分解为一些较小的问题。问题越小，解决起来就越容易。当然，这些小问题的解决方案必须可以结合起来处理大问题，否则就是无效的模块化。

这种解决问题的方法有着心理学的根源，同时反映了人类思维的局限性：人脑在同一时间内所能关注的事物非常有限。乔治·A·米勒（George A. Miller）在 1956 年的论文 *The Magical Number Seven, Plus or Minus Two: Some Limits on Our Capacity for Processing Information*（见参考文献 2-10）中就描述了这个观点。米勒在论文中认为，人类可以在短期记忆中保留 7±2 个信息块。这个数字因人而异，但可以肯定的是，我们同时关注信息的能力是非常有限的。正是因为这种局限性，人类倾向于将信息分解成更小的块，直到它们的大小适合我们的思维模式，而不会给我们带来认知压力。

现在，回到模块话题上。在解决复杂问题的过程中应用模块化的方法，将有助于管理分解后的信息。这使解决复杂问题成为可能，因为我们能够逐步解决分解后的问题，最终成功解决最初的复杂问题。

模块化也是康威定律不可或缺的基础，因为"模块是我们捕获关键沟通并从中学到东西的地方"。同时，模块可以让团队免于在整个系统中到处修改来解决某个问题。模块既可以作为概念上的边界，也可以作为物理上的边界。

不要担心，马上你就会明白。想象一下，模块是如何通过交流支持学习的。

图 2.2 展示了 3 个模块：保险产品、核保和理赔，三者都是独立的业务能力。

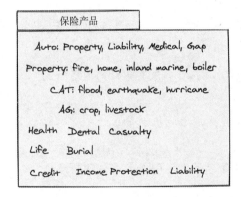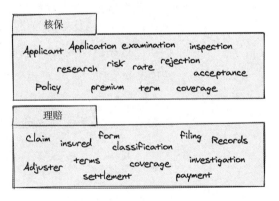

图 2.2　模块既是概念上的边界，也是物理上的边界

我们假设一个由业务人员和软件开发人员组成的团队只负责其中的核保业务。对这个团队来说，核保业务是他们的主要沟通上下文。然而，为了提供核保解决方案，他们需要了解保险产品和理赔，甚至其他业务能力。但是，他们在除核保以外的沟通上下文中没有任何责任或权力。

他们的对话将在整个业务领域中不断穿梭，团队成员必须意识到他们的讨论何时"离开"自己的上下文，"进入"另一个或多个上下文，然后"返回"自己的上下文。在对话中，如果团队成员学到了与自己上下文有关的东西，他们应该做一些记录，以便推动进一步的讨论并产出最终的解决方案。

那么沟通的内容记录在哪里呢？可能在白板上，可能在企业 wiki 页面上，也可能在其他文件中。当然，这些信息不应该在擦掉白板后就丢失了，需要有个地方把它们保存下来。

在有助于沟通的情况下，业务团队还可以记录适用于其他模块的对话内容，但他们无权对其他上下文做决策。一般来说，如果业务团队需要其他上下文的任何官方信息，他们必须和负责这个模块的团队进行沟通。因此，业务团队为这些上下文提出的任何术语或理解都只是其他团队负责的真实事物的虚像。此外，对任何上下文记录的术语和理解都应该放在对应的模块中，而不是存放于某个外部模块。

随着团队对话的进展，他们会学到更多知识，并且识别更多业务概念。图 2.3 反映了这个进展，在主要的核保模块中创建一些附加模块，有助于进一步组织团队之间的对话，因为它们让概念变得更加具体。

这里有一个问题，如果将图 2.3 中的 4 个内部模块——申请、流程、保单和续保——提升为顶级模块是否有意义？这样做可能会带来一些好处，但具体体现在哪里呢？团队此时最好的选择应当是认为“还没有足够的信息来支持这样做”。现在做出这个决策是不负责任的，虽然未来可能会朝着这个方向发展，但现在就跳到这个结论还没有意义。我们将这种做法称为“基于当前确定概念的（不）决策”和“团队对概念的全面理解”，二者不可分离。

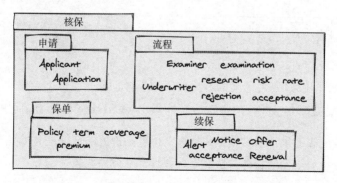

图 2.3　一个包含其他模块的用于组织源代码的模块

团队在自己的概念边界内保持一切都很整洁，这简直太棒了。他们不仅仅是在尝试，他们正在成功——这是避免系统沦为大泥球的重要一步。因为良好的沟通和决策是软件开发的关键要点，做到这一点，团队肯定会走在正确的道路上。

在软件开发中也必须反映模块间的隔离。团队必须防止软件模型随着时间的推移而腐朽，这就引出了模块的第 2 个用途：物理隔离。团队应该创建一个物理上独立的模块来存放他们的源代码。以图 2.3 为例，表 2.1 列出了相应的软件模块。

表 2.1　核保模块的明确物理分隔

模 块 名	描　述
NuCoverage.Underwriting	核保根模块
NuCoverage.Underwriting.Model	核保模型模块
NuCoverage.Underwriting.Model.Intake	申请模型模块
NuCoverage.Underwriting.Model.Policy	保单模型模块
NuCoverage.Underwriting.Model.Processing	流程模型模块
NuCoverage.Underwriting.Model.Renewals	续保模型模块

根据实际使用的编程语言，这些模块的声明方式可能有些不同，但这并不重要。重要的是，团队可以用非常明确的名称创建模块，以便清楚地识别事物的归属。因为模块间有了清晰的区分，概念便不会存在混乱或无序。

这种做法还有另一个好处，如果未来某一天，团队决定将一个模块升级为顶级模块，所需的重构工作是非常简单的。综上所述，模块化在任何时候都要胜过无意识的部署决策。

部署放最后

一开始就选择微服务是危险的，长期使用单体同样也危险。与敏捷开发中的任何决策一样，这些决策应该在最后负责时刻才做出。以下是《敏捷宣言》中的两个原则。

- 最高优先级的是：通过尽早和持续交付有高价值的软件来满足客户。
- 频繁交付可工作的软件，从数周到数月，交付周期越短越好。

时至今日，"交付周期越短越好"可能意味着几天、几小时，甚至几十分钟。总之，要尽早和尽量频繁地交付。

在这种情况下，该如何推迟部署决策？你需要考虑的是部署类型而非时间和频率。部署类型有不同选择，比如一次就部署全部功能的单体，或分别部署的微服务（分布式计算）。部署类型可以更改，但无论选择哪种类型，部署的时间和频率都必须满足要求。①

在项目初期，选择一种能够快速实验想法、快速发布版本的部署方式是非常明智的。这里推荐使用单体架构，因为在理解业务问题之前就去解决分布式计算问题并不明智。

我们想把这个问题讲清楚。许多软件开发人员喜欢分布式计算的底层逻辑，因为它很酷，分布式计算的美好前景也令人激动。尤其是对那些从来没从事过分布式计算或者没有太多经验的人来说，尽快拥抱分布式计算是一件令人兴奋的事情。

人总是喜欢新的东西。就拿开车来说，当人们年轻的时候，开车的机会往往备受期待。在你觉得开车已经不再新奇时，可能会选择飙车来寻求刺激。然而当你收到一张高额的超速罚单或者遭遇一次重大事故（外加高额的罚单）之后，你在马路上飙车的欲望会逐渐平息，开始认识到开车只不过是一种抵达目的地的方式而已。时过境迁，当你有了家庭之后，尽管有时还会期待驾驶一台高性能跑车在赛道上风驰电掣，但你更加明白安全到达目的地才是最重要的。

那些从事过分布式计算的人都承认，它很有挑战性，让分布式系统完美地运行会给人一种特别的乐趣和成就感。但不要忘了，分布式计算不是一项极限运动，而是一种有挑战性的技术。任何有经验的软件开发者（只要他们务实又负责）都会承认分布式计算只是达成业务目标的一种手段。采用单体架构或分布式架构的决策应当由业务因素驱动出来，旨在产生良好的商业价值。

如果将软件部署到云端可以提升用户满意度，且这就是业务目的，那么确实需要引入一些分布式计算。但同时，应该尽可能地减少分布式计算的资源使用总量，或者降低系统复杂度。如果你对此仍有疑问，请回到第 1 章重读"数字化转型的目标是什么"这一节。

我们并不主张单体胜过微服务，而是提倡做出最适合企业现状的决策。在项目初期，应该将精力集中于尽早和持续的交付，避开分布式计算固有的问题（即子系统之间的网络通信）。不必担心规模和性能方面的麻烦，因为项目早期它们根本不存在。

① 第 9 章介绍了在无服务器架构中这一做法的不同之处，其中一点就是功能即服务（FaaS）。

当企业在最后责任时刻决定将系统开放给更大规模的用户时，团队必须准备好度量手段以确保系统能够处理不断增加的负载。当性能和用户规模指标趋向于需要解决负载问题时，将模块从单体提取到微服务是一种自然且合理的手段。这样做的前提是使用那种既能体现微服务松耦合特性，又能在单体内部无缝工作，且没有分布式计算常见故障的架构。

当团队定义好模块，并且在开始时选择了尽可能简单的部署方式时，他们就能够在最关键的时刻根据经验信息做出最负责任的决策。

介于两者之间的一切

在定义模块之后、部署决策之前，还有大量工作要做，主要有以下方面。

- 确定哪些业务能力将托管在系统的哪个部分。
- 确定有战略影响力的功能。
- 了解软件开发的复杂性和风险。
- 协作以了解整个业务流程。
- 证明以上工作都正确完成。

本章的后续部分涵盖了上述条目中的前 3 项。第 3 章讨论了围绕业务流程的协作学习，以及对软件正确性断言的推理。

业务能力、业务流程和战略目标

业务能力指能够产生收入的现有业务功能。有些功能属于核心业务能力，有些则不是。核心业务能力必须是企业擅长且与众不同的能力，企业必须在其核心业务能力上不断进行创新。支撑型业务能力是使一个或多个核心业务能力发挥作用的能力，企业不需要对支撑型业务能力进行创新。当然，如果某种支撑型业务能力无法通过购买获得，企业就必须自己去建立这种能力。还有一些通用型业务能力，例如那些维持业务正常运转但不直接支持核心业务能力的部分，应尽可能通过购买（许可、订阅等）来获取。

请注意，业务能力是业务的内容，而不是做业务的方式。例如，核保是 NuCoverage 公司的一项业务能力，而具体实现方式可以是通过人工邮件或电话进行，也可以是通过数字化自动工作流程处理。做什么和怎么做是两回事，尽管如何执行是一个重要的细节，但它可以随着时间的推移而改变。但在可预见的未来，"做什么"——核保——依然会存在。

NuCoverage 公司必须进行创新，推出具有价格吸引力的保险产品，同时在盈利水平上还要和竞争对手竞争。此外，NuCoverage 公司还将通过提供带有白标的保险产品进行创新。这些都是直接的收入来源。然而，到底哪些是 NuCoverage 公司的核心业务能力，哪些又是支撑型业务能力呢？参考图 2.4 中的推理和后面列表中的描述。

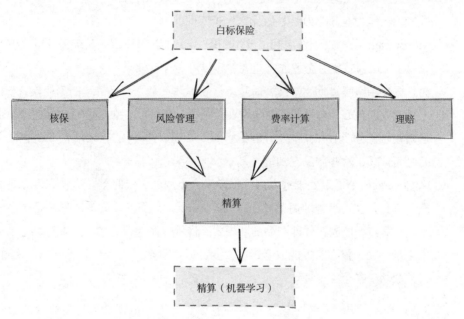

图 2.4　一些 NuCoverage 的业务能力

实线框表示当前的业务能力；虚线框表示未来的业务能力

- 核保是一项业务能力，它决定对某一可保项是否值得签发保单。该业务能力是通过数字化的工作流实现的，但工作流自身不是业务能力。

- 是否核保的决定不是凭空想象的，它依赖某种形式的风险管理，以区分哪些投资是有价值的，哪些是有害的。在保险业，这种风险管理以精算为中心，其复杂性足以使其成为一门独立学科。目前的精算业务能力主要基于行业数据和经验，但未来将通过更大的数据集和快速的机器学习（ML）算法来加强，从而识别出可接受的风险与不可接受的风险。未来的算法是实现方式，但不是业务能力。

- 每家保险公司都必须处理针对保单的理赔，NuCoverage 公司也不例外。保险公司与投保人达成的协议是实现公正的损失赔偿的基础。对于以数字化为先的保险公司 NuCoverage 而言，深入了解被保险人的损失情况和适用的保险范围是其核心业务能力。公司需要确保赔付不超过替换价值，同时又不因赔付过低而受到声誉损失。如何处理理赔？这确实是一个需要回答的问题，但这依然属于"怎么做"，和作为业务能力要"做什么"是不同的。

- NuCoverage 公司终于发展到了要用 ERP（企业资源计划）系统提升运营效率的时候了。运营效率对企业非常重要，应尽可能提升效率，使企业可以获取更多利润。然而，如前文所述，仅靠提升运营效率并不是一个可持续的商业模式，ERP 不是创收的核心，它是一种通用型业务能力。我们没有在过分简化问题，而是在强调核心业务能力和其他业务能力之间的区别。选择 ERP 实质上只是在多个产品之间选择，这些产品在功能上基本大同小异。

- NuCoverage 公司正处于进入白标保险平台市场的关键时刻。这种思维方式的调整，不只是技术组合的简单转变。NuCoverage 公司必须改变软件只是产品的配套这一观点，形成软件即产品的新模式，将软件作为自己的核心业务能力。也许未来某一天，核心业务能力会再次改变，但目前来说，它对保证与 WellBank 银行的成功交易至关重要。

上述观点提出了几个问题：核保是核心业务能力吗？精算是支撑型业务能力吗？理赔是否可以拆分出更多的业务能力？NuCoverage 公司如何在不损害现有业务模式的情况下，飞跃式地整合一种全新的业务模式？我们在稍后对战略设计进行进一步研究时，将会给出这些问题的答案。

现在，让我们把注意力集中在业务流程上，探讨一下业务该"怎么做"及与"做什么"的关系。业务流程包含一系列活动，用于定义并支持业务能力和战略业务目标。大多数流程都涉及多个互相协作的业务能力，如图 2.5 所示。

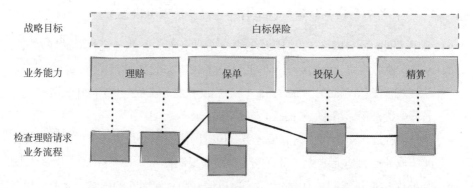

图 2.5　业务流程涉及的多种业务能力，以及支持的战略目标

　　举例来说，理赔业务能力参与了多个理赔业务流程，如检查理赔请求和结算理赔。在 NuCoverage 公司制定白标保险战略之前，检查理赔请求这一业务流程就已经存在。现在需要调整它，以适应如图 2.5 所示的新目标。看看当前的检查理赔请求业务流程是如何进行的。

　　1. 当新的理赔记录产生时，流程就会启动。检查理赔请求可能需要除理赔外的多个业务能力，例如需要保单（Policy）业务能力来检查保单是否仍然有效，因为对无效或过期保单发起的理赔也时有发生。大多数情况下，这项检查都没有异常，但总会有些特殊案例。

　　2. 一旦检查完毕，保单业务能力就会提供核保内容，这将决定公司如何处理理赔。

　　3. 调用投保人业务能力，以获得投保人的当前和历史信息。这些信息用于处理理赔请求，例如，在处理驾驶员的理赔请求时，需要核实其驾照状态是否被暂停或吊销。此外，投保人的资料还可以用于核实其通信地址，以便后续的理赔处理。

　　4. 调用精算业务能力进行核对，丢弃欺诈性理赔请求。

　　为了支持白标保险这一业务战略目标，NuCoverage 公司决定开发一个检查理赔请求的手机 App，以便推动与代理商（如 WellBank 银行）之间的更多合作。需要指出的是，在开发 App 的过程中，会有更多的业务能力被添加进来，以满足商业需求。同时，理赔业务能力也可以成为其他更大的业务流程的一部分。

　　另有一个重要的问题亟待解答：如何分辨业务能力和业务流程？如果将两者混为

一谈，各种讨论都容易误入歧途。这里有一些经验法则可供参考。

- 采用不同的命名风格。我们认为这是区分业务能力和业务流程的最好办法。一般来说，业务能力应该用名词-动词组合来命名，如订阅计费（Subscription Billing）[①]或理赔处理（Claims Processing）[②]。相反，业务流程应该用动词-名词组合来命名，如检查理赔请求（Check Claim Request）。
- 业务流程展示了公司如何完成任务，相应的流程模型是业务流程的出色描绘。因此，业务能力捕捉结构，而业务流程则捕捉流程。
- 由于技术进步、法规、内部政策、渠道偏好和其他因素的影响，业务流程会经常发生变化，所以它们是不稳定的。而业务能力体现了业务的本质，侧重于结果，因此它们变化的频率要低得多。

业务能力促进了战略层面的沟通。使用业务能力进行战略讨论的优势在于，它们的层次更高、概念更清晰、意图更加抽象。但是，在企业讨论业务能力时，业务流程可能会起到干扰作用。许多业务专家注重流程和结果，因此他们自然倾向于讨论业务流程，而非业务能力。

正是由于这些原因，认识业务能力和业务流程之间的区别非常重要。这是一种微妙且重要的区别。业务流程像胶水，黏合不同的业务能力。基于业务流程划分的模型边界往往是错误的，而且会降低企业的运营效率，并对企业中的沟通渠道产生负面影响。第 5 章将会探讨如何运用业务能力来制定模型。

简而言之，业务流程支撑业务能力，而业务能力支撑业务战略。

针对性的战略交付

软件开发中最大的问题之一是开发的功能和特性没有业务价值。这正是业内经典的"你不需要它"（YAGNI）。即便如此，还是常有发生。

很多时候，软件开发过程中的浪费源于业务专家和开发人员之间缺乏有效的沟通

---

① 在这里，Billing 是一个动词，不过它也有名词账单的意思，所以本例也经常被误认为是一个业务流程。这个能力的全称是订阅计费（Subscription Billing），这遵守了命名规则。为简洁起见，在本书其他地方可能会直接用计费（Billing）这个词。

② 为简洁起见，在本书其他地方，会用理赔（Claims）代替全称理赔处理（Claims Processing）。

和合作模式，从而导致一些本不应存在的功能被开发出来。我们并非指团队自以为是地开发某些功能，而是指开发人员未能完全理解业务专家所表达的需求。如果开发团队不了解他们开发的功能是不正确的，或者在很长一段时间内没有人使用，那么这些功能就会一直处于闲置状态，最终成为潜在问题。

一个常见的问题是，业务专家和有影响力的客户/用户需要某些功能，或者销售人员意识到某项功能可以促成一笔大生意，他们就会推动相应的功能需求增加。当这些功能交付以后，需求又可能因为某些原因消失了：客户/用户找到了其他替代方法，或者对该功能失去了热情；销售团队利用承诺就签下了生意（或者完全丢掉了这笔生意）。从某种意义上说，在开发团队经历了艰苦而有风险的工作之后，交付物的价值却无法兑现。

实现不必要功能的另一个更直接的原因是决策失误。当然，这种失误可以归咎于学习上的失败。但是，比起用一个低成本的实验来发现问题，完全实现功能后再推翻的代价太大了。

上述情况让业务专家和开发人员都感到沮丧。更糟的是，如果不保留决策日志，除了依赖隐性知识，决策几乎没有任何可追溯性。同时，就算决策日志告诉了团队为什么要这样做，也不能帮助他们撤销错误的功能。一些人认为源代码版本管理工具能够发现和删除未使用的代码，这一点是对的，但前提是你必须一开始就假设开发的功能可能是错误的。坦率地讲，用版本管理工具来回退那些可能是错误的、潜伏已久的、广受依赖的功能，直接结果就是引入了新的不确定性。

这些问题的根源不在于版本管理工具，而在于下列两个问题。

- 沟通失败，本书一直在持续地提醒这个问题。
- 意气用事，推动人们做出决策的不是业务目标，而是意见和坚持。

如果是第 1 个问题，请回到团队中，重建高质量的交流。如果是第 2 个问题，显然需要展示真实的业务目标。

影响力图谱（见参考文献 2-7）就是一种可以帮助区分战略功能投资和虚无缥缈的价值的决策工具。要明确实现战略目标必须产生的影响，请思考以下问题。

1. 为什么要做？列出一些业务目标，不必苛求全面，只需列出几个，就能帮你找出具有战略意义的目标，并指出它们和其他目标的不同点。"让玛丽快乐"不是业务目标，"让 WellBank 银行快乐"也不是业务目标。"将房屋保险和汽车保险捆绑在一起销售"才是业务目标，"按房屋估价捆绑保险费率"和"白标汽车保险"同样也是业务目标。

2．受众是谁？对于一个给定的业务目标，确定必须影响到的参与者，通过改变他们的行为以达成目标。参与者指为达成既定目标而必须影响到的个人、团体、组织、系统或类似事物。参与者可能是积极的、中立的或消极的。换句话说，所产生的影响必须改变一个对企业来说已经是积极的参与者的行为。当然，参与者也可能对当前业务并不在意，比如该参与者是另一个解决方案的用户。在这两种情况下，我们的业务都必须影响其行为，促使改变。

3．怎么做？明确实现目标对参与者产生的影响。通过精选出的一系列活动，让参与者为实现战略业务目标而执行具体行为，务必避免关注过多的功能，从而丢失重点。这里的难点在于，不仅要影响积极的参与者，还要影响中立或消极的参与者。面对消极的参与者，要找到并消除消极的原因。

4．做什么？列出相互影响的必要可交付物。在战略软件的上下文里，可交付物通常是实现特定影响的软件功能。值得注意的是，软件并不一定是唯一的可交付物。在软件开发出来之前，可交付物也可以是临时采取的措施。例如，在 NuCoverage 公司开发出基于快速数据分析的机器学习算法的高度自动精算系统之前，该公司可能会选择让高度熟练的操作人员来发挥其核保业务能力。操作人员也可以和作为业务专家的精算师一起训练精算系统。久而久之，操作人员可以转变为全职从事软件创新方面的专家。

大多数软件开发计划从第 4 步开始，他们可能从未考虑前面的 3 个步骤。就完成战略业务而言，从 1 到 4 不仅是正确的顺序，还指明了清晰的前进道路。这些步骤甚至可以用来寻找非技术性的或其他填补空白的方法，以实现业务目标。在这个过程中，公司还可以找出减少财务支出的方法，因为当上述问题的答案都不是软件时，公司就会明白什么才是最好的选择。

思维导图是将影响力图谱用于工作的一个好方法，请看图 2.6。

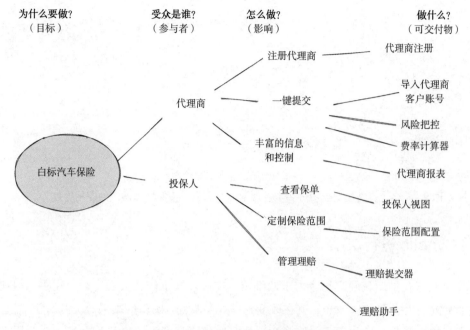

图 2.6　白标汽车保险的影响力图谱

　　在图 2.6 所示的影响中，有支撑性的，也有战略性的。典型的支撑性影响是能够注册新代理商（如 WellBank 银行）。[1]一旦代理商注册完成，即为其开放"一键提交"这种可以快速提交新申请的方法，这种方法则属于战略性影响。

　　和"一键提交"这种战略性影响相关联的可交付物有 3 个：导入代理商客户账户；风险把控；费率计算器。目前并不存在导入代理商客户账户的功能。其他两个在某种程度上是存在的，因为它们将支持当前的核心业务。毫无疑问，企业需要一个新的可交付物，把这些功能结合在一起。应该有一些中间控制组件，如核保处理器，来管理后台工作流程。这个发现如图 2.7 所示。第 3 章更详细地介绍了这些组件。

---

① 注册不是对所有人都开放的功能，成为保险代理商有一个资格审查过程。NuCoverage 公司通过特许经营协议加快了新代理商注册流程，但新代理商依然需要提供一些细节资料。

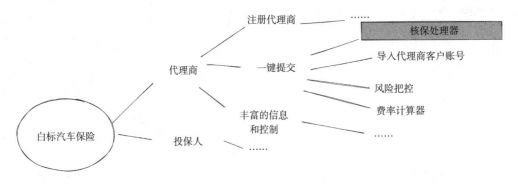

图 2.7 在"一键提交"中进一步发现了一个名为"核保处理器"的控制组件

利用 Cynefin 进行决策

如果能够在早期就确定每个需求的细节，软件开发工作就会变得简单得多。但现实并非如此，因为需求从一开始就在改变，一直在改变。实验的结果、获得的新知识、用户的反馈、竞争对手的行为、市场的干扰，这些因素都无法提前几个月甚至几周在开发计划中考虑到。

许多企业相信，对原本的工作计划做一些调整就足以应付各种变化了，这明显不现实。NuCoverage 公司希望通过白标保险产品抓住新的市场机会。当然，这将影响到商业战略、组织和软件开发模式。企业如何才能全面地了解实现这种改变所需要付出的努力？

Cynefin 框架正是一个可以满足此类目标的工具。它是由戴夫·斯诺登在 1999 年创建的，并已成功地应用于工业、科研、政治、软件开发等诸多领域。它可以帮助决策者确定如何感知形势，以及如何理解自己和他人的行为。

如图 2.8 所示，Cynefin 框架包括 4 个常规领域：清晰域、繁杂域、复杂域和混沌域。除此之外，还有位于中心的第 5 个领域：紊乱域。

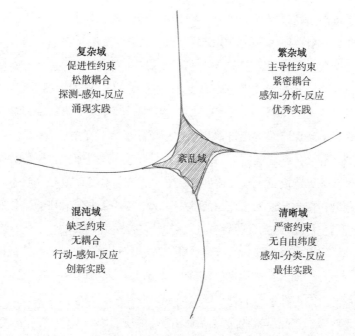

图 2.8　Cynefin 框架及其 5 个领域

在下面的介绍中，我们使用业务驱动程序作为示例。当然，Cynefin 的 5 个领域也可以用技术驱动来解释。

- 清晰域。清晰域也被称为明显域或简单域，清晰的意思是本领域中的因果关系是众所周知的，是可以提前预知的，是对任何理性的人来说都不言而喻的。位于此领域的工作应该有共同的做法，其处理过程是：感知，识别工作内容；分类，使其符合预先定义的类别；反应，决定做什么。在清晰域中，每个人都已经知道问题的正确答案。NuCoverage 公司的软件开发团队已经知道如何处理电子文档，对他们来说，处理方法是显而易见的。
- 繁杂域。因果关系有待进一步分析，要用到业务专家的知识以确保应用以前成功的经验。虽然问题可能有多种解决方案，但专家知识可以确定应该做什么。本领域的处理过程是：感知，识别工作内容；分析，使用专家知识进行调查或分析；反应，决定做什么。尽管核保是保险行业的常见流程，但软件开发人员如果不依靠专家知识的指导就无法正确地实现核保功能。
- 复杂域。因果关系只能在事后才能明了，问题越复杂，结果越难以预料。尽管人们对找出正确的解决方案有预期，但实施这些解决方案可能不会带来理想的结果。

组织更倾向于在错误发生之后，或者在观察行动结果之后，寻找一个好的解决办法。这是一个必须实行安全实验的领域，需要从失败中汲取经验，并运用新的认知推动实践、环境和数字资产的变化。在这个领域，产出物会不断变化，所以依靠专家知识和常规操作无法确保成功。因此，本领域追求的是创新和新兴实验，其处理过程是：探测，收集实验输入；感知，观察实验失败或成功；反应，决定做什么。多条保险线的全自动数字化精算分析属于复杂域。

- 混沌域。不存在系统层面上的因果关系。当遇到危机时，必须马上找到一个解决办法，在危机造成更大损失之前解决它。首先，必须恢复秩序状态。混乱是由事故引起的，它会导致无法控制的结果，这就需要采取紧急措施来控制局势。其处理过程是：行动，尝试恢复稳定；感知，观察失败或成功；反应，决定下一步该做什么。系统中单个部分的故障可能会连带其他部分也发生级联故障，进而造成严重的服务中断。在采取彻底的修复措施之前，必须让系统先稳定下来。

- 紊乱域。当你不确定自己处于哪个阶段，以及是否有任何有效计划时，说明你正处于紊乱域。紊乱是最危险的情况，必须尽快摆脱。为此，必须迅速将问题分解为不同组成部分；必须分析各个组成部分；必须确定某个组成部分属于其他 4 个领域中的哪一个；必须选择适当的方法来解决每个组成部分的问题。只有在恢复秩序之后，才能取得计划中的进展。现在我们很清楚为什么紊乱域在最中间了，因为问题的各个部分都被推到了其他 4 个领域。

对于混沌域和紊乱域，在稳定局势后必须进行一次全面的回顾，制定防范措施以防未来出现类似状况。防范措施必须尽快落实，包括对有缺陷的数字资产进行变更，改进受影响部分，提高对整个系统的监测和观察手段。

知识是 Cynefin 框架的关键组成部分。理解问题属于哪种情况，使用各个领域的应对方法（如感知-分类-响应等）有助于更清楚地发现问题，降低其复杂程度，直至找到解决方案。问题在领域之间的转换是顺时针进行的，需要强调的是，自满会导致问题从清晰域迅速滑落到混沌域。隐性知识丢失（比如一个关键人物在没有传递知识的情况下离职）、错误地应用知识或者成功做法已过时时，都会导致从清晰域到混沌域的变化。

根据斯诺登的说法，使用敏捷方法管理项目是一种将问题从复杂域过渡到繁杂域的方法。将一个大而复杂的问题分解成许多小问题，能有效地降低其复杂性。

　　所以我们可以得出这样一个关键假说：在大多数情况下，新软件的开发工作大部分时间都应该处于繁杂域和清晰域，少部分时间会进入复杂域，极少时间会落入混沌域。许多客户和开发人员都把软件开发看作一项繁杂的工作，但很少认为它是复杂的。开发人员经常低估软件复杂度，但是在复杂度越来越高的时候，他们又容易惊慌失措，从而催生出一些容易落入混沌域的解决方案，或者产生深层次的技术债务和软件熵。

　　当团队发现自己处于复杂领域时，他们（只要足够务实）就会意识到，没有明显的办法找出问题的解决方案。这时，就必须采用安全实验来探索解决方案。

　　此外，在一个复杂领域，决策者的最佳信息来源不是预测，而是观察已经发生的事情。它提供了一个经验模型，迭代实验就是在此基础上进行的。适应经常变化的状态有助于团队更好地理解问题，从而做出正确的解决方案。本章后面的"应用工具"一节展示了 NuCoverage 公司如何利用 Cynefin 框架来确定是否应该使用微服务。

你的意大利面条在哪里，煮得有多快

　　到目前为止，本书已经用两章介绍了如何通过软件开发进行战略性创新，从而形成差异化以寻求独特的商业价值。接下来的两章将进一步探索，深入探讨协作式沟通、学习和改进软件组织。为什么？因为以战略和形成竞争优势为导向的创新并不容易达成。

　　绝大多数人都会喜欢吃意大利面或其他面食，也许有人不喜欢它们，但我猜这部分人应该不多。想象一下往煮好的意大利面或其他面条上淋上美味的酱汁，你会不会食指大动？

　　所以，很难想象意大利面会让人们的食欲一落千丈。然而，"意大利面条代码"却做到了。这个术语在几十年前就被提出来了，用于描述软件系统里令人作呕的糟糕源代码。这种代码会让人下意识地想删掉重写。对于糟糕的软件，可悲之处在于，即使不叠加实现复杂度，业务本身的复杂度就已经具有很大的挑战性了。

　　意大利面条式的业务总是先于软件存在，意大利面条式的代码则是软件内部深埋的祸根。临时的架构方案、变形的模块、错误的抽象、夸夸其谈的通用代码、不熟练的开发人员，这些都会妨碍企业通过软件上的创新来解决业务的复杂性。要解决软件的复杂性，必须从解决业务的复杂性入手。

第 1 章和第 2 章及接下来几章中提供的工具，旨在帮助人们在 10~12 分钟内"煮好业务的意大利面条"——这个速度当然会比不用工具更快。有时工具不是加快了你的烹饪速度，而是解锁了人们的思维，从而达到比没有工具时更高的效率。

战略架构

软件战略架构通常是由技术专家做出的一系列决策所产出的结果。组件架构、子系统架构，乃至整体系统方案的架构，常由那些被称为软件架构师的人所决定。架构师这个词在不同的企业代表了不同的意义，作者认识一些技术素养颇为深厚的架构师，他们至今仍然经常从事编程工作；另外一些架构师则很少或从不参与编码。仅凭这两种不同的工作风格并不能断定一名架构师是否合格，他们的能力、态度、适应性和灵活性才是决定因素。

软件架构师必须有能力构建灵活的架构，使之轻松适应战略变化，快速响应企业做出的决策。有几种典型的失败架构，包括：架构决策不符合现实的成功经验；缺乏对现实世界约束的考量（也称为象牙塔式架构）；没有体现出业务沟通的结果。这些失败的架构可以分为两类：坏架构和"无架构"。（第 1 章提到过"无架构"这个术语。）

显然，架构师不应该是唯一对架构负责的人。软件战略架构支持的交付价值链属于多个相关方，软件战略架构是他们商讨如何支持不同领域业务的当前和未来决策的地方。所以架构应当归属于每个相关方，包括业务专家和开发人员。这就引出了架构师必须具备的另一个关键技能：促进各方协作，从而结合各方需求构建一个健全的架构。

本书提倡使用一种简单而灵活的架构风格。这种风格最常见的两个名字分别是"端口-适配器架构"和"六边形架构"。有时它也被称为"整洁架构"（Clean Architecture），还有一个不太常见的名字，叫作"洋葱架构"（Onion Architecture）。无论叫什么名字，这种架构风格在实现和应对变化上都有良好的灵活性和适应性，你将在第 8 章中看到更详细的解释。

对软件战略架构来说，一个重要的关注点在于演变，以及为什么要演变。在应用程序、子系统和整个系统的生命周期中，要追踪某些决策背后的动机非常困难。但我们又别无选择，必须向新成员解释那些做过的决策。追踪决策的重要性同样体现在唤起团队成员的记忆，以便他们能够向业务相关方解释业务的来龙去脉。

庆幸的是，有一个叫作架构决策记录（ADR）的简单工具可以帮助团队长期跟踪软件的架构决策。ADR 提供了一个文档模板，用于记录每个重要的架构决策，以及当时的上下文和结果。

每份 ADR 都应该与它所关联的源代码一起存储，以便团队成员可以很容易地读到它们。有人认为敏捷不需要任何文档，而且代码应该是自解释的。这种观点并不完全正确，敏捷的确避免了诸多无用的文档，但它同样欢迎有助于业务专家和开发人员理解当前上下文的文档。此外，ADR 真的非常轻量级。

市面上有许多公开的 ADR 模板可供使用，在此作者推荐迈克尔·尼加德（Michael Nygard）提出的模板，非常简单而且功能强大（见参考文献 2-11）。迈克尔认为 ADR 应该是"具有架构意义"的决策集合，即那些决策会影响系统或软件的结构、跨功能特性、外部依赖、接口或构造技术。让我们看看这个模板是怎样构成的。

- 标题：一目了然的自解释标题。
- 状态：决策的状态，如被建议、被接受、被拒绝、被废弃、被取代等。
- 上下文：描述产生决策或变化的动机或者问题。
- 决策：描述所选择的解决方案及原因。
- 后果：描述决策引起的变化，包括积极的和消极的。

下一节将介绍 NuCoverage 公司的一个 ADR 实例。

应用工具

NuCoverage 公司需要确定是继续用现有的单体服务来运行其业务，还是改用不同的架构来支撑他们的新的白标保险战略。有资深架构师建议使用微服务架构，但草率地做出决策并不明智。为此，公司的业务专家和开发人员决定利用 Cynefin 框架，通过决策工具的全面分析来更好地了解情况。表 2.2 总结了他们的发现。

表 2.2　Cynefin 框架发现的从单体架构迁移到微服务架构的风险和复杂性

	当前背景	迁移的风险	如何应对风险
清晰域 所有部分都清晰已知 （Known Knowns）	单体应用具有很高的模块化程度。 将模块从进程内部调用拆分为网络间（或进程间）调用并非难题。 团队每个成员都熟知微服务的常规实践	自满，安于现状。 团队有深入研究分布式系统的强烈愿望。 没有深入分析当前状态。 常规实践尚不存在	认识到"常规实践"的价值和局限性。 不要认为从单体到微服务是一次简单的迁移。 不要过度简化解决方案
繁杂域 知道存在未知的部分 （Known Unknowns）	单体可能并未很好地模块化，且目前整个应用的范围未知。 社区中尚未形成微服务的常规实践。 团队缺乏从单体迁移到微服务架构的经验	专家忽视了新的迁移方法。 专家对自身或过去的解决方案过于自信。 专家就迁移方案产生分歧，无法达成一致	鼓励内外部的利益相关者质疑专家的观点。 通过实验和基于场景的分析，推动人们以不同的角度思考对策
复杂域 不知道未知的部分 （Unknown Unknowns）	单体的模块化程度不高，也难以通过网络间调用来取代进程内的通信。 从单体应用迁移到微服务的最佳实践尚未得到普遍认同。 团队在向微服务迁移方面缺乏经验，而且很难找到真正的专家来完成这项任务	利益相关者希望加速解决迁移问题。 将某项决定强加给其他利益相关者。 迁移仅仅是因为上级领导的指令	保持耐心，用实验的方式发现迁移的模式。 从失败中学习，看看哪些做法可行，哪些不可行
混沌域 不可知（Unknowables）	单体应用难以做到每天部署和重启。 生产环境中存在大量错误，团队需要投入额外的时间进行紧急修复，以保证业务正常运行	过于依赖在使用中发现的特殊操作。 没有创新。 过分依赖"全能"的架构师来维持业务系统的运行	建立平行的团队来处理同一领域的问题。 挑战现有观点，鼓励创新。 将问题从混沌域推进到复杂域

经过大量的分析，所有参与讨论的相关人士都认为，NuCoverage 公司面临的问题属于复杂域，因为没有人相信目前的单体架构可以轻松地迁移到分布式的微服务架构。无论在技术社区还是在微服务专家之间，都未能就迁移的标准实践达成广泛共识。

使用微服务架构，意味着服务之间必须交换消息。为了满足这一要求，团队讨论了多种通信机制，最后决定在初期通过 REST 的方式传递消息。这个决定体现在清单 2.1 所示的 ADR 中。

清单 2.1　记录使用 REST API 进行消息交换的 ADR

标题：ADR 001：REST API 消息交换。

状态：实验性的；已被接受。

上下文：向协作的子系统发送事件消息。

决策：通过使用 Web 标准，以保持技术异构。

后果：优点包括使用了 HTTP，可伸缩，实验成本低；缺点是可能存在性能问题（可能性低）。

目前关于最佳前进方向的想法有以下几点。

- 确保有一个安全的实验环境，即使实验失败也不会受到惩罚。
- 在当前的单体应用内进行实验。
- 聘请两位专家辅导团队，尽量降低实验失败的可能性。

为了支持新的白标保险战略，NuCoverage 公司有一种紧迫感，这促使他们寻求一种安全的方式将其应用从单体迁移到微服务架构。现在，各个团队的进展都比较顺利，他们接下来的旅途令人充满了期待。

小结

本章介绍了多种战略学习工具，包括可以催化业务成功的企业文化，这些因素对于任何想要通过差异化和创新来实现战略目标的企业来说都是必不可少的。

本章要点如下。

- 了解什么时候做出决策是最恰当的，这是负责任的做法。
- 实验的结果是明智决策的重要知识来源。
- 关注企业文化，以及它对运用决策工具（安全实验和管控失败）的作用。
- 认识到可以用业务能力划分模块，以便更好地理解和解决问题。
- Cynefin 和 ADR 等工具可以帮助做出决策并长期追踪。

下一章将介绍事件优先的实验和发现工具，这些工具可以实现快速学习和探索，从而带来创新。

第 3 章

事件优先的实验和发现

外向者擅长沟通，许多企业高管、销售和市场人员及其他面向客户的人员都符合这一描述。他们往往通过社交互动获得能量和重振精神。许多外向者发现，他们最好的想法是通过坦率的表达和积极的倾听得出的。相比之下，软件开发人员通常是内向的，他们渴望安静与独处，同时也乐于解决棘手的难题。大量的社交活动和人际交往可能会使这些专业人士感到疲惫和不适。

然而，与普遍看法相反，这些刻板印象并不一定准确。事实上，在过去几十年里，对 450 名首席执行官的调查显示，有 70%的人是内向型人格。在"交流就是生命"（见参考文献 3-5）的环境中，内向型人格往往不能帮助这些领导者很好地阐明他们的商业愿景和模式。但无论性格特质被认为是优点还是缺点，每个人都是独立的个体，大多数人都有能力超越自己，直面复杂的任务。人人都有克服弱点的潜能，即使那些因优势而形成的弱点——在共享知识时表现出的不耐烦和霸道——也不例外（见参考文献 3-8）。聪慧且彼此尊重的人之间的协作沟通，无疑是战略创新和差异化的催化剂。正是克服弱点的这个必不可少的能力，才让一家企业区别于其他企业。

问题是，如何才能克服不同性格类型之间的沟通障碍，实现深入的协作沟通、学习和改进软件构建？这是本章探讨的主题。

在软件开发过程中，一些基本概念构成了组件良好协作的基础。我们首先介绍这些基本概念，以便快速充分地使用这些有助于积极学习的工具，并打开加速获取知识的通道。

命令与事件

每天我们大部分时间所做的事情都是对命令和事件的响应。在与工作有关的人际交流中，我们倾向于使用行动的意图（命令）和结果（事件）来理解人类思维。

一方面，我们对命令做出响应，例如"在下班前向董事会提交一份愿景陈述文件"。尽管这种陈述可能不会被认为是一条命令，但实际上它是，需要后续跟进，也需要采取行动。

另一方面，我们每天对事件都做出响应。在完成愿景陈述文件并提交给董事会后，董事会成员可能会对愿景陈述文件已准备好这一事实做出响应。他们的一部分响应是阅读该文件，并准备在下次的董事会会议上对其发表评论。在这种情况下，事件是愿景陈述文件被提交给董事会。

也许由于其他优先事项或个人情况，董事会的一个或多个成员无法立即阅读文件，甚至根本抽不出时间看它。这意味着该事件有了 3 种可能的结果。

- 接受事件所传递的事实。然后，经过思考，接收者（董事会成员）将这个事实翻译成一些自我命令：阅读愿景陈述文件，并准备对其发表评论。
- 推迟处理事件所传递的事实，直到有时间的时候。
- 忽略对事件所传递的事实进行处理，知道有更适合的人会对其进行评论。

了解了这些，再考虑这些通信概念如何应用于软件：首先是命令，然后是事件。

在讨论"事件优先"时，为什么要用命令来引出？这是一种"先有鸡还是先有蛋"的问题。事件是命令的结果。但是，等等，我们还没有在软件中定义什么是命令？什么是事件？

在软件中，命令是一种命令性记录，即一组被明确要求执行某个操作的数据。回顾 30 年前图形用户界面大量出现的时候，考虑出现在窗口中的经典的"确定"和"取消"按钮。用户单击这些按钮让软件执行某些操作。这些按钮被称为命令按钮，因为当单击按钮时，它会触发命令。单击"确定"按钮会触发一个通常意味着应用此对话框窗口的操作。单击"取消"按钮意味着取消应用该对话框窗口。因此，软件命令操作通常是用户单击特定按钮触发命令执行的结果，并且对话框窗口中的一组数据被包含在命令中。

从软件角度来看，事件会捕获执行命令的事实的记录。它是一组数据，被表示过去发生的操作命名。要注意的是，事件通常是由命令引起的。对于业务而言，发生的事件特别重要，需要记录下来。现在将此理解与对话框窗口的"确定"命令相结合：一旦执行了命令，就会记录一个事件，该事件可能包含命令中的部分或全部数据。

考虑一个使用命令和事件组合的例子。申请人想申请一份保险。为此，申请人填写了一份在线保单申请表，提供了所需的数据。为了提交数据，用户界面有一个名为"立即申请"的命令按钮。单击"立即申请"按钮，表单会作为"立即申请"命令数据的一部分被提交给服务。在收到表单数据后，服务会验证它，如果数据完整且正确，则服务会通过记录一个名为"保单申请已提交"的事件启动保单审批流程，该事件包含命令的相关数据。图 3.1 展示了这个过程。

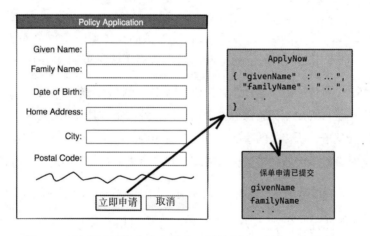

图 3.1   "立即申请"命令会导致"保单申请已提交"事件发生

请注意，"立即申请"命令是祈使句，即"现在执行此操作"。命令可能会被拒绝，比如申请表单中包含了无效数据的时候。

假设"立即申请"命令被完整执行，这个事实会以"名词-已-动词"的格式记录为一个事件，例如"保单申请已提交"。通常，这个事件会被持久化到数据库中，以确保完整保存该事件记录，以备后续使用。

在某些情况下，事件会在没有命令的情况下发生。例如，当时钟到达特定时间（如

8 月 31 日 23:59:59）时，可能会发生事件。对于某些企业而言，月末可能很重要。假设这是一个对于 NuCoverage 公司很重要的场景，它可以被记录为一个事实事件。例如，在销售上下文中，类似于"月份已结束"的名称可能很合适。但是，在财务会计等上下文中，月末意味着不同的东西。例如，"总账已期结"可以是账簿中的一个事件。图 3.2 描述了这种基于时间的事件模型。

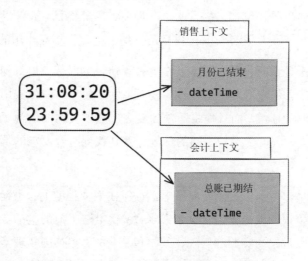

图 3.2　由日期时间变化引起的事件，不涉及命令

这进一步阐明了第 2 章中提出的一个思想，即在命名概念时要尊重沟通上下文。第 2 章集中讨论了名为理赔、核保和保险产品的上下文。本章引入了销售和会计，作为两个额外的上下文，分别被放置在独立的模块中。这个例子说明企业内可能存在许多不同的上下文，并且为了实现有效的沟通，这些上下文必须在软件设计过程中足够清晰，并牢记于团队成员的头脑之中。

使用软件模型

前面的示例表达了软件模型。软件建模是理解业务复杂性的重要部分。此外，生成的模型用于将日常业务程序和流程与软件组件相关联。当软件模型的名称不是武断选择的，而是经过深思熟虑并与团队的沟通上下文相符时，它们才有意义。

从现在开始，本书将大量借鉴软件建模实践，以带来深入的学习和突破性的见解，从而产生差异化创新。事件是团队用来帮助他们朝深度学习方向迅速而有建设性地迈进的工具的核心。此外，命令和多种软件建模概念也扮演着重要的角色。

利用事件风暴快速学习

托马斯·爱迪生是一位知名的发明家和创新者。在经历了大量"失败"的尝试之后，爱迪生说道："我并没有失败，我只是找到了 1 万种不起作用的方法。"

爱迪生实际上并没有发明电灯泡。在他着手研究的时候，电灯泡已经在路灯、工厂和商店里普及了。但它们都有局限性。爱迪生发明的是第一款实用且价格实惠的电灯泡（见参考文献 3-14），而且他也不是独自完成这项发明的。为了完成这一壮举，爱迪生的团队测试了 6000 多种不同的灯丝，直到找到符合要求的那一种（见参考文献 3-3）。

亚历山大·格雷厄姆·贝尔发明了电话，但在某种程度上，也存在关于他是否是真正的发明者的争议。无论如何，贝尔在 1876 年申请了他的电话专利。在此之前，其他人历经了数个世纪的实验和发现，其中包括 1667 年英国物理学家和博学家罗伯特·胡克创造的声音绳电话；爱迪生也为电话的成功做出了贡献，他发明了碳麦克风，可以产生强大的电话信号。然而，最初的电话使用率并不高，因为它是通过电报交换进行通话的，只有极少数消费者受益。若没有电话交换机的最终发明，电话的广泛使用将永远无法实现（见参考文献 3-10）。

我们想表达的意思是，最初的创新可能因发明者缺乏远见或知识储备而仅仅是次要创新，但其他人会在这些前身发明的基础上进行设想和改进。关键在于：团队常常起初只是为了解决一个问题，但通过实验和协作发现了更大的创新机会。不要阻止这种情况的发生，因为它可能揭示最初的目标只是"平凡且寻常"的，或者仅仅是一个过渡步骤。这个演进过程由沟通推进，而沟通正是创新的源泉。

在容忍失败的文化中进行实验是创造创新环境的关键。然而，阻碍这种环境的问题是：在实现创新之前，必须面对多少次失败？需要多长时间和多少资金？

诚然，6000~10000 次失败不可能是商业计划、进度表和预算的一部分。但话又说回来，早期的电灯泡和电话也同样不是。

简而言之，卓越的组织不仅发现和分析失败，还会为学习和创新创造有益的失败。这些组织的管理者并不喜欢失败，但他们能认识到，这是实验的必然副产品。他们也能意识到，并不需要进行耗资巨大的大规模实验。通常，小规模的试点、新技术的演练或仿真就足够了（见参考文献 3-7）。

实际上，像广泛应用的量子计算这样的重大发明，正是推动技术进步所迫切需要的。因此，那些寻求重大发明的人必须准备投入大量的精力进行实验，并学会至少 1 万种行不通的方法。对于其他人来说，更关键的是建立渐进式创新以产生收入，然后将这些收入再投入更多的渐进式创新中。快速且低成本的学习是必要的。

作为一种最佳的沟通、协作和发现学习的方法，由 Alberto Brandolini 构思和开发的建模工具和技术集合——事件风暴（见参考文献 3-4）——具有低成本的优势。这种方法的成本来自参与创意会议所需的知识工作者，这些会议仅受到他们集体想象力的限制。会议既不排斥业务专家，也不排斥软件开发专家。恰恰相反，事件风暴欢迎每一位有远见、有重要相关利益、有疑问、有答案，或者愿意讨论已知的已知（Known Knowns）和已知的未知（Known Unknowns）的人，以及坚持发掘未知的未知（Unknown Unknowns）的人都参与其中。它要求所有人都利用这些知识来实现超越常规的成果。

> **注意事项**
>
> 沃恩·弗农在 2016 年的《领域驱动设计精粹》（见参考文献 3-2）一书中介绍了事件风暴。事件风暴最初是由 Alberto Brandolini 在 2013 年受邀参加沃恩在欧洲举办的 IDDD Workshop 活动时介绍的，那也是 DDD 首次引入并获得广泛关注的地方。本书的两位作者也是在那次工作坊上相遇的，并从那时起他们一直在使用和推广事件风暴。

为了实现超越普通水平的软件交付，需要克服无法沟通的商业孤岛（沟通不愉快的原因）或者阻碍跨部门合作的障碍。不沟通以及各种竞争性和对抗性的行为都将阻碍创新。这对企业的影响甚至超过了什么都不做。每个人都有两个选择：合作或者让步。

事件风暴的基本思想是对系统中一系列按时间顺序发生的描述性事件进行建模。这些基于事实的事件被记录在便利贴上，并作为模型元素记录下来，模型元素还会捕获动态环境等支持性细节。从左到右记录时间顺序。在图 3.3 的模型中，橙色元素（如果你看的是彩印版）表示事件，其他颜色表示辅助的支持元素。从时间轴上的橙色元素数量可以清楚地看出，这是一种事件优先的建模工具。

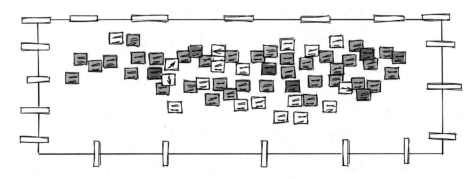

图 3.3 事件风暴的结果可以带来对业务机会的深入洞察和认识

当需要远程事件风暴会议时

事件风暴主要是以面对面的形式进行的。然而，它也可以通过在线协作工具（如语音和视频通话，以及具有绘图功能的虚拟白板）来实现。本书作者都有在虚拟环境中举行事件风暴会议的经验，并且讨论过其中的优缺点。

使用远程会议的优点是，参会者可以由远程工作者组成，这些工作者仍需要以协作方式进行创造性工作。在这个时代，面对面协作可能会带来健康威胁，而导致一切都转移到线上，远程会议不仅有优势，也有必要。即使假定我们要恢复面对面的协作，远程会议仍将是必要的，因为在新冠疫情之前，由于企业的政策，远程会议已经是不可替代的。由于新冠疫情的原因，远程会议将继续存在。

远程事件风暴会议通常遇到的主要障碍是沟通渠道受限制。很多人会发现，当身体动作与声音存在几秒延迟时，两个人之间的对话往往是不稳定的。当更多人参与到讨论中时，这个问题会变得更糟。在面对面会议中，对话往往会出现分叉和重合，但是如果在虚拟会议中参与人数较多的情况下，这种情况会比只有两个人交谈时更加糟糕。这一问题可以用诸如举手、虚拟会议室之类的机制来解决，但是这些都不能实现现场会议所提供的互动效果。与任何协作环境一样，我们得到的结果取决于平台的限制。

鉴于视频通话和虚拟白板都需要电脑显示屏，许多远程会议也遇到了物理显示空间的限制。当参与者至少有两块显示屏或一块非常大的显示屏时，这实际上不是一个问题。在较小的显示区域内放置视频通话，在较大的区域内放置虚拟白板，通常可以使体验更好；然而，业务主管和其他管理人员拥有如此大的显示空间的却并不常见。你应该认真考虑这个问题，因为这是做生意的成本。你可以为需要参与的每个人购买足够的大型外部显示屏来克服显示空间的限制。此类显示屏通常每台只要几百美元或欧元，大多数笔记本电脑都有能力同时驱动主板和外部显示屏。那些目前还不熟悉这些大型显示屏的人很快会发现，即使在远程事件风暴会议之外，它们也是必不可少的。

有些实践者，包括事件风暴的发明人 Alberto Brandolini，认为事件风暴并不适合在线上进行（见参考文献 3-11）。另一些人则偏好线上而非面对面的交流，因为作为主持人，他们能够限制参与人数，保证每个人都有所贡献，而不是仅仅作为一言不发的观察者。

当然，广泛存在的远程团队，以及迫使我们采用远程方式的困难时期，都为线上事件风暴会议创造了明确的需求。即使 Alberto，也无法否认这一点（见参考文献 3-12）。

主持会议

这部分将讨论主持线下事件风暴。首先将讨论物理建模工具，然后解释个人需要做什么。当你除了远程协作别无他法时，应充分利用前面的建议，并尽可能地应用后面章节中列出的最佳实践。

建模板

事件风暴需要一个几乎无限的建模板，可以通过在宽大的墙上贴一个长条纸来创建，例如 10 米或 10 码①。这个长度显然不是无限的，但对于许多情况来说已经足够了，因此可以将其视作无限。如果空间不够用，团队必须寻找更宽的墙壁，或在相邻的墙壁上继续。根据购买选项，可以选择使用兼容的纸卷（宽度为 914 毫米/36 英寸），例如 3M 遮光纸、3M Scotch 横幅和标志纸、Pacon 彩色牛皮纸及各种绘图纸。图 3.4 展示了这种设置。

---

① 作者很清楚米和码不是相同长度，但是对于那些了解公制单位和英制单位的人来说，这些单位有特定的含义。

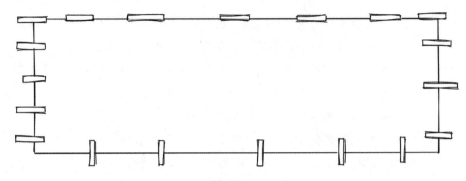

图 3.4　用宽大的墙和长条纸做建模板

记号笔

参与者需要手写，因此建议使用这些优质的笔，例如 Sharpie 细尖笔（不要使用超细笔！），如图 3.5 所示。这并非玩笑，不同类型的笔确实存在明显差异。如果提供铅笔、圆珠笔或超细笔，参与者甚至可能无法在较近的距离内看清楚所写的内容。如果他们使用非常粗的马克笔，由于墨水渗透和书写空间有限，字迹也将难以辨认。此外，值得注意的是，作者坚信 Sharpie 细尖笔能让所有参与者都变得更聪明。

图 3.5　作者坚信正确的记号笔能使每个人都更聪明

便利贴

我们需要大量特定颜色的便利贴作为模型元素。每种颜色都代表了特定模型视角下的不同概念。尽管如此，一个重要的考虑因素是避免让事件风暴会议变得过于复杂。保持简单的建模体验，要知道业务本身已经足够复杂，无须再增加额外的建模复杂性的负担了。事件风暴的最重要目标是促进开放的交流，并在此基础上实现发现式学习。为了追求一个"完美符合定义的模型"而过度纠正与会者可能适得其反，因为这样可能会让那些对成功至关重要的人失去参与感，使他们无法分享重要的知识。如果每个人都能理解他人，并为突破性的学习做出贡献，那么这将是一次成功的体验。

请参考图 3.6 和下面描述的元素颜色和类型。

图 3.6 按颜色和类型命名的便利贴建模元素

（注：对于印刷本的读者来说，颜色已经用图案表示）

- 命令用浅蓝色表示。命令是一种指令，明确要求做某些事情。通常，命令是用户对数据执行某些操作的结果。
- 事件用橙色表示。事件记录某一个重要事件在给定模型上下文中发生，经常是用户成功执行命令的结果。事件的命名通常是"名词-已-动词"结构。例如，我们的模型包括"保单申请已提交""月份已结束""总账已期结"等事件。鉴于这个工具被称为事件风暴，因此预计最初贴在模型上的便利贴中的大多数会是事件，因为事件推动了建模。
- 策略用紫色表示。策略是必须满足的业务规则或规则集，或者是一个用于指导结果的集合。例如，在执行命令后触发事件，可能会由策略来决定此事件如何影响下游模型。紫色是一种常见的颜色，实际上可能因制造商而异，被命名为紫丁香色或桑葚色。

- 聚合/实体用淡黄色表示。聚合/实体是存储数据的地方，是命令执行并影响数据的地方，也是描述发生事件带来结果的地方。这些元素是与模型相关的名词，如申请、风险、保单、理赔和核保范围。

- 用户角色用亮黄色表示。这是在模型中扮演某个角色的用户，如核保员或理赔员。它也可以代表具有特定特征的人。用户角色对于理解特定的场景、事件和用例非常有用。用户角色可以用来预测想象中的个人会如何思考，以及他们在特定的环境下会做什么或想做什么。

- 视图/查询用森林绿表示。为了给用户呈现一个视图，必须在数据存储上执行查询操作以检索视图的数据。此元素也可以表示当一个事件发生时数据存储中的视图数据更新，以便后续查询和进行用户界面渲染。

- 流程用紫色表示。流程类似于策略，不同的是流程负责执行一系列步骤，以产生最终的结果。执行这一系列步骤的路由规则基本上是指定流程的策略。

- 上下文和外部系统用浅粉色表示。你的业务流程可能会受到外部系统的触发，或者外部系统会受到被建模流程的影响。外部系统和子系统与团队和对话相关。此外，随着事件风暴活动的增加，系统的哪些区域属于特定的沟通上下文可能会变得更加清晰。如果是这样的，就在模型的区域上方贴上浅粉色的便利贴，并为该上下文命名。

- 机会用青绿色表示。在模型中标出代表探索和实验机会的区域，以开发新的竞争优势。熟悉优势、劣势、机会、威胁（SWOT）分析的人可能认为这些与机会类似。

- 问题用红色表示。这些便利贴标记着模型中业务流程特定区域的问题，需要进一步探索和实验。额外的努力应该带来改进，并可能带来创新。那些熟悉 SWOT 分析的人可能会认为这些问题类似于威胁。

- 投票箭头用深蓝色表示。在一次富有成效的讨论会议之后，每个人都会得到两张深蓝色的便利贴，让他们在上面画箭头，指向模型中的机会和/或问题。箭头指向最多的机会和/或问题应该是我们下一步工作的重点领域。

- 注释用白色表示。如果有空间，可以直接在适用的模型元素上写备注。撰写备注可能是一个定义策略的标志。有时备注跨越多个模型元素，但不需要制定策略。此外，绘制方向/流动箭头是有用的，特别是当流程回到上游时。这两种类型的备注都可以放在白色便利贴或明显不是模型元素的其他颜色的备注上。请勿直接在纸质建模板上写作。模型元素便利贴会被移动，便利贴上的备注可以随它们移动。在纸质建模板上写的备注和符号不能移动，因此它们最终会变成散乱的、分散注意力的符号。使用白色便利贴（或其他明显非模型元素的颜色）来记录注释和箭头，以便在调整模型时，可以随时移动和更新。

自事件风暴技术诞生以来，带有"标准颜色"的便利贴确实变得越来越难以找到，因此你可能需要调整自己的颜色方案以适应当前可用的颜色。在这种情况下，请确保提供类似于图 3.6 的模板。对每个模型元素类型都使用不同的颜色，以保持所有合作者彼此同步，这非常重要。

此外，你应该为每个模型元素类型都创建一个独特的图标。图标的主要作用是表示元素类型，供色盲参与者使用。在举办工作坊时，作者经常遇到有某种形式色盲的学员。对有些人来说，颜色之间的差异明显地表现为灰色的阴影或较深的色调。因此，这些图标可以帮助他们快速区分元素类型，这对于不熟悉颜色的新参与者也很有利。

宏观建模

使用事件风暴进行宏观建模是一种发现所探索系统的总体流程的实践。通常，当站在地面上时，人眼可以看到大约 3.3 英里/5.3 千米。洲际商业航班的巡航高度为 35000 英尺/10700 米。在天气晴朗时，从这个高度，人眼可以看到 240 英里/386 千米，甚至可能更远。相对而言，宏观建模事件风暴能得出系统愿景级别的流程，而设计级别的事件风暴可能仅关注相对更小的范围。

> **注意事项**
>
> 本书的主题是使用事件风暴进行宏观建模。关于设计层面建模的详细讨论和示例，请见后续的实现图书 *Implementing Strategic Monoliths and Microservices*。

为了有效地使用事件风暴，理解建模元素如何协同工作是很重要的。根据范围（宏观级别或设计级别），使用的模型元素类型数量、组合会有所不同。建议根据宏观建模的常见元素创建一份速查表。

速查表

事件风暴的名称很好地突显了模型元素类型的优先级。尽管如此，其他元素也相当有用。本书中讨论了 9 种元素，根据当前的建模需求，可以采用不同的组合方式。图 3.7 提供了建模元素的速查表，以下要点说明了它们的使用方法。

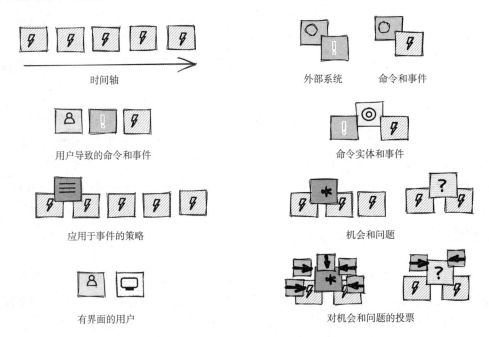

图 3.7 事件风暴宏观建模元素速查表

- 事件。从左至右使用任意数量的事件元素创建时间轴，以表达流程中的想法。有关此过程的更多详细信息，请参阅后续"应用工具"一节，但现在请考虑用事件来贴满建模模板。一开始，顺序不如事件的存在更重要，而且事件越多越好。

- 命令。事件通常由命令引起，但并非总是如此。命令通常是某些用户操作的结果。因此，如果命令导致了事件发生，请将命令元素贴在其引起的事件的左侧。这是因为命令在时间顺序上先于事件发生。

- 策略。由于在事件风暴期间会发现一些之前未知的内容，参会者自然不会熟悉一些正在形成的想法。与其花费大量时间试图深入研究目前还没有人全然了解的细节，不如使用策略便利贴将模糊区域标记出来，然后继续前进。等到能进行更多研究时，再进行详细的规范。有时候，出现分歧的人不会轻易继续前进，所以主持人要负责标记这个位置，保持团队的专注。

- 用户角色/人物。无论在特定区域的模型中是否展示引发事件的命令，展示参与场景的用户类型都可能是有用的。在他们的操作结果元素之前（左侧）放置鲜黄色的用户/人物便利贴。

- 上下文/外部系统。随着事件风暴活动揭示哪些系统区域属于特定的通信上下文，在识别出的模型区域上方放置浅粉色便利贴，并为上下文命名。当来自外部的命令或事件进入当前设计的模型时，可以用浅粉色便利贴显示触发源。因此，必须考虑接受外部刺激的情况，甚至可能需要考虑刺激将如何从外部系统中发出。

- 视图/查询。当有必要仔细关注重要的用户体验时，在建模板上放置绿色便利贴，注明提供用户界面和/或数据的视图和/或查询的名称。在这种情况下，显示与视图交互的用户角色/人物通常很有用。视图/查询也可以用来表明最终用于此目的的数据必须被显式地收集，甚至可能需要预先被组装和格式化。

- 聚合/实体。这种元素在宏观建模中可能不太常用，但是展示一个重要的数据持有者和行为组件（又称聚合或实体）仍然是有帮助的。该组件的名字是名词。命令在此组件上执行，并且从中发出事件。因此，每当使用聚合/实体时，都可以将其与左边的命令（告诉它要做什么）及右边的事件（由于执行命令而发出的结果）配对。

- 机会和问题。标记模型中可以利用的机会区域和必须解决的问题区域。请注意，问题不同于标记模型模糊和/或分歧的策略。问题是团队足够理解的东西，可以确定它目前是错误的，并将在未来引起问题。熟悉 SWOT 分析的人可能会认为这些与机会和威胁类似。

- 投票。在建模实践中深入且识别出一些机会和/或问题后，让团队对需要最多关注的机会和/或问题进行投票。获得最多选票的机会和/或问题将得到解决；其他机会可以留待以后处理或被标记为不重要。

随着时间的推移，建模板上不仅会出现大量橙色便利贴，还会有其他类型和颜色的元素。当便利贴过多时，可以按时间顺序将它们排列，并移除多余的内容。观察建模板，如果上面五颜六色，贴满了大量便利贴，那便意味着会议取得了成功。相较于便利贴数量不足，撕掉许多多余的便利贴要好得多，从这种"错误"中吸取教训的学习成本相当低。

应用工具

受邀参加这种高层次建模活动的人必须是业务或技术专家，他们要么对正在开发的系统已有预先的了解，要么和随后发生的事情利益相关。这两个群体很可能会有所重叠。

参与者需要：

- 发起并负责推动愿景的实现。
- 具有重要的商业和/或技术利益。
- 对探索中的系统有疑问和答案。
- 知道已知的已知和已知的未知。
- 具备发掘未知事物的韧性。
- 努力利用已获得的知识来实现超越常规的目标。

每个人都应该有一支记号笔和足够多的便利贴，特别是用于建模事件的橙色便利贴。所有参与者都应该坦诚地交流。

想象一下，在办公室举办派对或提供午餐，会发生什么呢？除非有一个计划来推动事情的进展，否则大多数人会坐或站在那里，等待有人先动手取食物。一些非常饥饿、不太害羞的人会抢先冲过去，拿起盘子，拿一些食物，找到一个适合吃东西的地方，然后开始用餐。这些第一批行动者有时被称为破冰者。一个安排好的破冰者可以让其他人更容易地放开心扉去取食物。这很简单，可能只需要指派一些人向其他人分发盘子，然后陪同他们去取食物。

以类似的方式，在开始事件风暴会议时，请一位或几位参与者准备好破冰。破冰者应该通过思考，在橙色便利贴上写下时间轴上某个事件的名字，以此开始风暴过程。根据事件在时间轴上的顺序，将便利贴贴在建模板上。这些破冰事件可以是大家都已经非常熟悉的，或者至少是关于系统如何运作的普遍假设。图 3.8 显示了几个破冰事件的位置。

事件风暴会议最糟糕的问题之一是，团队一开始就寻求高度一致，渴望达成共识。这实际上是在抑制创造力。敏捷强调个性表达和自发性，而不是共识和批准。由于每个人都有记号笔和便利贴，这会促进自发性。鼓励每个人都尽可能多地写下他们所知道的和所认为的现状和假设。

会议节奏会有起伏。在思想流动了一段时间后，时间轴被整理出来。一些参与者会暂时离开会议，然后重新加入。这是很自然的，不应受到指责。

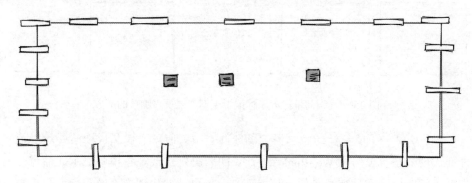

图 3.8　破冰事件宣告风暴开始，并促进自发性

在建模过程中，有时候会因为对当前事态或预期结果的认识不够清晰而遇到不确定性和意见分歧。如果有熟悉相关业务的专家出席，那么这些分歧可以被迅速解决。但有时存在分歧是因为没有人能够清楚地解释当前或未来的业务规则。此时，允许分歧继续存在是错误的，因为持续存在的分歧意味着正确的问题和对其正确的回答尚不存在。这时，主持人应当用紫色策略便利贴贴在建模板上不清晰的地方并加以命名，以此作为未来对话的占位符，以待与更熟悉该主题的人员进行讨论。也可能需要研究必须遵循的标准，以及对特定的知识领域或当前缺乏的知识领域进行实验。

图 3.9 演示了如何使用策略便利贴标记问题事件周围的未知事项。请回顾第 2 章的图 2.6 和图 2.7，它们展示了对"一键提交"影响的探索过程。图 3.9 中的事件对应着那里的可交付物。这个事件风暴会议可能发生在影响力图谱会议前后，或同时进行。这些工具可以在恰当的时间轻松地一起使用。

在图 3.9 中，代理商核保策略的关键点是，事件风暴团队在处理代理商客户导入所需的完整数据提交细节，以及同一客户的投保申请详细信息时存在不明确的地方。图 2.6 和图 2.7 中的想法是，一键提交的申请必须包含客户账户和申请信息的全部内容，但团队尚不清楚需要提供哪些数据，以及代理商（例如 WellBank 银行）将如何提供。因此，他们用策略便利贴标记这个区域，指出这里需要几位专家的关注。使用策略便利贴使风暴会议得以继续进行，而不会陷入当前无法澄清的细节。

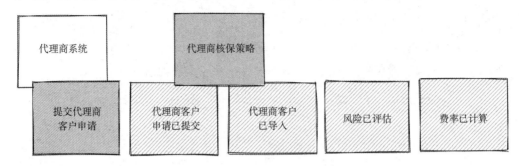

图 3.9　代理商核保策略标记了模型需要更多细节的地方

图 3.9 还显示了命令是一个或多个事件的原因。命令"提交代理商客户申请"来自外部代理商系统（例如 WellBank 银行）。团队决定在宏观建模中显示此命令，因为它有助于阐明使用和处理场景的全部上下文。指出外部代理商系统负责发出命令，意味着在该领域需要进行大量工作。毫无疑问，外部代理商系统将成为另一轮事件风暴会议的目标。该小组成员很可能与本次会议的成员有一些重叠。

由图 3.10 可知，我们发现了一个机会和一个问题。当保险用户查看他们的保单信息时，应提示他们提高保险保障范围。例如，对于有良好驾驶记录的用户，他们可以获得投保多辆车的折扣。此外，当 NuCoverage 公司通过白标渠道开始提供房屋保险时，保险用户还可能获得更有利的房屋保险保障范围和价格。团队讨论了如何实现这一点，并确信这将需要从代理商（例如 WellBank 银行）处获取额外数据。这个过程应包括主动的电子邮件和广告活动，以及客户每月的银行对账单上分享的优惠信息。

图 3.10 还突显了一个问题：尽管像 WellBank 银行这样的代理商对 NuCoverage 公司提供的风险和费率规则、保费和保障范围感到满意，但团队预计会有一些代理商希望为所有这些项目都指定自定义规则，甚至更多。此外，可能还会要求 NuCoverage 公司提供定制的用户界面组件。

当团队开始对机会和问题进行投票时，一致认为应立即着手提高保险保障范围的机会。而且，由于 WellBank 银行是第一个上线的代理商，他们目前很满意 NuCoverage 公司为其客户提供的标准保险、费率规则和保障范围，因此团队投票决定现在不是处理"代理商自定义规则请求"的时机。这个问题将被列入待办事项，并在未来适当的时候进行解决。第 6 章中的"应用工具"一节解释了在那个未来时刻会发生什么。

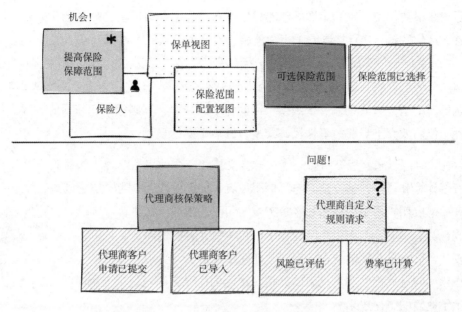

图 3.10　发现的一个机会和一个问题

　　NuCoverage 团队想解决的另一个问题是，为什么那么多申请人在完成申请过程之前放弃，这是从监控数据中观察到的。与开始申请的用户数量相比，申请单的提交率非常低，这意味着大量潜在的新保单并未签发。NuCoverage 公司决定使用事件风暴来探索当前的订阅流程。

　　图 3.11 仅展示了订阅流程的初步阶段，但我们很早就可以发现一个有趣的模式：核保和费率上下文在不断交换信息。团队成员的讨论表明，在订阅流程中需要不断评估风险并重新计算费率。根据当前的风险评估结果，申请人可能需要回答额外的问题。因此，在填写不同的申请表字段时，风险和费率会不断被重新评估和计算。

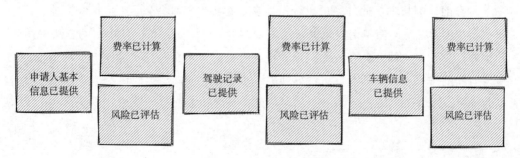

图 3.11　目前的订阅流程

团队很快发现，为了计算最合理的价格和正确地评估风险，费率上下文必须具有非常详细的数据，这直接影响了用户体验。申请人必须回答许多问题才能得到最终费率，有时候他们手头没有某些文件，也就无法回答某些问题。如果评估出的风险较高，申请过程将会停止，无法申请保单或查看计算的保费价格，这让申请人感到非常沮丧。团队得出结论，申请过程过于烦琐，风险评估和费率计算必须采用不同的方式进行。因此，他们放弃了当前的事件风暴模型，开启了新的模型。

一段时间以来，费率团队一直在进行受控和安全的机器学习算法实验，以替换旧的费率计算和风险评估方法。与其他跟风者不同，他们不是为了追求潮流，而是为了在产品中应用机器学习算法。这些实验让团队意识到，机器学习可以为软件带来巨大的收益。实际上，团队在维护风险评估和费率计算模型时遇到了真正的痛点：规则非常复杂，很难将新规则纳入模型，而且调整价格的计算很容易出错。团队为修复这些由于错误的计算价格和不良风险评估而产生的生产漏洞花费了不少时间。图 3.12 突出显示了他们的工作成果。

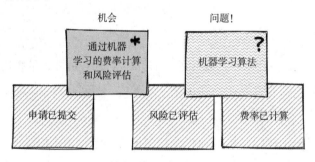

图 3.12　机器学习机会的探索过程

机器学习对业务的影响非常大。由于公司已经有了大量历史数据，机器学习是一项非常有前途的技术。此外，可以轻松地从数据提供商那里购买①更多的数据，以丰富机器学习算法。即使申请表只保留了很少的输入，团队也可以使用新的算法来评估风险并计算费率。即便会有一些误判，企业投保过多不良驾驶员的风险也不是很高。随着时间的推移，机器学习算法将得到进一步优化，预期结果应该会更好。此外，团队将通过 A/B 测试尝试新的实现，以进一步限制提供有经济损害的产品的风险。这一

---

① 这些数据不是未经所有者同意出售的个人信息，而是在一些国家可以购买的不可识别的信息。这些数据包括有关车辆及其相关风险的数据：事故、被盗单位的数量等。

机会的发现提高了团队的热情，而申请流程的简化则带来了另一个发现。

　　NuCoverage 公司的业务人员听到申请流程可以简化的消息后，提出了另一个想法。他们一直在考虑如何利用社交媒体渠道推动销售，但他们知道这几乎是不可能的，因为申请表太过复杂。然而，现在他们可以想象在 Facebook 上有一个聊天机器人，让用户只需点击几次就可以申请保单。不仅可以利用社交媒体推荐引擎，还可以用机器学习算法根据情境和历史数据来确定最佳风险和价格。这在图 3.13 中得到了体现。

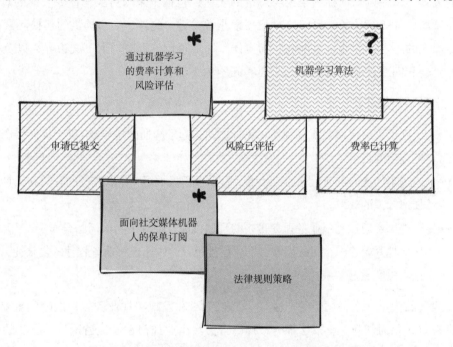

图 3.13　事件风暴带来了另一个有趣的发现

　　NuCoverage 公司了解到，大多数年轻人主要使用社交媒体和手机来了解世界。因此，开放社交媒体这个保单申请渠道将是 NuCoverage 公司扩展新市场的关键。通过展示企业对年轻人的了解，赢得他们的信任，NuCoverage 公司有可能建立起他们的终身忠诚度。

　　然而，无论生活带来了什么样的变化，企业都必须展示其与投保人和持续的社会趋势共同成长和前进的能力。企业必须应对每位投保人生命中的下一个阶段，因为大多数情况下将涉及新的可投保风险。这意味着需要进行更多的实验和基于发现的学习，以揭示由本书第 2 部分的领域驱动方法所指出的深层知识。

小结

你应该接受那些能够帮助团队克服沟通困难，并实现深入的协作沟通、学习和改进软件构建的工具。在容忍失败的文化中实现安全和快速的实验是创造支持创新的环境的关键。事件风暴捕捉到了人类思维的表达，包括记录为可操作命令表达的意图，以及诸如事件等行动的结果，这对于探索非常关键。此外，本章提供的建模元素可用于更深入的学习：策略、数据和行为实体、用户角色、视图、上下文边界，以及标记下的机会和问题，应该追求哪些机会和问题的方法。

本章要点如下。

- 事件优先的建模在所有利益相关者之间架起了沟通的桥梁，有助于提高生产力和发现新的机会。
- 通过事件优先的建模来推动实验，有助于积极学习，并以较低的时间和工具成本加速知识的获取。
- 事件风暴通过克服业务孤岛带来的沟通挑战，促进了跨部门的合作。
- 从事件开始建模，团队能够借助建设性反馈，快速理解业务软件的复杂性，迅速进入深度学习领域。

到目前为止，本书已经重点强调了通过学习和发现实现业务软件战略的重要性，以带来差异化的创新。在第 2 部分，我们将关注企业如何在已经讨论过的方法的基础上实现领域驱动的结果，从知识驱动的视角揭示对软件产品的不断改进，从而带来竞争优势和战略差异化。

第 2 部分

推动业务创新

内容提要

在第 1 部分，我们明确了以数字化转型作为创造营收的商业战略目标，并采用了适当的思维模式、企业文化和学习工具来向这一目标前进。现在，是时候深入研究那些能助我们实现目标的软件开发技术了。这些技术能帮助企业辨识出应当进行战略投资的领域，以及不应投资的地方。

本书这一部分所介绍的技术和实践都是随手可用的。因为这种方法认为，业务能力和流程中的认知和观点的差异不仅是常见的，而且是必要的。也就是说，根据业务专业领域的上下文和实际沟通情况，看似相同的概念实际上可能存在很大的差异，或者有微妙但关键的区别。以 NuCoverage 公司的"Policy"概念为例，这个术语既可以被理解为"保险"，也可以被解读为"政策"。而要理解"Policy"一词的不同概念，就必须将讨论限定在具有特定范围和业务规则的上下文中。

诚然，当你引入一种软件开发的"新方法"时，它往往有被视为"万灵药"的危险。话虽如此，但本部分将要介绍的这种技术其实一点都不新，其概念已经有二十多年的历史了，而一些有价值的实践精髓在编写代码的过程中已经运用了几十年。作者选择不推广这种方法的名字，而是只推广其实践。因为其名字可能被误用来描述糟糕的工程实践，更遗憾的是，这种情况已经存在了一段时间。人们总希望成功，但往往不愿意付出理解和实践成功技术所必需的努力。他们在讨论中抛出一些词汇，只是为了显示他们身处某个"圈子"，才不管那些词到底是什么意思。然而，对于本书来说，关注某项技术的重点在于采纳其实践，而不仅仅是因为它们的名字。

大多数软件团队常犯的另一个错误是，试图将存在于多个上下文中的术语强行合并成一个统一的对象，即便它们之间存在明显的差异。这种强行合并的做法一次又一次地证明会引发问题，甚至可能导致破坏性的结果，通常会使软件变成庞大而粗糙的大泥球，人们需要付出巨大的努力才能解决它。投保、计算风险和费率、核保、赔付、续保，这些都是截然不同的概念，应在不同的上下文中以不同的方式建模。本书第 2 部分介绍的技术和实践，采用了单独的基于模块的软件上下文来处理不同的业务需求。

第4章　获得领域驱动的成果

本书中使用的"领域"一词指知识范畴。正如前文所述，知识是企业最宝贵的资产之一。

- 当下的知识是重要且有价值的，但如果一个企业只停留在现有的知识上，就可能失去竞争优势。即使企业掌握了当前最新、最具有突破性的知识，一旦竞争对手赶上来，这些知识也会变得平凡。因此，持续地获取新知识必须处于软件需求清单的首位。
- 当一个知识范畴具有名称时，该领域一定具有预先存在的知识。有一个诀窍是，不仅可以从预先存在的子系统中获取知识，还可以从预期的创新范围内获得突破性知识。
- 每个领域都定义了一个问题空间，该空间中新的软件概念将带来竞争优势。问题空间的每一个子部分在逻辑上都被称为子域，创新者可以利用其中一部分来建立行业领先地位。
- 每个子域都是一个上下文的划分，在子域中可以深入探索和发展特定范围的专业知识。多个子域分别反映了不同专业知识的上下文。
- 把第4章中的抽象概念看作与插入式相反的、大家都非常熟悉的业务能力的东西。第5章有具体的例子。

第5章　专业知识上下文

在一个问题空间中，通常存在多个视角。不同的业务专家可能会从不同的视角看待问题空间，他们的观点差异可能就是划分不同上下文的依据。

- 对专业知识进行上下文划分可以形成项目和负责项目的团队。建立上下文边界的目的是保持上下文内部对术语、含义和业务规则的一致性理解，并防止它们受外部因素的影响。

- 在专业知识的上下文边界内，负责该领域工作的单一团队所使用的术语、含义和业务规则形成了一种特殊的团队语言。这种语言在边界内无处不在，因为它经常由团队口头表达、用文档编写、以图表绘制，软件模型的源代码也反映了该语言。
- 围绕一个具有最高战略重要性和投资价值的领域形成的上下文，通常被称为"核心子域"。为了让人们理解核心子域与那些应该投资较少的上下文之间的区别，我们将后者命名为"支撑子域"和"通用子域"。一般来说，支撑子域应当在内部开发或外包，但不应该投资过多。通用子域则可以购买，或从开源社区获得。
- 根据业务能力划分上下文边界是一个好办法。虽然从专业知识的角度进行划分会更精细，但一开始根据业务能力划分上下文可能更恰当。随着对更细粒度专业知识领域的识别，可以从最初的业务能力上下文中提取这些领域。这进一步说明了理解组织具体业务能力的重要性。

第6章　映射的两面：成功还是失败

企业不可能只有一种业务能力，也就不可能只有一个专业知识上下文，所以在软件开发过程中学会如何与其他上下文的软件模型进行交互和集成是至关重要的。这需要对任意两个团队之间的团队动态有清晰的了解，也要知道哪些设施可用于集成。支持这类工作的技术被称为映射。正确地使用映射和其他领域驱动技术是很重要的，否则会出现负面结果。

- 映射体现了现实中的上下文关系。
- 在两个上下文之间连线以表示它们之间存在关联，这就创建了一个映射。映射是展示依赖方向、业务流程和业务复杂性的好办法。
- 在两个上下文之间所画的线代表了团队间关系、依赖关系的方向，以及集成的方法。
- 有8种不同的方式可以映射两个上下文，它们之间并不相互排斥。
- 第6章提供了一个额外的映射工具，它有助于显示两个或多个上下文之间的具体集成点和具体示例。
- 如果团队的现状阻碍了映射，那它们之间这种不理想的关系可能会发生改变。但首先你必须了解现状，这样才能知道该如何改变。

- 确保正确地使用工具，不要只是传播一个技术名词，或者仅仅为了加入某个圈子。在任何团队加入之前，确保他们已经理解那些可能导致无法挽回的失败的要点，以及如何避开它们。

第7章　建模领域概念

在实际的软件实现中，可以应用一些强大的工具来实现领域模型。

- 实体（Entity）：实体是对独一无二的事物进行建模的方式，通常支持其他软件组件对其数据进行更改。由于其独特性，一个实体可以很容易地与另一个实体区分开来。

- 值对象（Value Object）：值对象就像纸币，纸币包含一些图像、数字及如纸张和油墨类型等其他特征，但最终大多数人只关心其代表的价值。此外，大多数人不在乎他们拥有哪张价值为 5 元的纸币，也愿意用一张 5 元的纸币换另一张。换句话说，值就是价值。软件中的许多事物都可被建模为值，但实际应用中这么做的比例还是过低。

- 聚合（Aggregate）：聚合是一种特殊的实体，它代表一组数据，按照业务规则必须在任何时候都保证一致性。这种一致性规则在计算机操作和数据库存储时都需要维持。

- 领域服务（Domain Service）：领域服务提供业务逻辑，可作用于实体、聚合和值对象，但不直接与任何一种类型相关联。

- 函数式行为（Functional Behavior）：函数式行为提供与数学函数类似的软件操作。这些操作旨在接收一个或多个输入参数，并生成与其数学属性一致的答案。

这既不神秘也不令人生畏。这种知识驱动的软件开发方法很直接，强调不同业务专家在描述看似相同但实际不同的概念时的观点差异。它还能帮助企业了解哪里应该进行战略投资，哪里不应该。

第 4 章

获得领域驱动的成果

领域驱动是一个奇怪的术语。韦氏词典对"领域"这个词给出了 10 个定义。而你脑海里冒出的前 3 个定义可能是：（1）对土地的完全所有权；（2）行使统治权的领土；（3）一块具有某种物理特征的区域。

本书讨论的是商业软件的战略和创新。因为每家企业都是独一无二的，所以本书中提到的"领域"很可能让人关注企业对财产和业务所拥有的"支配权"，也可能使人联想到这些资产的独特特征。这些解释固然都没有错，但都不是对本书中"领域"这一术语的最佳解释。

本书的前 3 章一直在强调通过学习和发现来实现商业软件战略，从而实现差异化的创新。这种对学习和发现的强调指向了韦氏词典中对"领域"的第 4 个定义，也是最合适本书的一个：（4）一个包含了知识、影响或活动的范畴。

每个企业都有其专属的知识领域，这些知识源于已有的专业知识及团体的学习活动。一旦这种知识反映在软件产品中，就能对消费者产生影响。深入解析前 3 个定义，实际上是在讨论企业内部所拥有的知识产权。这些知识产权反映了企业创新的独特性，是对投入获取知识和推动技术发展的回报。这无疑构成了"一个包含了知识、影响和活动的范畴"。

领域驱动的观点认为，一家企业通过对当前影响和活动范畴内及超越其范畴的知识获取投资来推动获得业务结果。企业通过不断改进其技术型产品，从而推动自身的发展和增长。本书不断强调，通过基于实验发现的学习将产生最具创新性的结果。

敏捷方法论中的创新

　　Scrum 框架作为非常具有代表性的敏捷方法论，确定了一项任务可以进入产品待办事项的 4 种主要条件：（1）带来新特性；（2）修复缺陷；（3）技术工作；（4）获取知识。

　　将获取知识置于最后是令人遗憾的，应该始终将其放在第一位。如果团队还不了解新的特性，怎么能将其放入任务列表呢？在尚未完全掌握新特性的情况下，即使已将其列入任务列表，也应在尝试实施前给予足够的重视，获取最低限度的知识。同样令人遗憾的是，获取知识经常被描述为技术上的动机，比如"研究各种 JavaScript 库并做出选择"，这种理由对于那些自认为是 Scrum 从业者的开发人员来说也是不合理的。这类问题的存在表明，他们在践行方法论的过程中有着很大的问题，或者至少是弄错了主次顺序。

　　如果你正在使用 Scrum，那么请将获取知识放到首位，并且给它们打上"领域驱动实验"的标签，尤其是那些有潜力带来突破性改变的任务，从而形成差异化的创新。这些源于事件风暴且基于新特性的任务，应当由可追踪的业务目标来不断塑造。

　　领域驱动方法需要业务专家与开发人员的持续参与。这恰恰与敏捷的长期原则相符合。

- 敏捷宣言："我们的首要任务是通过尽早和持续地交付有价值的软件来满足客户。业务人员和开发人员必须在整个项目中每天都一起工作。在开发团队内部传递信息的最高效和有效的方法就是面对面的交谈。"（见参考文献 4-1）
- 极限编程（XP）："客户总是参与其中的。极限编程（XP）中为数不多的要求之一便是让客户随时参与。这不仅是为了帮助开发团队，也是为了让客户成为团队的一部分。XP 项目的所有阶段都需要与客户沟通，最好是在现场面对面沟通……你需要专家。"（见参考文献 4-3）

　　诚然，敏捷和 XP 的某些方面已经随着时间的推移发生了改变。我们在这里强调"客户"的重要性，并不是为了给出一个严格的定义，而是强调必须有了解当前领域目标的人参与其中，并且这些人必须是一个或多个团队的成员。他们可以被称为赞助者、客户、用户、产品负责人等。我们无须列举业务专家在各种子系统中可能扮演的所有角色，但要认识到，必须有人能够支持正在开发的产品，并推动实现软件的目标。

包括最终用户在内的所有产品参与者，都必须对结果感到满意。

领域和子域

在进行股票投资时，知道应投资何处和避免投资何处，对财务成功至关重要。俗话说，"你无法把握市场的时机"（You Can't Time The Market）。这一现实使投资者更需要根据关键财务指标和市场状况来做出投资决策，这些都是证券行业知识的可靠来源。

当我们谈到商业软件战略时，了解在哪里多投资，在哪里少投资，同样是走向财务成功的关键。很少有人能够在一开始就把握好这个度，这没关系。在商业界，今天看似正确的理论在未来可能就是错误的。所以要持续检测各种尝试的影响，以实现业务目标；研究市场条件，关注用户满意度，这是衡量创新效果的可靠方法。

软件在广度和深度上都覆盖了整个业务范围。在大型企业中，所有软件所覆盖的领域或知识范畴是极其宽广的。对于任何单一项目或同等规模的商业软件来说，要在确定的工作范围内涵盖整个领域的大量细节，实在是过于复杂了。而且开发团队会发现，大多数领域或知识与需要关注的工作都是不相关的。因此，为软件开发工作确定适当的范围，是成功交付的关键。

因为知识范畴的范围与其特定目的有关，所以"领域"这个术语存在范围上的细微差别也就不足为奇。在下面的讨论中，我们定义了 4 种范围。图 4.1 展示了这 4 种范围，下面对它们进行进一步的定义。

1．大型企业范围。一个大型企业中的所有软件包含的知识集合，就是该企业的完整领域范围。在这个范围内，不可能创建一个单一的深入的知识来源。

2．中到大型系统范围。出售商业许可证的企业级系统，如 ERP 及大型的定制化遗留系统都属于这个范围。从领域知识方面看，这些系统更接近于范围 3，但很可能没有得到良好的规划和架构。它们往往是第 1 章和第 2 章中描述的大泥球系统，当然也有可能是其他情况。

3．中到大型问题空间范围。一个问题空间就是一个知识范畴，随着一系列解决方案的实施而展开。在这个范围内，你需要多个团队互相配合，并且保证其成员具有各种类型的专业知识（即范围 4）。最终，问题空间会映射成为系统开发工作。

4. 较小的上下文范围。问题空间中的每一个沟通上下文，都是特定业务的专业知识范畴。

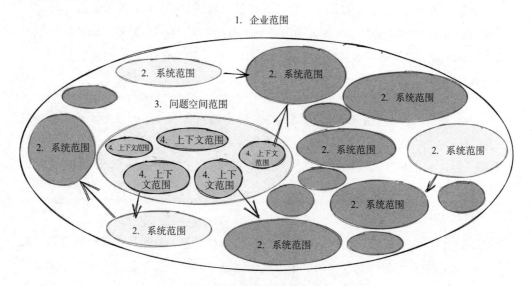

图 4.1 本书中使用的领域知识的 4 种范围

企业架构框架能够助力管理大型数字化企业，即范围 1。然而，它通常无法提供大型企业每个部分的深入信息，这些信息往往潜藏在团队的隐性知识中。企业级的框架更像是一种模式（Schema）或本体（Ontology），它支持从多个正式和结构化的视角观察一个企业。有时，这种框架还有助于定义企业架构。它们的优势在于帮助组织和盘点数字资产，以便进行规划和决策。两个具有代表性的框架是 Zachman 框架（见参考文献 4-4）和 TOGAF（The Open Group Architecture Framework）框架（见参考文献 4-2）。图 4.1 只能提供对整个企业的一瞥，并不能全面反映采用企业架构框架后的实际情况。

在图 4.1 中，范围 2 往往反映了一种混乱的方法，导致了第 1 章和第 2 章中描述的大泥球系统。但这并不是必然的结果。系统的架构和实现方式并非一定反映某种特定的方法。在图 4.1 中，范围 2 有深棕色和浅绿色两种，我们可以看到两者的区别。大泥球系统的规模通常非常庞大，而那些经过深思熟虑的系统往往倾向于中等规模，其中的新软件更专注于特定的解决方案，并与现有的大泥球系统集成，这样既可以复用已有功能又不会让新系统沾上"泥浆"。

抽象的构思

如果觉得上面的讨论太过抽象，可以把范围 3 的问题空间想象成 NuCoverage 公司推出的 SaaS 保险平台。将范围 4 的上下文想象成受理、核保、风险、续保和理赔。第 5 章对此进行了更详细的解释。现在，这些抽象对于想象和介入问题空间和专业领域及知识领域都是很有用的。

图 4.1 还展示了一个正在进行的范围 3 战略举措。这部分工作是为了产生一定程度的突破性创新，这意味着团队将以实验性的学习为主。这里存在一个庞大的整体知识范畴，但人们正在努力地将问题空间划分为不同的专业知识区域，即范围 3 内部的范围 4。这样划分问题不是为了创造信息孤岛，而是为了承认不同的专家会从不同的角度看待问题空间。

总的来说，正是由于专业知识领域得到了识别和尊重，因此从中获得的知识可以集合起来解决中到大型的问题空间。作为整个问题空间，范围 3 将由不同的范围 4 组成，每个范围 4 都由一支单独的团队来管理，每个团队至少包括一名该上下文领域的专家。一个团队负责一个上下文，可以保护该上下文的专业领域知识，以免受到来自其他团队的目标或沟通语言的干扰。

现在我们将视角拉到底层。在范围 3 的问题空间中，划分了 5 个范围 4 级别的子域上下文，代表不同的专业知识。在每个不同的上下文中，都会发生一些对知识范畴来说相对聚焦的、小范围的特殊对话。在每个上下文中，对应的团队由一个或多个业务专家和开发人员组成，他们对于对话中用到的术语和表达都有共同的理解。在任意一个给定的上下文中不应该存在任何歧义，这也是划分上下文的一个目标，尽管这几乎无法完全达成。当发现歧义存在时，要有意识地去清除那些存在分歧的定义和相关的软件规则和行为。

范围 4 提出了另一个术语：子域。子域是领域的子部分，特别适用于范围 3。子域通常与业务能力对应。在理想情况下，上下文（如图 4.1 所示）应该与子域一一对应。可以将子域视为问题空间中的一个概念，每个子域或多或少地都有战略业务意义。

在第 5 章中，图 5.1 展示了图 4.1 中提到的具体上下文。分配给上下文的名称可以引导人们对相应子域的关注。当多个子域存在于一个模块化上下文中时，就会出现问题。这些问题往往是因为单个模块承载了与上下文核心主题无关的概念，上下文的核心应该是一个单一的、定义良好的子域。

例如，如果在 NuCoverage 公司的投保人账户子域中定义了额外的被保人奖励，那么就会出现问题。通过研究，开发团队发现了一个新的子域，他们必须将这部分逻辑从投保人账户子域中移走，放置到新的奖励计划子域中。当仔细设计解决方案时，每个子域都应该与同名的上下文一一对应。

范围 3 的问题空间是否意味着所有的解决方案知识都被包含在这 5 种上下文中？这种想法是不切实际的。在这 5 个范围 4 中，至少有几个需要与现存的大泥球遗留系统集成。在大型企业中，付出再多努力都不可能完全消除混乱和不优雅的遗留问题。要充分利用现有的东西，因为它们可以工作。任何一个最终被拆分的大泥球系统，仍然会与当时较小的代表子域的上下文集成。毫无疑问，这将是为克服多年疏忽造成的复杂性而进行的积极、共同努力的结果。

还有一个悬而未决的问题：范围 3 问题空间是否代表了一个在物理上囊括 5 种上下文的单体架构？也许是，也许不是。正如我们在第 2 章强调的那样，将上下文放在单体中是一个很好的开始，因为它将延迟一系列不应在早期考虑的问题。随着时间的推移，架构可能会从单体切换成分布式，但这应是在最后责任时刻做出的决定。目前，范围 3 主要代表了战略问题空间，在这个空间里必须进行大量的学习才能得到差异化的成果。

小结

本章介绍了这样一个概念：每个企业都应该在其影响和活动范围内外，对知识获取进行投资。软件产品所反映的知识，正是业务差异化的关键因素，会对用户产生真正的影响。然而，了解在哪里多投资，在哪里少投资，对财务成功同样至关重要，而且也必须成为业务软件战略的公认组成部分。本章所讨论的领域和子域，有助于增强软件作为利润中心的作用。

本章的要点如下。

- 在企业的核心知识范畴，通过基于实验发现的学习，将产生最具创新性的结果。
- 通过影响来追踪业务目标，可以实现更高的突破潜力，从而形成差异化的创新。
- 领域驱动方法要求业务专家与软件开发人员深度合作，并持续参与。
- 专家不是一个头衔，业务专业知识可以通过担任赞助者、客户、用户、产品责任人等角色来获得。
- 领域用来确定整个业务的问题空间。子域是具有特定上下文范围的领域的子部分。
- 每个子域都应该与业务能力和专业知识上下文一一对应，但业务能力会随着时间的推移而扩展，相应的子域也会随之增加。

接下来，我们将借助一种名为领域驱动设计（Domain-Driven Design, DDD）的技术，更深入地寻找和确定专业知识的业务边界。这项技术为软件开发的战略和战术设计提供了工具，这些工具可以定位问题空间，并帮助过渡到解决方案空间。它与之前讨论的软件创新目标相吻合，并有助于实现本书剩下的目标。

第 5 章

专业知识上下文

第 4 章论述了上下文划分和边界的必要性，主要是为了避免与使用相同术语但具有不同定义的专家进行交流时出现困惑。正如"领域和子域"一节中解释的那样，单个问题空间领域通常具有多种视角，不同的专家会从不同的角度看待问题空间。本章提供了具体的例子，如果你对第 4 章的抽象讨论有疑问，这里将澄清这些问题。

限界上下文和统一语言

迄今为止，本书讨论的上下文和沟通问题，可以通过领域驱动设计（DDD）（见参考文献 5-1）这一软件开发方法来解决。DDD 为围绕相对狭窄的知识领域进行的专门沟通赋予了名称，如图 4.1 所示。在图 4.1 中，它们被标记为范围 4，并用 Context 或缩写 Ctx 表示。在 DDD 中，这些沟通被称为统一语言（Ubiquitous Language），存在于限界上下文（Bounded Context）中。

图 4.1 是抽象的，因为这些概念可以应用于任何具体领域。在图 5.1 和"业务能力和上下文"一节中，有关于这些概念的具体示例。

你可能对统一语言和限界上下文这两个名字感到陌生和神秘，但没有必要纠结于它们。它们只是两个被广泛讨论的概念，为应用 DDD 的软件开发人员提供了一种方法，可以共享一组指代具体设计概念的名称，每个人都可以使用以下这些名称。

- 统一语言。统一语言指以团队为中心，关于特定业务专业知识范畴的一组共同的术语和表达方式。通常来说，创建团队共同语言的原因是参与项目的人背景各不相同，他们可能会使用不同的名称来描述同一个概念。即便如此，统一语言的主要目的是定义团队在特定上下文中使用的各种术语的准确含义。这就是为什么在一个给定的上下文之外，同样术语的含义都或多或少会有一些不同。"统一"这个词可能会有些误导，因为它并不意味着这种专业化的语言在整个业务组织中都是统一的。相反，这种语言仅在单个团队中统一，因为对话中的术语和表达方式为团队所熟悉，并且广泛存在于团队生产的各种工件中。这些工件主要是软件模型，包括图和源代码。它们都"说"相同的语言。

- 限界上下文。限界上下文指团队在建模软件时，使用术语、表达方式和定义的业务规则来描述特定业务知识（即统一语言）的上下文。需要注意的是，这些术语和表达方式不仅仅是单词，而是具有明确定义的概念。该上下文是有边界限制的，意味着对话在这个边界内有着明确的含义。这些含义不属于外部团队，外部业务使用的术语和含义不能渗透到团队所建立的边界内。从模块化角度来说，可以把限界上下文想象成一个粗粒度的模块。如何部署这个模块是另一个问题，正如第2章所述，应该尽早进行模块化，同时尽可能晚地选择部署方案。

图 4.1 展示了 5 个不同的限界上下文，每个上下文都有自己特定的统一语言。通常情况下，一个限界上下文由一个团队所有。不过，一个团队可能拥有多个限界上下文。要求限界上下文只由一个团队管理，可以确保不同团队之间的目标和优先级的冲突不会导致混乱的对话和概念的错配。

寻找边界

在参加事件风暴会议及使用其他发现和学习工具时，确定正确的限界上下文似乎过于困难了。寻找"正确"的限界上下文本身就是一个学习的过程，这意味着即使做错了也是一种成就，因为最终会正确。此外，今天"正确"的上下文在未来则不一定正确。

回顾一下，任何一种模块化的第一驱动力都是概念的内聚，这是通过沟通和经验学习到的。更具体地说，对于解决某个特定的问题，参与不同场次讨论的人可能不尽相同。这是因为专业知识会随着问题解决的进程而发生转变。如果正确的人不在现场，那他们就无法同时参与同一场解决问题的讨论。当多个专家聚集在一起，但对某些定义和操作的"正确性"存在分歧时，他们很可能都是对的，因为他们的多种视角聚焦在了不同的上下文中。不同的专业知识代表着不同的知识范畴，要围绕这些专业知识去寻找业务模型的边界。

在有明确边界的情况下，统一语言允许不同的团队使用相同的术语，即使这些术语的概念和业务规则或差之毫厘，或大相径庭。例如，Product 这个词就有多种意义，可以指能够购买的商品，如保险产品，可以指数学乘法表达式的乘积，也可以指使用某些项目执行技术开发出来的软件。更典型的是，同一个企业在使用单词 Product 时也会有些许差别。在保险业，Policy 就是这样一个跨上下文使用的术语，不同上下文的含义都不相同。

试图在一个软件组件中统一 Policy 的所有定义会导致各种问题。DDD 解决这些问题的方式是限界上下文，它隔离了术语 Policy 的不同用途。在每个限界上下文中，术语 Policy 都有着明确的含义。这样做的背后思想是承认并接受术语在同一家企业内的多义性，这是正常的，而不是反常的。

明确的边界允许团队使用不同的术语来表示相似的概念。人类的多种语言可以很好地解释这一点，因为相同的事物可能有完全不同的名称。例如，英语中的"Coverage"在其他 3 种语言中是 3 个不同的词，在法语中是"Couverture"，在德语中是"Abdeckung"，在西班牙语中是"Cobertura"。将上下文边界视为国家边界，边界内的人们会使用这个国家的语言。虽然这个比喻可能有些牵强，但确实存在业务的不同领域使用完全不同的术语表示重叠的概念，而这些术语的含义仅有细微的差异。在保险企业中，保险单（Insurance Policy）在不同业务中可能会被称为：

- 保单（Policy）。
- 保障范围（Coverage）。
- 合同（Contract）。
- 表单（Form）。

可能容易被忽视的是，当这种差异存在于组织内部时，在使用限界上下文来区分这些显而易见的语言差异的时候，不同的语言就驱动出了天然的粗粒度解耦。换句话说，这些不同的术语将用于不同的专业领域中。重要的是要注意这种情况并将它们分开。

如何知道什么时候用的是正确的术语呢？事实上，在上面的例子中，指代保险单的 4 个名称都是正确的。再次强调，正确性是由使用该术语的上下文决定的，因为这 4 个不同的专业领域是按上下文来划分的。图 5.1 给出了图 4.1 中 5 个上下文的名称，以此来聚焦这一点。

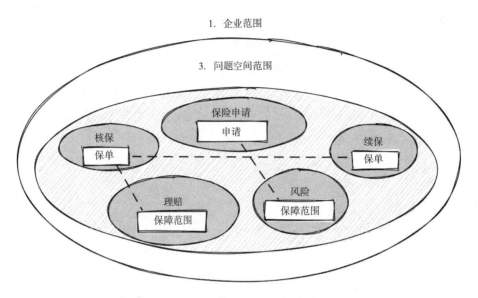

图 5.1　限界上下文根据其专业知识领域和语言来命名

限界上下文应该根据它们的专业知识领域来命名。在该领域内，每个术语的使用都与上下文边界有关。

- 保险申请（Intake）上下文。保险申请人（Applicant）提交保险申请（Application）。
- 风险（Risk）上下文。保障范围（Coverage）所包含的数据来自保险申请上下文提交的保险申请，用于计算与核保保单相关的风险。虚线指向的是风险上下文所使用数据的来源，即保险申请上下文。至于风险上下文如何接收数据，则不需要指明。尽管申请数据来自保险申请上下文，但经过清理和增强，将流向核保上下文和风险上下文。
- 核保（Underwriting）上下文。收到保险申请详细信息，并计算保障范围的风险和费率，之后便有了保单（Policy）。这里并没有展示费率计算组件，但目前它可以通过与大泥球遗留系统的集成来得到。
- 理赔（Claims）上下文。保障范围基于核保上下文中的保单数据。理赔上下文可能会持久化这些数据，也可能在提交理赔时再获取它们。请注意，此处的保障范围与风险上下文中的保障范围不同。
- 续保（Renewal）上下文。保单基于核保上下文中的保单，但不完全相同。与核保上下文相比，续保上下文中保单所需的内容要少一些。通过重新评估风险（图

5.1 中没有显示），可能会确定新的费率。这是因为针对理赔的保障范围所提出的损失（或无损失），反过来会影响续保保费。

这些上下文与同名的子域一一对应。也就是说，由子域代表的业务能力概念在同名的限界上下文中实现。

核心子域

核心子域指关注核心战略业务能力的子域。它能够带来最大的差异化，值得投入大量的沟通和实验，验证创新想法，并通过限界上下文实现。

核心子域是业务愿景集中的地方，是企业必须表现卓越的地方。在影响力图谱中，旨在推动业务朝着战略目标前进的参与者、造成的影响和交付的最终产物都是最重要的。核心团队应该由最好的业务专家和软件开发人员组成。因此，核心子域需要投入人才和时间。

在图 5.1 中，核保一开始就是核心项目，因为它带来了业务。最初，核保员负责大部分风险评估工作，以及确定与这些评估相匹配的保费。后来，NuCoverage 公司意识到必须通过机器学习的风险管理来赢得更多市场份额。申请人进行保险申请和核保的网站在早期也是核心项目。同时，风险上下文也在开发中。在未来的某个时刻，当 NuCoverage 公司有信心将风险管理从人类手中转移到智能精算数学模型中时，保险申请和核保将变得不那么重要。

这表明一个企业可能有多个核心项目。在大型系统开发工作中，只有一部分项目可能被视为核心项目，比如核保和风险的后台工作。这些核心项目的数量应该与实现业务目标所需的创新水平相匹配，其中一个关键的制约因素是可以投入核心项目的人才数量。

"人才"意味着，他们必须具备科学的、实验性的思维方式。这些人的智力、创造力和自驱力应该令人惊叹，他们只会为与其能力相匹配的报酬提供服务。创新是有价的，就像 500 强企业的 CEO 开的车一样。尽管如此，他们的才华并不是傲慢的借口。最好的人才应该与团队一起工作，因为他们了解自己的局限性，知道自己无法独自完成所有任务。

小心维护模式

核心子域通常在项目开始时得到企业大量的关注和投资，直到实现预定的战略目标。团队通常由经验丰富的高级开发人员、架构师和业务专家组成，他们将共同努力并取得成功。

在大多数情况下，一旦实现了主要的里程碑并达到了项目的截止日期，项目就会进入维护模式。原团队可能解散，由初级团队来修补漏洞并增加缺乏的功能。然而，学习得来的重大突破往往是在系统运行一段时间后发生的。通过从监控工具、用户、客户和其他利益相关者那里收集反馈，不断进行调整和改进，才能找到突破的机会。这个阶段的关键问题是，随着经验丰富的团队成员离开，项目开始时获取的原始知识逐渐丢失。替代者可能没有足够的视野、技能或知识来做出正确的决策。

这就是为什么一个架构良好、结构周密的项目可能会变成大泥球系统的原因之一。最好的方法是拒绝维护模式的思维，保持团队在一起，并在整个项目生命周期中持续投资。

在创业初期，企业可能会努力专注于一两件事，但它必须了解其业务的盈利点及如何取得成功。回顾最初创意的萌芽，以及如何获得的风险投资，可以帮助企业保持或重新获得重点。通过采用"目标和关键结果"（OKR），一些小型初创公司的估值达到了数千亿美元（见参考文献 5-2）。但如果不小心，初创公司很可能走向熵增。不过至少它有一个优势，就是初始位置的熵并不高。这使得快速创新成为可能。

对于大型企业而言，了解核心关注点应该不是难事，但挑战可能在于如何及在哪里实现这些关注点。成熟企业往往需要从一个高熵的状态开始，同时努力确保不会对现有的数字资产造成损害。第 6 章提到的上下文映射图可以帮助企业管理这种情况。

此外，现在的核心模型从长期来看可能不会一直是核心关注点。新的投资将继续带来新的创新，今天的核心子域可能会在未来某个时间点成为新项目的支撑子域。

支撑子域、通用子域和技术机制

企业不可能像投资核心子域那样在所有领域都进行投资，也没有必要这样做。大型系统中的许多组成部分虽然绝对必要，但并不有趣且不值得过度投资。这些相对不重要的子域旨在支撑核心子域的功能。

这些次要领域通常可以分为两种：支撑子域和通用子域。此外，还有一个与实际业务关系较小的概念：技术机制。

支撑子域

支撑子域是必要的，用于支撑核心子域的功能，但不应该像核心子域那样投入大量的资金。支撑子域不包括可以购买或订阅的商业软件。如果确实存在支撑子域所需的商业软件，那么这类产品一定是高度可配置和可定制的。

由于支撑子域一般无法直接购买，所以几乎都需要定制开发。然而，由于它不是核心，团队不应该在支撑子域投入过多的费用。首先，应选择非一流的团队来承担该子域的工作。此外，尽管负责子域的团队需要与业务专家进行沟通，但由于核心团队知道他们需要什么来支撑工作，所以可以由核心团队主导必要的讨论。

另一种支撑子域是具有可复用业务能力的遗留子系统。需要创建一个接口，以提供更好的集成体验。第 6 章的"上下文映射图"一节介绍了几种解决这个问题的方法。

以 NuCoverage 公司为例，两个遗留的支撑子域是风险管理和费率计算。因为它们目前仅能用于遗留系统内部，必须为它们开发集成接口。从长远来看，最好将这些资产从遗留系统中分离出来，移动到专门的上下文中，以便对它们进行更多的修改。这将更快地发生在风险管理上，因为它马上就会成为一个核心子域。

通用子域

通用子域是复杂的，并需要大量的领域专业知识，但是可以通过购买商业产品来获得。想象一下，你正打算采购一款通用子域产品。现在，你手里有多个候选方案和一张你需要的功能清单。你开始比对候选产品的功能是否满足功能清单并逐个打钩，最后你发现几乎所有产品都能满足你的功能要求。此时应当如何选择通用子域的产品呢？也许应该基于产品的知名度、客户总数、市场进入时间等多种因素进行决策。

就 NuCoverage 公司而言，通用子域可以包括行业标准风险模型、保单文档生成与格式化、保险申请和理赔的单据扫描、销售和营销邮件发送程序、客户关系管理（CRM）、企业资源计划（ERP）、身份和访问管理（IAM）等。

技术机制

不幸的是，有些软件开发的底层领域通常会吸引开发人员的注意力，因为它们更具有技术挑战性。然而，管理层必须小心，不要让最优秀的人才陷入这种误区，这些领域可能在前沿技术方面很有趣，但在业务底线方面却不会产生太大的效益。与这些工具相关的实际业务方面（如果除了数据持久和迁移，还有其他方面的话）并不要求深思熟虑的建模。这种创新已经休现在该机制上。

挑战软件工程师

优秀的软件工程师通过寻求挑战来不断提升自身水平。如果所处理的问题没有足够的挑战，他们可能会寻求技术挑战。因此，要为他们提供真正的挑战，而不是让他们自己去寻找。

最新的云基础设施和 API、容器化部署、数据库、Web 框架、网络通信、消息传递，以及任何有可能实现大规模和高吞吐量的技术都充满了技术吸引力。尽管这些技术对企业的运营起到了一些作用，但需要注意的是，它们并不值得开发人员将所有精力都投入进去。要让业务创新的挑战超过前沿技术的吸引力。

业务能力和上下文

第 2 章探讨了围绕业务能力组织团队的重要性，以及在分离业务能力的模块中捕捉关键的设计沟通。例如，限界上下文就是一个顶级的、粗粒度的模块，其中存放了业务能力。

长期来看，限界上下文可能会变化，业务能力的边界可能会改变。例如，在分解一个大泥球系统时，团队可能会发现一个名为"投保人账户"的业务能力，用来管理所有类型的保单和对应投保人的信息，其中包括他们持有的保单类型的知识。

作为收入来源的业务能力

　　每个业务能力必须与至少一个业务目标相关联。公司定义业务能力的需求是不言自明的。业务能力回答了公司"做什么"才能产生收入的问题。业务能力的另一个实质性问题是"怎么做"。第 2 章"针对性的战略交付"一节的上下文映射图部分解释了从问题"为什么要做"开始驱动软件交付。当团队在专业知识上下文中开始开发业务能力时，不应该再有"为什么要做"的问题了。对"为什么要做"的回答应当作为明确的业务目标，然后通过询问"怎么做"来确定可交付内容。为了实现该目标，造成的影响会改变"谁"的行为（例如客户和竞争对手）。承包商模式绝不可能推动这种尚未通过影响力图谱验证的特性和功能。影响可能会随着时间的推移而改变，具体取决于每次影响成功与否，但目标不会改变，直到企业决定它不再是必要的目标。

　　这个模块包含的一个概念是数字化保单文件，用于奖励优秀的投保人。因为汽车保险是 NuCoverage 公司涉足的第一个业务，表现优秀的投保人自然是能够保持安全驾驶的人。随着时间的推移，NuCoverage 公司引入了新的保险产品，增加了新的奖励类型。例如，健康保险产品有健康奖励，寿险也提供类似的奖励。这些奖励不仅旨在提高投保人的驾驶和健康水平，还旨在降低作为 NuCoverage 公司财务影响因素的汽车事故、医疗费用和早逝的风险。

　　随着这些奖励的数量增加，新的业务能力和专业知识领域显然开始形成。将投保人账户的奖励转移到特定的粗粒度模块中是有意义的。我们将新出现的限界上下文命名为"奖励上下文"。此上下文中包含了所有与奖励相关的对话和学习机会。也许在未来的某个时候，还需要将特定的奖励拆分到它们自己的限界上下文中，但那是后话了。

　　一个设计良好的微服务应该包含业务能力，这意味着首先要将微服务视为一个限界上下文。这决定了你需要在服务中放置反映统一语言的建模后的业务能力。该服务应该是自主的，支持数据模型和具有业务规则的操作。在系统方案中，应该尽可能地使用这种方法，以便把业务能力放置在适当的地方。当然，这并不意味着每一个大泥球系统都可以在短期内被取代。使用上下文映射图（第 6 章有更详细的描述）能够更容易让子域浮现出来。

　　包含业务能力的限界上下文不受技术边界限制。如果系统包括 Web 界面，那么客户端运行的 JavaScript 代码也将参与表达统一语言。与此同时，服务的主要部分可以运行在如 Java 或.NET 之类的平台上。基于模型的业务能力可能会使用多种编程语言及运行时平台，以充分发挥它们各自的特定技术优势。

企业的业务部门或产品线并不总能表明业务能力所在。计算机对业务流程产生的影响越来越大，此前，这些流程主要是由在不同办公桌之间传递的文件夹和备忘录驱动的。现在，电子文件夹、电子文档、电子邮件和工作流更多地参与进来。然而，无论是以前还是现在，业务操作和数据访问方式都不能定义业务能力。业务能力不应与业务流程（以 ing 结尾的操作细节，如 Pricing）混淆，后者可能包含多个业务能力，以完全满足某个业务操作。

要完全理解如何使用敏捷实现业务能力，需要考虑用户在其自然环境下的工作方式。否则，团队可能会错过收集用户日常工作流程中重要步骤的机会。这样的调查几乎肯定会发现需要通过改善系统来解决的痛点和问题。例如，假设你观察到一个用户在他的显示屏上贴有一张或多张便利贴，或者有一份包含软件使用说明的电子表格，以提示他们找到和使用软件中的重要功能。这些现象指出了一个必须要解决的问题。这是充分开发每个业务能力中的知识范畴工作的一部分。

别太大，也别太小

在第 1 章的 "微服务一定好吗" 一节中，我们提到过，微服务与规模无关，而与目的有关。"微" 这个字可能会误导人，因为它暗示了某种规模上的限制。然而，它不应该传达这种含义。请参阅第 1 章中的讨论，以了解更多细节。

对于微服务和模块化单体来说，它们适用于相同的模块化和设计实践，因为它们都专注于限界上下文。因此，你可能会问：一个限界上下文有多大？虽然这可能是一个错误的问题，但它的答案是另一个问题：上下文中的统一语言有多大？换句话说，规模不能作为衡量标准，因为它与上下文高度相关。

限界上下文是业务能力的封装，每个业务能力都必须有完整的实现。对于给定的业务能力，它的任何部分都不应该存在于上下文边界之外。唯一限制限界上下文范围的因素是业务能力的范围和其统一语言，而不是规模大小。

嵌套的限界上下文?

这个问题并不罕见, 但我们不确定的是, 提出这个问题的人是否真正理解了限界上下文是什么, 以及它是如何设计的。下面是 3 个例子。

1. 如果存在一个上下文内的上下文, 那么内外上下文其中之一可能会"说"两者语言的超集, 而另一个可能会"说"它们语言的子集。最有可能的是, 外部上下文会"说"超集。但问题是, 这样做有什么目的呢? 尽管在某种程度上是可行的, 但实现起来很困难。请参见第 6 章的"共享内核"一节, 其中描述了一些人可能会想到的情况。当然, 使用共享内核并非为了这种目的。

2. 另一种可能性是, "内部"上下文没有嵌套, 只能通过"外部"上下文访问。封装和细节隐藏是众所周知的原则, 比如作为"最小知识原则"的迪米特法则。这个例子比第一个例子更合适, 但并不是什么新鲜想法。例如一个子系统 (a) 与另一个子系统 (b) 集成, 而后者又与另一个子系统 (c) 集成, 那么 (c) 对 (a) 来说就是不可见的。这是一种常见的服务组合方式。

3. 与其说上下文嵌套, 不如说在单个上下文中有着"嵌套"的内部组件。如果是这种情况, 那么上下文中的组件只是具有一定可见性作用域的限界上下文中的多个元素。这也是一种常见的模式。

当然, 关于嵌套上下文的工作方式可能还有其他想法, 这些想法或多或少都是有用的。

考虑到这些因素, 限界上下文通常不会非常小, 比如小到只有 100 行代码。当然, 如果实现一个完整的业务能力真的只需要 100 行代码, 那也是可以的。同样地, 一个限界上下文也不太可能像一个单体应用那么大。

可以得出结论, 限界上下文往往会比较小。因此, 倾向于将它作为一个微服务。如果有业务驱动因素导致相应的业务能力以某种方式发生改变, 比如被分成多个业务能力, 则根据这些因素将业务能力转化为多个限界上下文。这一点我们之前已经用种类越来越多的投保人奖励来说明过了。相反, 如果驱动因素是变化率、技术规模或性能, 则要根据具体的因素做出不同的响应。在这 3 种情况下, 部署方式可能会发生变化, 但逻辑上的限界上下文仍保持不变。在没有证据的情况下, 假设这些驱动因素从一开始就存在, 则会对设计中的系统造成损害。应该在最后责任时刻做出任何必要的改变，都是符合敏捷思想的，也是更好的选择。

小结

本章介绍了领域驱动设计，并重点介绍了两个战略建模工具：统一语言和限界上下文。核心子域是特殊的限界上下文，是企业开发战略业务能力的地方。同时，本章还介绍了不同类型的子域，以及它们如何与业务能力和限界上下文相联系。

本章的要点如下。

- 统一语言代表了发生在一个相对狭窄的知识范畴的对话，这个知识范畴是由限界上下文来界定的。
- 每个业务概念(各种术语的含义)以及具体语言上下文中所使用的业务规则约束，都应该准确无歧义地表达。
- 限界上下文限定了其统一语言的适用范围。
- 每个限界上下文都应该由一个团队拥有，但一个团队可以拥有多个限界上下文。
- 核心子域是业务愿景的核心，需要投入人才和时间。
- 限界上下文的规模应该由业务能及其统一语言的范围所决定。

接下来的第 6 章介绍了一些工具，帮助映射团队之间的关系和协作，以及多种专业知识上下文之间的集成。这些映射类型涵盖了广泛的团队间情境、通信渠道，以及从集成源交换信息和请求行为的方式。

第6章

映射的两面：成功还是失败

在涉及核心子域的任何项目中，我们可以认为创新的上下文几乎一定需要与其他系统或子系统（包括遗留系统）集成。一些新的支撑子域和通用子域可能会成为核心子域必须依赖的"远程"限界上下文。这里的"远程"可能是存在于同一单体结构但与其他内容隔离的上下文模块，也可能确实是物理隔离的远程服务。

首先，本章解读了跨多个领域的团队关系和集成。其次，我们会看到一些关于不良建模实践导致失败的警示。这些并非能够促成良好结果的失败，因此必须避免。然后，我们探讨了通向成功的实践方法。最后，我们演示了如何在问题空间及其解决方案中应用实验和探索工具。

上下文映射图

两个限界上下文之间的映射关系被称为上下文映射图。本节提供了图解和说明，以清晰地描述各种映射关系。尽管图解本身已经颇具价值，但上下文映射图远不止于此。它能帮助团队识别所面临的挑战，并提供解决特定建模问题的工具。上下文映射图的主要功能包括以下几点。

- 跨团队沟通。
- 从项目出发的思考、学习和规划。
- 发现集成需求，提出期望的解决方案。

上下文映射图展示了团队之间的实际关系，并体现在源代码的集成方式上。本节将探讨如何在任意两个限界上下文之间运用上下文映射图进行相互集成。

如图 6.1 所示，两个限界上下文之间的映射由一条线表示。这条线可能具有多重含义，比如代表现有或需建立的团队沟通方式，以及实现集成的方法。

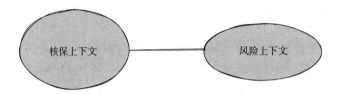

图 6.1　两个限界上下文之间的上下文映射由一条线表示

在描述当前的现实情况时，需要仔细评估组织结构和政治因素对团队之间实际关系和沟通方式的影响。尽管无法进行根本性的改变，但通过共同努力，仍有改善的可能。

在深入探讨上下文映射图的各种类型之前，请考虑以下要点。首先，上下文映射图在初期对于描绘现有逻辑非常有用。通常会有一些预先存在的系统，这些系统包含了新上下文必须与之集成的一些子系统。因此，展示这些现有的子系统，并识别新上下文的团队与现有子系统各个团队的关系，以及产品间的集成方案是非常有益的。上下文映射图的类型之间并非相互独立，往往会有所重叠。例如，合作关系可以通过共享内核和/或发布语言实现。团队有时会寻求一些目标，以改善他们从现有情况到最佳情况的映射，这在某些情况下可能会非常有效。

下面是对上下文映射图的不同类型的简要概述。

- 合作关系（Partnership）：两个团队作为一个相互依存的单位一起工作，以实现一致的目标，这些目标通常必须一起交付。
- 共享内核（Shared Kernel）：两个或更多团队共享一个领域概念的小模型，包括共享该小模型的特定语言。每个团队都可以自由设计符合其特定语言的其他模型元素。
- 客户方–供应方开发（Customer-Supplier Development）：一个团队作为客户方，与供应方团队集成。客户方存在于供应方的下游，因此供应方决定集成方式。
- 遵奉者（Conformist）：下游团队必须与上游团队集成，例如客户方–供应方开发。由于各种原因，下游团队不能将上游团队的模型翻译成自己的语言，而是必须完全遵循上游团队的模型和语言。

- 防腐层（Anticorruption Layer）：下游团队必须与上游团队集成，例如客户方–供应方开发。下游团队翻译上游团队的模型，使其适配自己的模型和语言。
- 开放主机服务（Open-Host Service）：负责上下文的团队提供开放的 API，这是一种与该上下文交换信息的灵活方法。
- 已发布的语言（Published Language）：为在两个或多个上下文之间交换信息而开发的一种带有类型名称和属性的标准化格式。这种语言是发布出来共享的，意味着它提供了定义良好的模式，包括查询结果的文档、操作的命令和结果触发的事件。
- 另谋他路（SeparateWay）：下游团队必须与上游团队集成，例如客户方–供应方开发；然而，为了得到其他收益，选择不进行集成似乎也是一种解决方案。

现在让我们更加深入地研究每个上下文映射图类型的细节。

合作关系

在常见的合作关系中，通常涉及两个参与方。尽管现实世界中的合作关系可能涉及更多的个人或组织，但在上下文映射图中，我们通常将合作关系视为仅涉及两个团队。因此，在讨论此类型时，我们将合作关系限定为双边关系。

每个团队都拥有各自的限界上下文，需要通过具有建设性的、互利的方式进行合作。在图 6.2 中，两个限界上下文之间的粗线展示了团队间紧密的依赖关系。因此，合作关系的核心在于团队之间的联系，但这可能导致团队过于熟悉对方的语言。

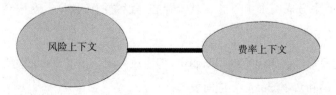

图 6.2 负责不同限界上下文的两个团队建立了合作关系

通常，两个团队的目标是一致的，要么共同成功，要么共同失败。他们需要将各自的努力和沟通紧密地与共同目标结合起来，这意味着必须在实现特性、集成、测试和进度方面进行大量的协调工作。例如，若两个团队存在相互依赖关系，他们可能会共享某个模型，从而使得部署工作无法分开进行。双方必须同时部署，或在一个较短的时间间隔内依次部署。

在自主权方面，合作关系并非最佳选择；实际上，在很多方面，它都不是一个好的选择。然而，有时它是必要的。为了在组织文化和结构中建立团队自主权，合作关系可能只是完成战略举措的短期措施。长期维持这种关系可能会给两个团队的运作都带来压力，从而导致实现自主权变得困难。在我们即将介绍的一些具体示例中，可以明显看出，长期保持高度互相依赖的合作关系是不必要的。

当同一职责范围内的团队分担不同子域时，他们的负担会减轻。例如，一个由 7 个人组成的团队可能一开始让所有成员都投入核心子域的工作，但后来又分出两三个成员来创建一个支撑子域，将不属于核心子域的模块及时分离是一个好选择。另一种情况是，被分离出的部分也属于核心业务，但分离是由于它们来自不同的战略重点，因此参与该业务的专家和两个团队之间的业务变化速率可能不同。

以风险子域团队为例。这个团队利用机器学习技术专注于精算任务。逐渐地，这个团队发现他们默认承担了计算保单预估费率的工作。毕竟，费率与风险评估结果密切相关。尽管预估保单费率是业务的必要部分，甚至可能是核心部分，但评估风险的精算算法由不同的业务专家驱动，其变化速率与费率计算不同。

随着时间的推移，精算结果将产生不同的数据类型，但风险团队并不愿意设计一个便于费率计算的标准的信息交换规范，因为这会给团队带来额外负担。相反，风险团队希望这个标准由一个更专注于保单费率的团队来制定。也许，这个标准的实现工作也可以由一个独立的费率团队来完成。

将风险和费率分成两个上下文，意味着必须设置两个团队。这两个团队必须紧密合作，原因如下。

- 信息交换标准必须由费率团队制定，但由风险团队批准，因此需要不断进行协调。
- 风险产品和费率产品必须同时发布。

然而，长期保持这种紧密联系并非明智之举。因此，在未来需要降低协调成本时，应该打破他们之间的紧密联系。他们可以通过转变为其他类型的上下文映射关系来实现这一目标。

共享内核

共享内核这种映射类型允许在两个或多个限界上下文中共享一个小型模型——这种共享实际上是各上下文统一语言的一部分。共享内核不仅仅是团队间的关系，还是技术上的、以代码为中心的关系。

团队间的沟通至关重要。如果沟通不足，则各团队很可能都不知道其他团队已经拥有一个可共享的模型，甚至可能都不会意识到有共享的需求。此外，团队需要认识到大型系统中的上下文之间存在着共享的概念，并围绕这些概念形成一些标准。在这种情况下，模型的复杂性和精确度都足够高，共享内核可以减少重复的开发工作，提高效率。

以需要标准货币类型的系统为例。那些不知道如何处理货币计算和交换的程序员可能会引发一些大问题，甚至是法律问题。由于大多数货币都需要用小数来表示面额中不足 1 元的部分，程序员普遍认为可以用浮点类型进行货币操作。但实际上，这样做可能会造成货币数额的随机减少或增加，最终导致巨大的财务差异。在企业内，浮点类型是处理货币时最糟糕的数据类型。首先，无论是采用单精度浮点类型还是双精度浮点类型，四舍五入都是有风险的。如果财务计算需要精确到小数点后足够的位数，则应使用"大数"类型（Big Decimal），它可以提供数十亿小数位的精度。第二，货币值最好作为一个整数来处理，不使用小数点或四舍五入。在这种情况下，在整串数字中，会有一个隐含的、视觉上的格式化小数点，也需要考虑币种转换和对多币种的支持。

如果一个系统没有提供一个能够满足金融行业所需的通用和正确的货币类型，如图 6.3 中的货币共享内核所示，那么每个参与系统研发的人都应该认真考虑他们是否适合这个行业。

请注意，图 6.3 并没有表明货币（Monetary）是一个单独的限界上下文。它确实不是，但它也不仅仅是一个库。Monetary 是模型的一部分，至少有两个团队同意共享它。为了更清晰地说明这一点，Money 对象或记录并非由 Monetary 模型持久化；相反，共享和使用 Monetary 模型的限界上下文负责将 Money 持久化在其自己的存储中。也就是说，核保上下文将 Money 值持久化在其数据存储中，而风险上下文也将 Money 值持久化在其数据存储中。

这种共享模型在其他领域也非常重要，例如股票交易中的"行情条"（Quote Bar），它汇总了几个卖出订单的股价，并将它们的平均值作为固定的买入价格。它是共享内核的一部分，提供通用的交易组件，供各种专业交易子域使用。

然而，另一个隐患是国家或国际编码的标准使用。例如，在医疗和保健领域，有近 30 个国家使用 ICD-10 编码来收集计费和报销数据。此外，超过 100 个国家采用 ICD-10 编码来报告死因统计数据。这些类型的标准构成了一种自然的共享内核模型。

一个常见的误解是将限界上下文之间交换的某些信息（如事件）视为共享内核。然而，实际情况并非如此。当消费方限界上下文接收到事件时，事件通常在外部边界被转换为命令或查询。在发生这种转换时，限界上下文的核心部分（即其领域模型）并不了解具体的外部事件类型。将外部语言翻译为本地语言意味着外部语言不会被本地上下文直接接受，因为它不是本地上下文统一语言的一部分，所以不能在两个上下文之间共享。

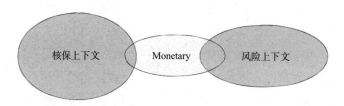

图 6.3　包括 Money 类型和其他货币类型的名为 Monetary 的共享内核

本地领域模型将真正的共享类型（如货币）视为其统一语言的一部分。如果允许一个外部事件在本地领域模型中具有意义，并且将其视为共享内核的一部分，这实际上并不是一个好的做法，因为这样会在生产者和消费者之间建立强耦合。更佳的选择是将外部事件转换为内部命令。

客户方–供应方开发

考虑自治程度高的团队之间的以下情景。

- 有两个团队。
- 其中一个是上游团队（供应方）。
- 另一个是下游团队（客户方）。

- 下游团队需要来自上游团队的集成支持。
- 上游团队决定下游团队能得到什么。

此种关系为上游团队赋予了自主权，而下游团队虽然也能达到高度自治，但仍对上游团队有所依赖。因为只有当上游团队能提供必要的集成特性时，下游团队的状态才能保持良好。如果下游团队只需使用上游团队已提供的资源，那么两个团队便可以各自按照自己的节奏进行工作。但是，如果上游团队未能提供下游团队所需的资源，或者不愿提供，情况就会截然不同。如果下游团队具有足够的影响力，上游团队可能会被迫在功能发布计划上进行妥协。这种合作关系可能会产生负面影响，因为来自下游团队的压力可能导致上游团队在工作中偷工减料，使模型变得脆弱。鉴于这些后果对双方的严重影响，必须注意促进他们之间的合作，否则两个团队的工作成果可能都不会达到预期。事实上，这种政治影响力能完全改变上下游的关系。

举例来说，为了保持自主权，上游团队可能打算对自己的模型进行重大改进。但这可能会以牺牲下游团队的利益为代价。如果上游团队的变化与下游团队不兼容，例如违反了先前设定的信息交换协议和模式，那么就会损害下游团队的利益。一个典型的情况是，某些压力迫使上游团队进行一系列改变，导致多个依赖于上游团队的下游上下文出现兼容性问题。这首先会对下游团队造成伤害，但毫无疑问，问题很快也会反弹到上游团队，因为他们必须修复被破坏的信息交换协议。

为了建立起正式的客户方–供应方开发关系，让上游团队和下游团队有更坚实的合作基础，可以采取以下措施："建立正式的关系，维持双方诚实的沟通和承诺。作为客户方，应理解他们不是供应方（也可能是之前的合作伙伴）唯一的压力来源。"

虽然上游团队有可能独立于下游团队获得成功，但建立正式的关系通常能强化双方的协议共识，使两个团队能更好地合作，尽管这并不意味着他们之间必须达到合作关系的程度。对于整体的成功来说，达成协议是至关重要的。

此种模式在跨组织的情况下可能更难实现。然而，即使上游团队完全处于组织外部，他们也必须认识到客户的重要性和话语权。尽管客户并不总是正确的，但他们向供应方支付了真金白银，这正是他们的权利（Right）和正确（right）的来源。否则，供应方就无法保留客户方，也无法保住业务。供应方的规模、能力和影响力越大，就越不可能追求利他主义行为。因此，如果想要这样的供应方为客户方服务，客户方也必须具备相同规模的体量、能力和影响力，并愿意为购买服务支付足够的费用。

让上游团队为他们的产品建立 API 和信息模式标准会有所帮助。上游供应商也必须愿意承担一定的责任，以满足下游客户的需求，这需要进行交付内容和时间的谈判。一旦这些要素就位，就必须采取措施确保下游客户能得到可靠和必要的支持。

在之前关于风险和费率之间的合作关系的讨论中，我们得知，长期保持这种相互依赖的关系会对两个团队的运作产生压力，并可能导致团队失去自主权。随着时间的推移，双方同步发布的稳定性提高，他们可能会从合作关系中解脱出来，转而建立一种客户方–供应方开发关系。图 6.4 描述了这种关系的上下文映射图。

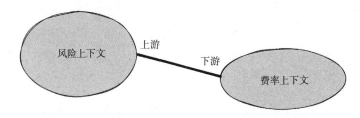

图 6.4　两个团队之间的客户方–供应方开发关系

乍一看，费率上下文似乎应该位于上游，因为在合作关系中，上游通常负责设定信息交换的协议和模式。然而，风险团队依然有权利接受或拒绝这个协议。事实上，他们的合作关系中已经显露出一些客户方–供应方关系的雏形，尽管这仅占一小部分，因为协调发布优先级往往压倒了一切。两个团队都期望建立更通用的规范，以便更好地支持未来的风险判断。同时，他们明白，在早期阶段试图实现这个目标是不可能的。因此，他们决定将这项工作推迟到最后责任时刻。他们同意在开发第 2 版或第 3 版协议时再进行，因为到那时，他们已经积累了足够的知识，能够更准确地判断如何构建一个更加灵活的模式。

遵奉者

当满足以下两个或更多条件时，遵奉者关系才会生效。首先，上游模型必须既庞大又复杂。其次：

- 下游团队难以承担解析上游模型的开销。这可能由于时间、技能和团队带宽等因素导致他们必须遵从上游模型以满足需求。
- 下游团队从解析上游模型中无法获得任何战略收益。这可能是因为下游模型与上游模型已经足够相似，或者下游的解决方案是临时性的，所以对解决方案进行进一步改善是一种无谓的浪费。

- 下游团队无法为其上下文设计出更好的模型。

- 上游将其内部模型结构一对一映射到用于交换的模型中，导致内部模型的变化直接反映在交换模型中（这是一种较差的设计）。

在这种情况下，下游团队会选择（或被迫）完全遵从上游模型。换言之，下游采用了上游的统一语言，他们的模型结构将是一一对应的。

理解这种模式的一种方法是要认识到，上游的 API 主要用于信息交换和执行操作，而不是为了适应下游模型。如果从上游接收的数据必须经过一系列操作（包括持久化），然后发送回上游，那么数据在下游的存在形式应与其在上游的存在形式相似。

如图 6.5 所示，下游的费率上下文是对上游风险上下文的评估结果模型的遵奉者。这是因为费率的计算是基于风险评估进行的，没有必要为了计算费率而去改变模型。同时，费率上下文团队对于上游评估结果模型规范有着显著的影响力，这使得两个上下文之间的信息交换模式和模型语言结构更易于被双方接受。

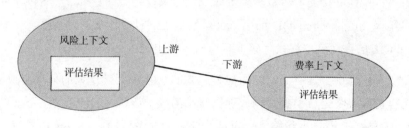

图 6.5　下游的遵奉者按原样使用上游的模型

在这种情况下，我们没有理由翻译上游模型，因为这样做既没必要又耗时，也会增加风险。如果执意要翻译，那么每当上游评估结果模型发生变化时，下游模型的翻译层也要相应改变。当然，费率团队无论如何都必须对上游评估结果模型的变化做出响应，但由于他们对规范有显著的影响力，实际上他们可以提前规划必要的修改。

在理想情况下，每个团队的上下文都应尽量内聚，同时尽量与其他上下文解耦。耦合和内聚是通过改变事物所需的工作量来定义的（见参考文献 6-2）。如果这两个上下文中的任何一个都不经常改变，那么遵奉者模式带来的耦合就不是真正的问题。考虑变化的频率是一个很好的经验法则。但如果耦合会对团队产生负面影响，那么就应该避免它。

在这种特殊情况下，翻译确实没有意义，但这并不能一概而论，必须具体问题具体分析。我们应适当考虑上游统一语言与下游消费者的统一语言的兼容性，并权衡前面列出的其他因素。此外，下面介绍的上下文映射图类型指出了采用翻译方法的其他后果。

防腐层

防腐层模式与遵奉者模式的思路恰恰相反。它采取了一种防御性的集成策略，尽一切可能防止上游模型对下游模型的破坏。防腐层的实现者是下游团队，因为他们需要将上游的任何内容都翻译成他们可以理解和使用的模型语言和结构。下游可能还需要将修改后的数据返回上游，这时，下游的模型必须被翻译成上游能够理解的形式。

在很多情况下，上游系统可能是一个遗留的大泥球系统。这时，我们不能指望上游系统能提供丰富的面向客户端的 API 和明确定义的信息交换模式。与上游系统的集成可能需要一个能够访问上游数据库的账户，并执行特定的查询。尽管本书并不打算提供技术建议，但是 GraphQL 的引入无疑改变了这种工作的规则。然而，我们不能因为 GraphQL 的存在就忽视设计集成接口时可能出现的不符合标准的问题。

即使上游模型确实拥有丰富的面向客户端的 API 和明确定义的信息交换模式，下游团队仍可能需要将上游模型翻译成他们自己的统一语言。来自上游上下文的外来词①可能与下游的统一语言不相符。针对这些外来词，下游团队可以选择保留自然的语义借贷②，或者定义一个完全不同的术语。这些选择可以根据具体情况混合使用，而决定如何翻译的权利属于下游团队。

问题的关键并不在于上游模型本身有多混乱，而在于下游团队不能以上游团队的方式进行思考和表达，此时翻译就会有所帮助。因此，进行翻译的合理性取决于下游团队的时间和能力。

---

① 外来词指从其他语言直接引入目标语言的词汇。例如，除法语外，所有使用"déjà vu"（既视感）的语言都是在使用外来词。

② 语义借贷是将源语言的词汇翻译成目标语言。例如，英语"beer garden"是对德语"biergarten"的语义借贷。

图 6.6 描述的是一个防腐层，它与 NuCoverage 公司的大泥球系统中现有的保费计算规则进行了集成。这是风险上下文团队的一个临时措施，在模型改进到足以在本地完全执行之前，这已经足够了。

图 6.6 展示的模型将在添加、编辑、删除、启用和禁用规则方面更具灵活性。这些规则又可以在生产环境中用于实验性的 A/B 测试。在此之前，费率上下文团队已经设计出他们期望在未来使用的模型，他们需要将上游规则翻译成本地模型，以便进行测试。目前，他们只需要一个能够工作的模型，灵活性并不是最重要的。

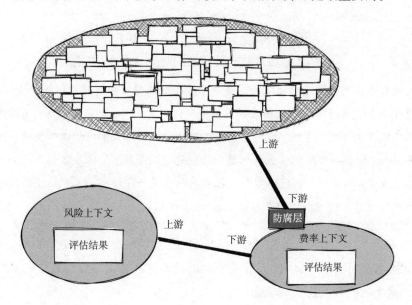

图 6.6　费率上下文查询遗留系统的保费计算规则

开放主机服务

有时候，团队可以预见当前和未来的集成需求，并有足够的时间来进行规划。但在其他情况下，团队可能无法预见任何集成需求，却被要求尽快完成工作。为了满足这两种情况，创建一个开放主机服务可能是一个解决方案。

开放主机服务可以被看作一个交换信息的 API，其中一些交换可能需要 API 提供方来支持从下游到上游模型的数据变换。

现在，我们以费率团队为例，考虑上游团队可能面临的一些潜在集成情况。

有计划的更改

在一次午餐会议中，费率团队了解到至少有一个下游团队需要访问他们的模型。这个下游团队对保险费率分析非常感兴趣。在同一次午餐会议上，分析团队也宣布他们有类似的依赖，这表明还有其他团队可能也需要这样的集成。这个现在（突然）成为上游的团队还没有进行其他团队的访谈，他们只知道有一个下游团队有集成需求。他们是否应该为他们目前所知道的唯一一个下游团队提供一个 API？或者他们应该只为这个团队提供一个数据库账户？

断言：即使只有一个下游客户，共享数据库的访问权都不是一个好主意

提供数据库账户给下游团队可能会产生深度的依赖性和潜在的数据安全风险。这种依赖可能会使上游团队的数据库模式演进变得非常困难，并且可能会对下游团队的数据库模式产生巨大的影响。此外，如果直接访问数据库，很难知道哪些服务依赖于数据库，这可能会导致系统在生产环境中的性能逐渐下降，数据表之间的死锁可能导致整个系统宕机。因此，直接共享对数据库的访问是一个非常糟糕的主意，我们应该明确地对资源进行建模，以避免隐藏耦合。

作为上游的费率团队，他们可以为单一的下游客户设计一个简单的 API。下游的分析团队也需要付出一些努力，从这个相对简单的 API 中提取自己需要的模型。在当前阶段，这个 API 仅支持查询功能。

如果上游的费率团队继续与其他可能的下游客户进行交流，就可以确定更广泛的需求。一旦他们从多个客户那里获得了更明确的需求，特别是当下游客户需要除查询外的其他功能时，就值得投入更多精力来开发 API。通过交流，费率团队了解到现在有 3 个团队需要 API 访问，除了分析团队，另外两个团队还需要将生成的新数据和修改后的数据发送回费率上下文。

无计划的更改

最令团队感到惊讶的是突然出现的集成需求。这种问题可能是由于组织糟糕的沟通结构导致的。回顾康威定律：一个组织产生的系统将反映其沟通结构。想象一下，当接近计划的发布时间时，某个客户团队突然宣称需要紧急的集成支持，会发生什

么？可以预见，接下来的情景可能相当悲惨：集成 API 将如实反映设计和实现它的紧凑时间轴。如果处理得当，技术债还可能被记录并偿还。更现实的情况是，客户团队不断提出各种非正式的支持请求，同时带来大量的技术债。

尽管有时组织会尽力改善沟通渠道，但由于其规模过大，在短期内无法完全避免沟通不畅的情况。然而，任何组织都不应接受这种现状，因为团队之间的壁垒是可以被打破的。为了团队、项目及公司的利益，应尽早解决这些障碍。一种可能的方法是，将在同一个系统上工作的团队聚集在一起，每周进行一次短会议（10~15 分钟），四到六个团队可以在一小时内分享他们的进展。这个会议要求所有相关方必须参加，并且各自的分享应该简明且直接。各团队分享的内容应包括产生的业务价值、遇到的问题及所需的支持。

另一种方法是在每个团队中都指定一名成员负责工程纪律，这些成员需要与首席工程师协同工作，以确保集成工作按计划正确地进行。首席工程师会采取所谓的集成事件、同步事件和稳定事件等方式，有针对性地组织沟通。这些事件需要定期规划和跟踪，以保证所有团队都能将各子系统的新功能集成到一起。良好的集成事件能够发现潜在的问题且促成互动，还可以提前优化可能阻碍产品创新的环节。如果团队无法满足时间表，负责工程纪律的成员必须在最早发现问题时或最迟在集成事件发生时，与首席工程师沟通。这种以工程为中心的方法并非典型的项目管理，而是工程师通过集体努力，实现与业务目标一致的技术里程碑的方式。

假设费率团队因一次线上事故而取消了某次午餐会，这种情况在各种规模的组织中都是常见的。早前，费率团队偶然得知分析团队有信息交换的需求。同样，他们也偶然发现其他团队需要费率上下文。如果午餐会安排在另一周，工作讨论的时间可能就会被法国网球公开赛、欧洲冠军联赛、WNBA 或 Oceansize 专辑占据，然后就会出现突发的集成需求！

如果不抽出时间来应对这些计划外的情况，其他团队可能会寻找替代品，甚至直接与落后的遗留系统集成，而不是新的费率上下文。与遗留系统集成需要投入大量精力，并期待需求在未来几周、几个月甚至几年内都不会改变。即使沟通不畅，费率团队也不能通过延迟其他团队的进度来强行推动集成。

短期内，费率团队最好的做法是为下游提供一些不完美但有用的集成渠道。也许开放一套 REST API 就能满足两个下游团队的需求，同时满足时间紧迫的需求。费率团队也许可以得到下游团队的一些帮助，此时这个下游团队也需要为沟通付出一些努力。无论如何，费率上下文提供的不完美 API 也比遗留系统更好用、更现代化。

不过，通过引入上面提到的工程规范等工程纪律，所有这类麻烦情况还是可以在很大程度上避免的。

服务API

在前述两种情况下，费率团队及其依赖方最终都面临着外部压力。如果有更多的时间来思考、规划和执行，费率团队将有更充足的准备来应对现状。但是，交付是唯一的实际选择，因此团队会继续努力前进。

当发现有 3 个团队依赖于费率时，我们发现挑战并不在于 API 本身的复杂性，而在于所涉及的信息交换范式。由于保险费率的计算规则可能会经常变化，并且规则之间的差异很大，用于交换信息的范式将成为一个难以捉摸的移动靶子。在下一节"发布语言"中，我们将详细描述如何应对这一挑战。

上游的费率上下文中的一些信息最好以事件流的形式提供，因为下游的 3 个依赖团队只对上游数据的某些子集感兴趣。费率团队可以调整其查询 API，让下游团队"订阅"他们感兴趣的事件。这个查询 API 可能会作为 REST 资源提供。然而，面对同样的情况，风险团队可能选择将事件放在一个发布–订阅主题上，让下游团队订阅。

这两种策略都有各自的优点。正如第 2 章所述，组织可以使用 ADR 来记录备选的决策。下游团队对某种方法的熟悉程度可能是一个决定性因素，但并不一定是唯一的。无论如何，做出决定后，必须用 ADR 记录下来。

费率团队需要记住，他们发布的事件可能无法携带消费者需要的所有信息。因此，必须让查询 API 提供比事件更丰富的信息，或者优化事件本身，让它携带更丰富的有效载荷。对查询 API 的一个挑战是数据版本的问题：在下游查询数据时，上游的数据可能已经经历了多轮转换处理。为了缓解这种情况，可以在上游维护数据的快照版本。另一种方案是扩展事件携带的有效载荷，从而避免下游使用查询 API。当然，还有一种可能是下游不得不处理查询结果中不再包含历史状态的情况。如图 6.7 所示，费率上下文向下游发送"费率已计算"事件。

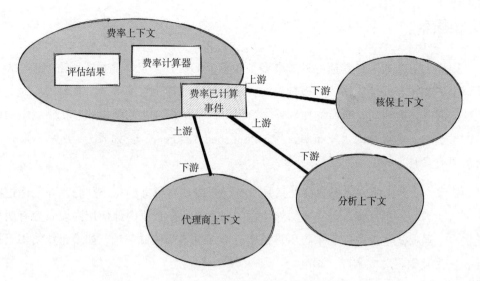

图 6.7　有多个下游消费者的开放主机服务

核保处于费率的下游，这可能会出乎一些人的意料，因为核保通常被视为风险的上游，而费率上下文在计算保费时会依赖风险评估结果。然而，核保必须作为下游订阅"费率已计算"事件，以确保能够获得保费金额。如果核保不订阅该事件，将不得不采用一些非常复杂或者不直观的方法来获得费率数据。重要的是，"费率已计算"事件必须有一个与原始核保申请或其他类型的实体（如风险评估和费率计算）相关的标记。不仅分析上下文可以消费这个事件，代理商上下文也可以消费这个事件，这样 WellBank 银行和其他代理商就能在每个步骤发生后都得到通知，并处理接下来的活动。

API 的其他部分应遵循最小权限原则进行设计，仅提供必需的功能。这个 API 可以设计为 REST 风格或异步消息传递模式。尽管在现今时代，持续使用简单对象访问协议（SOAP）的远程过程调用（RPC）似乎并不明智，但在某些遗留系统中，它们仍然占有一席之地。如果确实需要使用 RPC，我们更推荐 gRPC 而非 SOAP。更为重要的是，API 应随着下游客户对功能和信息交换模式的需求改变而逐步构建。这可以通过"消费者驱动的合约"（Consumer-Driven Contracts）（见参考文献 6-1）来实现，这类合约基于消费者的需求表达，既可以为每个消费者量身定制，也可以用一个合约来覆盖所有消费者需求的超集。

第 3 部分的各章更详细地介绍了 API 的设计风格。接下来，我们将讨论 API 的另一个重要部分：信息交换的方式。

发布语言

限界上下文通常是其他一种或者多种限界上下文，甚至外部系统所需的信息源。若该上下文发布的信息格式难以理解，就可能导致依赖于它的部分出现错误。为了避免这类问题，提高信息交换的便利性，组织可以采用标准化的强模式。在领域驱动设计的术语中，这被称为"发布语言"（Published Language）。如表 6.1 所示，发布语言可以有多种形式。

表 6.1 所列出的国际模式标准只是所有行业中现有标准的一小部分。在使用这些标准时，需要进行权衡，但需要额外注意的一点是，在企业内部使用强模式会有明显的弱点：强模式不仅遵守起来更困难，还会增加更多的传输开销。如果企业使用云计算，这些开销将对成本产生影响。

图 6.8 展示了 NuCoverage 公司的 3 种发布语言。其中，风险上下文有自己的发布语言，包含了一个名为"风险已评估"的事件；费率上下文也有自己的发布语言，包含了一个名为"费率已计算"的事件。值得注意的是，"风险已评估"事件会对费率产生影响，而"费率已计算"事件则被核保上下文所使用。反过来，核保上下文从一个或多个"费率已计算"事件中得到一个报价，并在每个完成报价的交易中发出一个"报价已生成"事件。

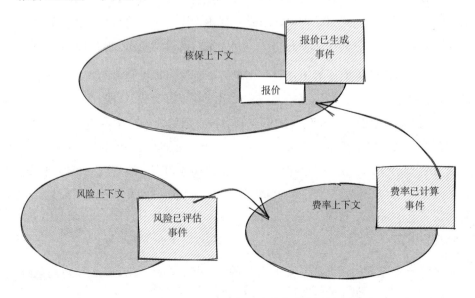

图 6.8　风险、费率和核保部门各自提供的发布语言。

表 6.1　从国际到企业服务的发布语言范式

类　别	示　例	结　果
由国际或国家机构支持的工作组定义的行业级强模式	Health Level 7（HL7）数字医疗信息交换的标准：在整体解决方案的所有子域以及不同系统和组织之间交换医疗临床和管理信息时，可能需要使用 HL7 标准	HL7 在确定的记录类型支持上可以被视为一个强模式，但在每个记录类型内部字段的定义上则表现得较弱。这可能导致模式被误用，并可能需要使用该模式的企业对其进行解释，而这种解释可能与其他组织的解释不一致。因此，即使使用 HL7，不同组织之间的数字医疗信息交换也可能需要对数据的生成和解析进行转换或重新设计
	GS1 全球数据识别标准。这是围绕 B2B 信息交换（包括电子商务）的条形码和其他标准的起源	虽然每个记录类型内部也都有明确定义的标准，但定义一个非常小的数据集可能需要大量的记录。例如，在一个电子商务场景中，需要 300~350 种记录类型才能准确定义包含不超过 20 行产品订单信息的数据集。创建标准的源代码实现、生成输出写入器及消费者输入读取器成了一个耗时的过程。这突显了"规范数据模型"模式的缺点。在这种模式中，试图制定一个全面的标准会导致标准变得过于复杂和臃肿，因为它试图定义众多行业中所有可能需求的超集
	ICD-10 是世界卫生组织开发的医学分类清单，是《国际疾病与相关健康问题分类》的第 10 个修订版本	这是一组庞大但清晰明了的医学编码
由特定业务实体内的负责人管理的组织内部标准	这些标准是由每个组织根据具体情况定义的。与定义标准的组织集成的外部企业可能需要（或必须）使用该标准。该组织的内部系统之间可能也要使用相同的标准交换信息	这些标准提供了定义方面的灵活性和对外部集成的清晰指导。但是，这种方法可能会对组织内部系统之间的交流增加不必要的开销，因为在跨系统和跨上下文交换数据时，需要提供比实际要求更多的信息
上下文/子域标准	每个限界上下文都可以定义自己的信息交换标准。其他限界上下文、子域或系统解决方案都必须使用这个标准与它通信	这些标准为每个限界上下文/子域提供了最佳的信息交换模式定义。这对于需要与多个限界上下文集成的上下文来说，处理多种不同的模式可能比较困难。而且，太多的集成点可能也暗示了存在其他问题。此外，上下文/子域的标准可能不足以应对组织对外的集成。即便如此，如果将这些模式标准输入组织间交换信息的超集中，它们就可以在更广泛的范围内使用

维护国际、国家和组织定义的发布语言并使其可用的一种方法是通过范式注册表。高价值的范式注册表支持任意数量的业务上下文范式，每个范式都可以有多个版本，并提供各版本之间适当的兼容性检查。在开源软件中也能找到这样的范式注册表，如反应式 VLINGO XOOM 的范式工具（见参考文献 6-3）。

另谋他路

当一个团队发现与另一个限界上下文集成的成本可能超过潜在的收益时，他们可能会选择其他解决方案。团队可以选择采用符合其需要的一次性解决方案，或者使用更简单的模型，只要它能够快速解决问题。

因此，一个限界上下文可能完全不需要与其他上下文集成，但这种做法需要具体情况具体分析。

这种方法的弊端是可能导致大量领域知识的重复。适度的重复并非全然不好，然而过度的重复就可能成为负担。"不要重复自己"（Don't Repeat Yourself，DRY）是一个适用于知识领域的原则，而不只是针对代码。在多个上下文中大规模重复数据和知识，并不是另谋他路模式所希望达到的效果。

地形建模

在事件风暴会议中识别出领域边界可能并不是一件容易的事。如之前所述，参与者需要从业务能力的角度出发，理解专家间沟通的驱动因素。这些都是设定边界的最佳策略，也是最理想的切入点。随着业务的发展和变化，以及新的业务能力的引入，更多的细化工作也将会随之而来。

另一个有助于定义边界并阐明跨边界协作方式的工具是地形法。在韦氏词典中，"地形"（Topography）一词有如下定义。

1. a：一种艺术或实践，用细节在地图或图表上描绘地方或地区的自然和人造特征，尤其展示它们的相对位置和海拔高度。b：地形测量。

2. a：表面的构造，包括其地形和自然及人造特征的位置。b：物体或实体的物理或自然特征及其结构关系。

这些定义都适用于这种建模方法。

限界上下文的内部交流有助于团队理解其内部范围，但是与其他上下文的交流和映射则可以进一步增强这一理解。地形建模是一种更好地理解系统结构和特征的方式。图 6.9 为地形建模的一个模板。

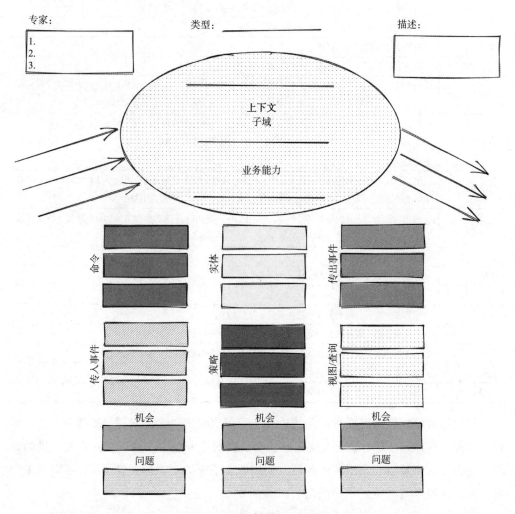

图 6.9　地形建模的一个模板

图 6.9 所示模板的不同区域可以填入信息（详见表 6.2）。可以按照处理流程的顺序把制作的模型放在桌上或贴在墙上，就像事件风暴的时间轴一样。该模板提供了大

量的占位符，可以展示比事件风暴时间轴中单个点更多的上下文信息。你可以根据需要，在建模模板的任何部分添加额外的占位符。该模板有意省略了架构细节，尽管在运行时这些细节是必要的，但在建模时它们可能会混淆模型中更重要的部分。

表 6.2　地形建模的模板区域及描述

模板区域	描　　述
专家	写下对交流知识领域上下文做出贡献的业务专家的姓名
类型	子域类型：核心子域，支撑子域，通用子域
描述	对上下文目标的简单描述
上下文	写下通信上下文（即限界上下文）的名称
子域 1:1	写下此上下文的子域名称。上下文和子域应该具有一对一的关系。如果名称之间有冲突，则子域和上下文存在一致性问题。如果发现有多个子域，则在建模时可能存在不聚焦的问题
业务能力 1:1	写下此上下文提供的业务能力的名称。上下文和业务能力应该是一对一的关系。如果名称之间有冲突，则业务能力和上下文存在不一致的问题。如果发现有多种业务能力，则在建模时可能存在不聚焦的问题
左侧箭头	输入可用的集成和协作点，以及使用它们的上下文。如果已知，请标出上下文映射图类型和限界上下文的名称。已知的合作者将是合作伙伴或上游上下文；下游是未知的
右侧箭头	输出与其他上下文的集成和协作点。如果已知，请标出上下文映射图类型和目标限界上下文的名称。已知的目标可能是合作伙伴或上游上下文；下游是未知的
命令	分派给领域模型的命令
实体	命令指向的领域模型中的实体
输出事件	由实体发出的事件
输入事件	限界上下文通过代表集成点的左侧箭头接收的事件
策略	要应用于输入事件或分派到领域模型的命令的业务规则
视图/查询	必须将模型更改投影到查询视图上，以确保相关查询能提供可查看的数据
机会	通过团队学习所产生的任何必须抓住的机会
问题	通过团队学习所揭示的任何必须解决的问题

使用纸和笔模拟正在设计的系统处理流程可以促进更多的对话，帮助深入了解软件的内部工作原理。是否缺乏实现完整功能所需的业务能力？是否存在需要改进的领域？是否存在需要进一步澄清的领域？使用纸和笔模拟更快捷、更经济，可以带来快速失败、快速学习和快速重启的机会。

每个参与集成的团队都可以带走他们和周围上下文的地形拓扑副本，以便后续的协作。每一次发现和学习的机会都会带来信心和创新的可能性。

失败之道与成功之径

有些失败可以带来积极的结果，因为它提供了学习的机会。这种可控的失败是一种使用实验的科学方法，最终会带来成功。然而，本节所讨论的失败并不属于这种类型，尽管它们也可能带来一些学习机会，但这些收获在短期内无法帮助组织取得实质性的进步。这类失败应该并且可以避免，它们主要与滥用领域驱动设计工具有关，并且经常导致无法实现整体业务目标。

在应用领域驱动设计方法时，有些常见的误区可能会导致失败。这些误区可能单独出现，也可能同时存在。

1. 缺乏清晰的战略焦点。如果忽视了战略发现和学习的重要性，那么领域驱动设计的实践就会失去其本质意义。这可能导致在软件开发过程中出现各种问题，例如，因为没有得到业务专家的足够参与，开发人员可能会像过去一样构建复杂且难以理解的组件。有些开发人员可能认为，只需遵循领域驱动设计中的一些技术理念就足够了，但这种忽视战略学习的做法是最大的误区。

2. 做得太早太多。有些团队在使用战略发现工具时，可能仅将其作为编码的初步理由，而没有进行深入的探索和理解，这是不恰当的。虽然他们可能会在短时间内找到一些看似合适的领域边界，但随着时间的推移，这一行为可能会暴露出与完全忽视战略发现相同的问题。无论是在没有合适理由的情况下过早地采用微服务，还是在未充分理解战略目标的情况下过早地使用单进程模块来处理业务问题，都可能导致过度设计，过于强调解决方案，而不是战略。真正的领域驱动设计应该以发现、学习和创新为核心。

3. 紧耦合与时间耦合。当业务发展得太快时，对限界上下文之间的依赖关系的关注可能会被忽视。这些问题通常由所采用的集成风格引起。例如，REST 和 RPC 可能导致非常紧密的耦合，无论是在 API 设计方面还是在时间依赖方面[①]。遗憾的是，很少有人会去考虑解决这些依赖问题。这种忽视通常会使所有的集成方都成为上游上

---

① 时间耦合是有害的，因为当一个分布式服务完成任务的时间超出预期可容忍的范围时，另一个分布式服务也可能因此受到影响。

下文的遵奉者。通常，在使用 REST 和 RPC 时，可能会产生一种错觉，即服务之间好像不通过网络进行通信，但实际上网络是客观存在的。当网络不稳定时，即使只是短暂的不稳定，也可能会对集成造成严重的影响，从而引发整个系统的级联故障。即使使用消息队列和事件，如果不努力解耦上下文之间的数据，耦合仍然会成为技术债务，而非资产。

4．数据的广泛复制。每项数据都应该有一个记录系统（System of Record），这个系统是数据的原始来源和所有者。当数据的副本存储在源系统以外的地方时，源系统就失去了对这些副本的准确性和访问权限的控制。随着时间的推移，那些知道数据副本不能用于决策的员工可能会离开项目，而新员工可能会误解数据所有权，如不适当地使用数据或向其他人提供数据副本。这些行为都可能导致严重的问题。

5．技术故障。技术故障有以下几种不同的形式。

a．对 Bug 或模型错误进行的快速修复可能会导致统一语言逐渐失真。

b．开发人员前期可能会过度追求高度抽象，过多考虑未来的未知需求。然而，从长期来看，这些行为往往并不准确。通常，以代码重用为目标的过度抽象，过于强调重用，可能会产生大量的技术债务，甚至导致大量的返工。

c．为项目分配技能不足的开发人员，几乎肯定会导致项目失败。

d．无法识别由于缺乏业务知识导致的建模错误，这将产生技术债务。或者，如果在确认技术债务之后，没有采取相应的行动来偿还这些债务，这也是一种技术上的失败。

在本书中，我们已经以多种方式解决了这些重大且无法挽回的失败。实际上，这些失败都是可以避免的。如果在项目开始阶段便有领域专家的参与，并且他们能定期为项目提供指导，那么团队的成熟进程将会大大加快。以下是成功的方法。

1．明确业务目标。所有的项目利益相关者必须清楚地理解，领域驱动设计的核心目标是实现业务目标。我们应该利用现有的知识来获取所有可用的信息，而新的知识可能会改变项目的方向。

2．运用战略学习工具。一旦业务目标在团队成员的心中被牢固地确立，团队就应该运用如影响力图谱、事件风暴、上下文映射图和地形建模等战略学习工具，以形成符合康威定律的团队并深入探索问题领域。所有的工作都应被视为一种学习的实验，直到掌握足够的业务知识。即使那个时刻可能永远不会到来，也不应该气馁。在小范围内以较低的成本快速试错，其实是最佳的发现和学习方式。

3. 花时间消化学习成果。不要过于急切地投入具体的解决方案开发中。在早期阶段，你可以先编写一些代码，但目的应该是进行实验，推动发现和学习。有时候，你可能需要花费几天时间来确定上下文的边界，即使这些边界看起来已经很明确，也可能需要进行微调。甚至，你可能已经正确地划分了上下文边界，但一些概念和数据可能会被误用。你应该乐于将一些概念转移到不同的限界上下文中，并在它们的所有权变得更清晰时，能够意识到这一点。这种工作可能会在项目的中期阶段发生。当然，如果你正在进行大规模的企业现代化或数字化转型，这种概念和数据的迁移可能需要花费更多的时间。

4. 采用松耦合和时间解耦技术。一个限界上下文对另一个限界上下文的了解应该尽可能地少。一个限界上下文对另一个限界上下文的 API、信息和内部结构知道得越少越好。一个限界上下文对另一个限界上下文在时间范围内完成任务的依赖应该尽可能地少。一个限界上下文对另一个限界上下文在任何时间顺序上提供信息的依赖也应该尽可能地少。松耦合和时间解耦是我们的朋友。

5. 尊重原始数据源及其定义的访问权限。所有利益相关方都应该尽量避免将数据复制到其授权范围之外，或用于任何一次性操作。在第 5 章，我们提供了在尊重原始数据源的同时从不同的服务中获取数据的方法。

6. 使用适当的战术工具。本书并未深入涉及详细的实现技术，但作者在后续的技术图书 *Implementing Strategic Monoliths and Microservices* 中深入介绍了实现的模式和实践。简单来说，应避免在当前上下文中使用不必要的技术工具，这些工具往往会导致不必要的昂贵设计。

我们倡导使用简单的战略和战术工具来解决业务领域中的复杂问题。成功的战略可以指导团队实现业务目标，从而实现最终的业务愿景：创建带来丰富回报的创新产品。

应用工具

在第 3 章中，"应用工具"一节描述了 NuCoverage 团队如何通过事件风暴会议来发现和解决问题。在这个过程中，他们发现在申请流程完成之前，申请人就已经退出了。他们意识到，使用机器学习算法来评估风险并计算费率可能是解决这个问题的一个途径。然而，他们面临的挑战是如何将机器学习融入申请流程。为了解决这个问题，他们决定再举行一个更深入的事件风暴会议，这次的重点更加偏向于设计层面。在这次会议上，团队成员和业务专家进行了深入的讨论，新的流程设计开始逐渐形成。

回顾第 3 章，在当前的流程中，风险评估和费率计算需要不断地在各个上下文之间交换信息，以便申请人在填写申请表的过程中可以实时获得准确的报价。此外，通过评估申请人是否需要回答更多的问题，NuCoverage 团队可以收集更多的信息，从而更精确地评估风险和重新计算费率。然而，这个过程使申请过程变得漫长且烦琐，所以 NuCoverage 团队觉得有必要引入机器学习算法来简化这个过程。

在新的申请流程中，申请人只需要填写少量的必要数据，这大大降低了流程的复杂性。剩余的复杂性被封装在机器学习模型中，这个模型负责风险评估和费率计算。这个发现和学习的过程强调了一点：为了实现团队的目标，他们需要一个专门的业务流程来处理申请表、风险评估和费率计算之间的交互。团队将这个流程命名为"申请保费流程"，并在图 6.10 中用一张紫色的便利贴表示它。一旦申请表格填写完成，就会触发一个"申请已提交"的事件，这个事件会被申请保费流程处理，并指导接下来的工作。NuCoverage 团队继续在事件风暴会议上进行迭代，以便找出每个步骤都需要处理的具体内容。

图 6.10　NuCoverage 团队确定的申请保费流程

　　基于机器学习算法的风险评估过程相当复杂。这一过程需要访问多个外部数据源并进行复杂的算法校准。如图 6.11 所示，NuCoverage 团队认为将评估建模为一个无状态的领域服务（风险评估器）是最佳选择，这一观点在第 7 章中也有详细阐述。当风险评估器收到来自申请保费流程的"评估风险"命令后，就会开始进行风险评估。评估结果将输入评估结果汇总中，随后发出"风险已评估"事件。这一事件将由申请保费流程处理，并启动下一步工作。

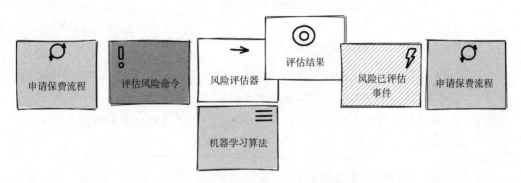

图 6.11　使用了机器学习的风险评估步骤

　　申请保费流程启动的下一步工作是通过发送"计算费率"命令来触发保费计算。这个计算保费的过程也是复杂的，因为根据评估结果、风险权重以及由具体代理商的业务专家定义的其他标准，可以应用各种不同的计算规则。然而，这个计算步骤本质上是无状态的，考虑到这一点，将费率计算器设定为一个领域服务是最佳选择（见图6.12）。尽管未来这个服务可能会发生变化，但根据目前的了解，设为领域服务是正确的决定。在计算出费率后，会发出一个"费率已计算"事件，其中的有效载荷是计算出的保费。这一事件也由申请保费流程处理，并启动下一步工作。

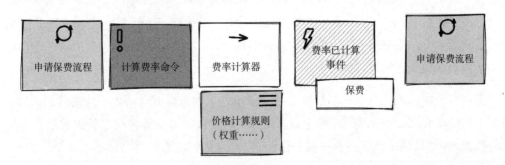

图 6.12　保费计算步骤的设计

在前述步骤完成后，申请人将收到一份保险报价。申请保费流程会发布"记录保费"命令，以推进申请流程。该命令的执行结果是为申请人生成一份保单报价，并在用户界面上展示。图 6.13 展示了这一过程。

图 6.13　储存保费和发布保单报价的最后步骤

团队决定重新审视从申请到报价的整个流程设计，以识别各个不同的上下文。如图 6.14 所示，团队使用浅粉色便利贴标记整个时间轴上各个步骤涉及的上下文。这个时间轴是事件风暴会议的全部成果。目前，所有人对这个结果都表示满意，但他们也意识到还有更多需要学习的部分。

在申请过程中，起主要作用的限界上下文是核保、风险和费率。核保上下文负责在流程开始时收集申请表单数据，以及在流程结束时发布保单报价。所有由申请保费流程驱动的步骤都在核保范围内，这是合理的。风险上下文负责使用机器学习算法来评估风险；费率上下文则使用适当的标准规则和适用于代理商的规则来计算费率。

作为设计会议的最后一步，团队决定使用上下文映射图来描绘不同上下文之间的关系，并定义集成方式。图 6.15 展示了这种映射。

在本章前面的"合作关系"一节中，我们注意到，风险团队意识到他们不适合默认承担费率计算任务，因为他们已经有很多其他任务要做，再加上计算费率任务就显得过于繁重。基于这种认识，最初的风险团队被分成风险和费率两个独立的团队。目前，NuCoverage 公司共有 3 个团队负责从申请到报价的整个流程。这 3 个团队分别负责核保、风险和费率上下文的工作。在初期阶段，让风险和费率两个团队采用合作关系模式是一个切实可行的决定。

这两个团队的目标在早期阶段是相互依赖的。如果没有这两个团队的共同成功，整个报价流程就无法完成。实际上，风险评估模型与费率计算模型之间需要进行大量的校准。如果这两个团队没有形成合作关系，同步他们的设计将会面临不必要的困难。正如我们之前提到的，合作关系并不需要一直维持下去，在某些时候，合作关系可能会成为瓶颈，阻碍双方独立地取得业务进展。

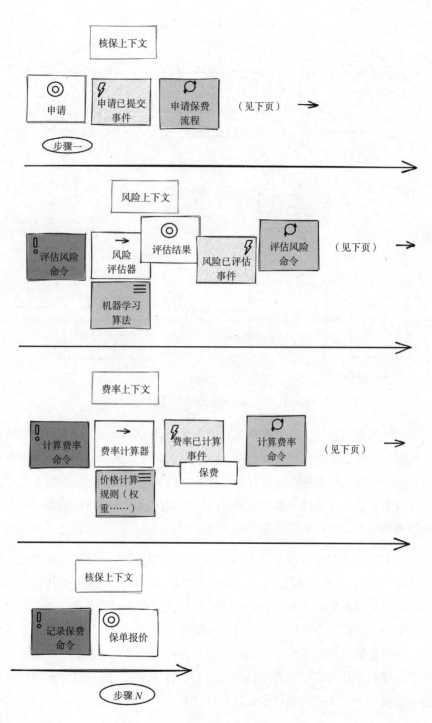

图 6.14 新的申请流程是事件风暴会议的结果

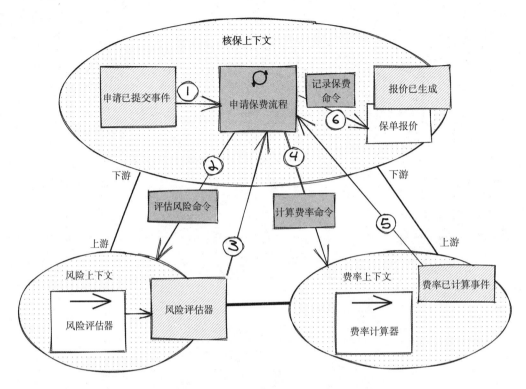

图 6.15 核保、风险和费率之间的上下文映射图

这些团队考虑过设计一种发布语言，用于在核保、风险和费率上下文之间共享信息。这种语言会包括执行流程所需的命令和事件。然而，他们最终认为不需要单一的发布语言，因为申请保费流程可以管理跨上下文的依赖关系，无论通信方式是上下游依赖、点对点依赖，还是其他方式。通过使用范式注册表来保持松耦合，核保上下文中实现的申请保费流程能够轻松管理跨上下文的依赖。

核保上下文是风险和费率上下文的下游，因为它依赖于评估的风险和计算的保险费率。这是一种客户方-供应方关系。核保团队必须与风险和费率团队同步前进，以实现从申请到报价的整个流程。风险部门和费率部门将分别定义自己有限且独立的发布语言，申请保费流程将使用这些语言。核保上下文必须将申请信息发送给风险上下文，并确保申请信息符合风险上下文的发布语言格式。另一方面，费率上下文将其计算模型和保费模型作为自己的发布语言发送给核保上下文。这些设计有助于将信息交换规范化，并为上下文之间提供非常理想的松耦合。

小结

本章提倡使用上下文映射图来识别两个团队及其各自的限界上下文之间的关系。上下文映射图可以帮助团队识别他们所面临的情况，并提供工具来认识和解决特定的建模挑战，从而构建整个系统的解决方案。采用地形建模方法进行上下文映射，有助于定义边界，明确各个限界上下文之间如何协同工作。本章还对误用领域驱动工具的常见错误发出警示，这些错误可能导致代价高昂的系统性失败。最后我们提供了一些实用的指导，以帮助人们正确使用工具并取得成功。

遵循以下指导原则。

- 通过运用上下文映射图来识别实际的团队关系和每个集成点，以改善团队关系和集成方式，更好地解决问题。
- 选择适合当前和未来需求的上下文映射图类型，例如合作关系、客户方-供应方开发、遵奉者、防腐层、开放主机服务和发布语言等。
- 地形建模是了解系统特性、掌握限界上下文之间详细信息交换流程的一种方法。
- 警惕领域驱动工具的滥用，这种行为可能导致项目的系统性失败，进而无法实现业务目标。
- 大多数领域驱动工具的错误使用都是可以避免的。建议聘请一位领域驱动专家，以协助项目启动，并确保系统架构和开发方法符合预期。

第 7 章介绍了领域驱动建模的战术工具，用于在源代码中表达知识领域，避免由歧义导致的混乱。

第 7 章

建模领域概念

很多项目原本可以从精心设计的领域模型中受益，但实际上却鲜有人做到。通常建模不够周密，是因为业务概念被当作数据来看待。毕竟，我们总是听到"数据是企业最重要的资产"的说法。在如此热衷于大数据和实时数据的情况下，似乎很难反驳这个观点。然而，即使你认为数据极为重要，如果没有能学习如何处理数据最大化地提取价值的人才，这些数据也毫无意义。

这正是战术建模的作用所在。一旦对战略方向有了清晰的认识，我们就可以更关注实现方法。然而，当业务模型的实现主要依赖于数据时，很容易陷入以下陷阱。

- 大名词是模块。当以数据为中心时，模块通常具有数据操作工具的特征(如工厂、实体、数据访问对象或"仓库"、数据传输对象、数据服务和数据映射器)，而缺乏业务驱动的特征。
- 中等大小的名词是实体、以业务为中心的服务和数据操作工具。这些都在上一点中提到过。
- 小名词是实体或其他以数据为中心的工具的字段或属性。想想数据对象的细节部分，那些就是小名词。

在培训和咨询工作中，作者喜欢请别人用名词来描述一天从起床到结束的情况。他期望听到有人说出"闹钟、浴室、壁橱、衣服、厨房"等，但令人惊讶的是，大多数人甚至不知道从何说起。这是因为人们通常不会用名词思考。

相反，人们用概念思考，而当他们需要与其他人交流时，就必须以富有表现力的方式描述概念。为此，他们需要的不仅仅是名词，还需要包含名词在内的文字形式和修辞。当软件开发过程中没有人致力于让代码具有表现力时，软件就会陷入混乱。每个阅读源代码的人都必须从成千上万个大、中、小名词中理解它们的含义。这种方法非常复杂且充满风险，往往导致项目失败。因为人们无法记住每一个名词（哪怕只是其中一小部分），以及它们对其他名词的影响。因此，清晰、无歧义且明确的行为意图至关重要。

本章强调了使用丰富的表达方式对业务概念进行建模的重要性，并通过使用语言来扩充数据和业务规则，传达软件如何最佳地执行业务工作，这样做将传达明确的业务意义。关于此类主题的其他指导，请参阅《实现领域驱动设计》（见参考文献 7-3）和《领域驱动设计精粹》（见参考文献 7-1）。虽然我们在本书中不会详细讨论这些工具，但会提供足够的信息使你理解这些概念。

实体

在建模一个整体概念时，我们使用实体（Entity）。实体的独特性通过生成和分配唯一标识（ID）来实现。其唯一性必须在实体的生命周期内实现。如果实体在建模上下文中被认为是顶级概念，则必须分配全局唯一标识。如果实体包含在父实体内，子实体必须在其父实体内具有唯一标识。需要注意的是，实体的模块名称、概念名称和生成的标识的组合共同使得实体实例具有唯一性。

在下面的例子中，两个实体都被分配了标识值 1，但由于它们的模块名称和概念名称不同，因此它们都是全局唯一的。

```
com.nucoverage.underwriting.model.application.Application : 1
com.nucoverage.rate.model.rate.PremiumRate : 1
```

在领域驱动设计（DDD）中的实体可以是可变的（可修改的），在面向对象编程中的实体也是可变的，但二者并不完全相同，因为 DDD 中的实体也可以是不可变的。实体之所以是实体，正是由于它的唯一性，这是它在模型中独一无二的关键。在图 7.1 中，Application 是一个实体，applicationId 是它的唯一标识。

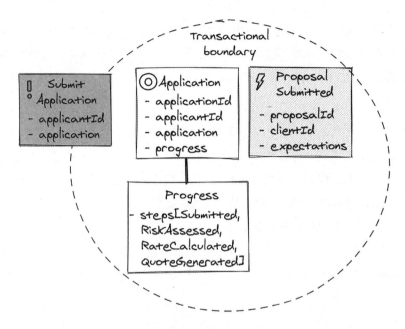

图 7.1　一个由实体和值对象组成的作为事务边界的聚合

值对象

　　值对象是具有一个或多个数据属性的建模概念，这些属性共同组成整个值；因此，它是一个常量，是一个不变的状态。与具有唯一标识的实体不同，值对象的标识不是唯一的。可以说值对象没有标识，但它确实有一个标识的概念。值对象的标识由其类型名称和所有组成的属性共同决定，即其全部状态标识每个值。因此不要期待值对象的标识（ID）具有唯一性。具有相同标识的两个值对象是相等的。无论值对象的标识是否有意义，最重要的理解是多个值对象之间的相等是非常常见的。

　　值对象的一个例子是整数 1。两个整数 1 是相等的，在一个进程中可以有很多很多 1 的值对象。另一个值对象的例子是文本字符串"one"。在一些现代编程语言中，整数 1 是一个标量，这是基本的单值类型之一。其他标量包括 long、boolean 和 char/character。根据不同编程语言的定义，字符串可能会或可能不会被视为标量。然而，这并不重要，重要的是：字符串通常被建模为 char 型数组，其提供了有用的、无副作用的操作。

图 7.1 中的其他值类型包括 ApplicationId（由 applicationId 实例变量表示）和 Progress。Progress 跟踪在父 Application 实体上执行的工作流处理步骤的进展。完成每个步骤后，Progress 用于捕获已经发生的每个步骤。为了实现此跟踪，Progress 的当前状态不会改变。相反，之前步骤的当前状态（如果有）会与新步骤结合，形成一个新的 Progress 状态。这保证了值的不可变性约束。

当我们谈论值的不可变性时，可以用整数 1 来解释。整数 1 作为一个值，永远不会改变：它始终是 1。如果整数 1 可以变成 3 或 10，那这个值就失去了意义。这不同于整数变量的讨论，尽管这些变量可以被赋值为 1，再赋值为 3 或其他值。关键的区别在于，尽管变量本身可以被改变，但值（如整数 1）是恒定不变的。虽然 Progress 状态比整数更复杂，但它也受到相同的不可变性约束。Progress 状态本身不能被改变，但可以用它来推导一个新的 Progress 类型的值。

聚合

通常情况下，一些业务规则要求单个父对象中的数据在整个生命周期中保持一致。为实现这一目的，我们可以在父对象 A 上设置某些行为，同时改变其管理范围内的数据项。这种行为被称为原子操作，即以不可分割的方式同时更改 A 中受一致性约束的数据子集。同样，为了在数据库中维持数据的一致性，我们可以使用具有原子性的事务。数据库原子事务的目标是为正在持久化的数据创建一个隔离区域，确保数据在写入磁盘时免受外部干扰或更改。

在领域建模中，聚合用于维护父对象的事务边界。聚合至少包含一个实体，这个实体可以包含多个子实体和至少一个值对象，它们构成了一个完整的领域概念。这个外部实体，也被称为聚合根，必须具有全局唯一标识，因此聚合至少需要包含一个值对象，即它的唯一标识（ID）。实体的所有其他规则也同样适用于聚合。

以图 7.2 为例，假设其中的 PolicyQuote 是管理事务边界的根实体。事务边界是必要的，因为当聚合持久化到数据库时，所有的业务状态一致性规则必须在原子数据库事务提交时得到满足。无论我们使用关系数据库还是键值存储，单个聚合的完整状态都会以原子方式持久化。在有两个或更多个根实体状态的情况下，要满足这一点是不可能的，因此需要从聚合的事务边界角度来考虑问题。

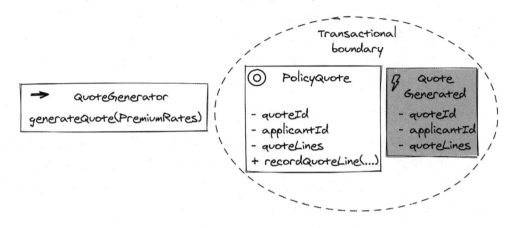

图 7.2　一个领域服务负责的小型业务流程

领域服务

有时，在建模过程中，我们需要一个操作来应用某些特殊的业务规则。然而，这些规则并不适合直接作为实体类型的成员来实现。这类情况通常出现在以下几种场景：操作需要提供超出实例方法所能涵盖的行为；操作需要涉及同一类型的两个或多个实例；操作涉及两个或多个不同类型的实例。在这些情况下，建议使用领域服务。领域服务提供一个或多个不明显属于实体或值对象的操作，同时服务本身不持有实体或值对象的状态。

图 7.2 展示了一个名为 QuoteGenerator 的领域服务。它接收一个名为 PremiumRates 的参数值，将其转换为一个或多个 QuoteLine 实例（它们包含特定的保险范围和保费），并将 QuoteLine 记录在 PolicyQuote 聚合上。请注意，在记录最终的 QuoteLine 时，会触发 QuoteGenerated 事件。

应用服务和领域服务之间的一个重要区别在于：应用服务不应包含业务逻辑，而领域服务则总包含业务逻辑。如果使用应用服务来协调这个用例，它会根据操作的结果控制事务的提交或回滚，但领域服务不会直接控制事务。

函数式行为

　　领域建模有很多种方法，但迄今为止，面向对象范式在其中占据了主导地位。然而，还存在一种方法，用纯函数（而非可变对象）来表达领域行为[①]。在第 8 章的"函数式内核与命令式外壳"一节中，探讨了函数式内核方法的优点，这种方法强调使用纯函数来表达领域模型。其结果是代码更可预测、更易于测试，且更易于推理。虽然使用纯函数式语言来表达函数式行为相对容易，但好消息是，你不需要从面向对象语言转换为函数式语言，因为函数式语言的基本原理几乎适用于任何编程语言。现代面向对象语言（如 Java 和 C#）也整合了函数式结构，甚至支持函数式编程。这使得用这些语言实现具有函数式行为的领域模型变得可行，尽管它们可能不具备完整的函数式语言所拥有的所有功能。[②]

　　在使用领域驱动设计方法进行领域建模时，将模型与函数式行为相结合的效果很好。Eric Evans 在《领域驱动设计》（见参考文献 7-2）中强调了使用"无副作用函数"的重要性，以避免产生副作用的操作所带来的意外后果。实际上，前文所述的值对象就是实现函数式行为的一种方式。当无法避免副作用时，如果没有对每个操作的实现都有深刻理解，则结果将难以预测。当副作用的复杂性不受限制时，解决方案会变得非常脆弱，因为其质量无法得到保证。避免这种困境的唯一方法是简化代码，这可能至少包括采用一些函数式行为。函数式行为往往是有用的，并且实现起来工作量相对较小。（然而，两种范式都有大量编写不佳的代码的例子，因此不要指望函数式编程是解决所有问题的银弹。）

　　考虑一个基于风险和费率的保单报价的例子。负责 NuCoverage 核保上下文的团队决定在建模 PolicyQuote 时采用函数式行为方法。

---

① 有些人会说这是"更好的方法"，以强调最近对函数式编程范式的炒作，可能使面向对象编程显得过时。然而，作者认为每一种编程范式都有其优势和劣势，没有一种范式能够适用全部场景。

② 随着新版本的发布，一些面向对象语言也加入了函数式编程的功能。这导致多范式语言的出现，使得从面向对象编程转换到函数式编程，再转换回来变得更加容易。关于在语言中混合多种范式是否高效，以及是否在某种程度上妨碍了软件模型的表达力，仍然存在疑问。

```
public record PolicyQuote
{
    int QuoteId;
    int ApplicantId;
    List<QuoteLine> QuoteLines;
}
```

在本例中，PolicyQuote 被建模为一个不可变的记录，这意味着其状态不能发生改变。这至少有两个好处。

- PolicyQuote 实例可以被传递给不同的函数，而不用担心这些函数会修改它们的状态，这样可以消除与可变对象相关的不可预测性。
- 实例可以在跨线程的并发环境中共享，因为它们的不可变性消除了锁和死锁的可能性。

尽管这些要点可能不是 NuCoverage 团队的主要决策因素，但了解这些额外的好处对于指导设计过程也是很有帮助的。

当采用函数式行为时，第一步是定义不可变的领域概念结构。接下来，NuCoverage 团队必须使用纯函数来定义具体行为。其中一个操作是将 QuoteLine 实例记录到 PolicyQuote 中。使用传统的面向对象方法，你将调用 PolicyQuote 实例上的 RecordQuoteLine 操作，其内部状态会被修改，以记录新的 QuoteLine。但是，使用函数式编程方法，则这种修改行为是不允许的，因为 PolicyQuote 是不可变的，一旦实例化，就不能更改。不过，还有另一种方法，则完全不需要任何更改。RecordQuoteLine 操作可以实现为一个纯函数。

```
public Tuple<PolicyQuote, List<DomainEvent>> RecordQuoteLine(
    PolicyQuote policyQuote,
    QuoteLine quoteLine)
{
    var newPolicyQuote =
        PolicyQuote.WithNewQuoteLine(policyQuote, quoteLine);

    var quoteLineRecorded =
        QuoteLineRecorded.Using(quoteId, applicantId, quoteLine);

    return Tuple.From(newPolicyQuote, quoteLineRecorded);
}
```

在这个例子中，RecordQuoteLine 被定义为一个纯函数：每次用相同的值调用该函数时，都会产生相同的结果。这与数学上的函数类似，例如函数 $power = x \cdot x$，传入 2 作为输入参数，始终会返回 4。RecordQuoteLine 函数仅返回一个元组[①]，该元组由一个新的 PolicyQuote 实例和附加了新 QuoteLine 的 QuoteLineRecorded 领域事件组成。

请注意，输入参数 policyQuote 永远不会被修改。这种方法的主要优点是，RecordQuoteLine 函数提高了其行为的可预测性和可测试性。因为不存在任何可观察的副作用或意外的状态修改，所以不需要查看此函数的实现。

函数式编程的另一个重要优势在于，如果要组合的函数的输出类型与组成它的函数的输入类型匹配，那么纯函数就可以很容易地组合在一起。这个话题超出了本书的范围，但在后续的 *Implementing Strategic Monoliths and Microservices* 中提供了详细说明。

函数式行为的主要结论是，它简化了模型中使用的抽象概念的外观，并提高了它们的可预测性和可测试性。考虑到现代面向对象语言的能力和它们所提供的好处，人们有强烈的愿望去使用函数式编程。至少在开始时，可以尝试使用"函数式内核与命令式外壳"的方法进行函数式编程。

应用工具

领域建模是最适合实验的地方之一，这体现为第 3 章描述的事件优先的实验和发现。实验应该快速进行，使用最能描述所建模业务概念的名称和行为表达。这可以通过便利贴、虚拟白板和其他协作绘图工具来完成，当然也可以在源代码中完成。本书的其余章节会应用这些工具。

这些建模技术的许多示例可以在《实现领域驱动设计》和快速入门指南《领域驱动设计精炼》中找到。

---

① 元组代表了多个任意类型的组合。在这里，PolicyQuote 和 List<DomainEvent>被视为一个整体。元组在函数式编程中非常常见，因为一个函数可能只返回一种类型的结果。元组是一个持有多个值的单一值。

小结

本章详细讨论了领域驱动设计的战术建模工具，包括实体、值对象和聚合。如何正确使用这些工具取决于所面临的建模问题。此外，函数式行为是另一种建模方法，可通过纯函数而不是可变对象来表达领域模型行为。

本章的主要内容如下。

- 使用实体来建模具有唯一标识、完整生命周期和状态的概念。
- 值对象负责封装数据属性，这些属性共同构成一个值，同时提供无副作用的行为。值对象是不可变的，没有唯一识别的 ID，仅通过其类型或属性组合的整体值进行识别。
- 聚合是用于表示整体概念的模型，它可以由一个或多个实体和/或值对象组成。父实体定义了事务一致性边界。
- 使用领域服务来建模一些无状态的业务操作，这些操作不应当作为实体或值对象的行为。
- 函数式行为将业务规则置于纯函数中，这并不要求使用函数式编程语言。换言之，你可以使用现代面向对象语言（如 Java 或 C#）来实现纯函数。

至此，第 2 部分已结束。接下来的第 3 部分是"事件优先架构"，将探讨以业务需求为导向的软件架构风格和模式。

第 3 部分

事件优先架构

内容提要

这一部分主要介绍软件架构模式和方法，它们造就了具有高度通用性和适应性的应用程序和服务。这部分内容具有较强的技术性，对那些不经常开发软件的人来说，通过那些说明性图表和解释，也可以理解本部分的内容。我们建议高管和经理们至少要对如何做出好的软件架构决策有一个基本的了解，从而帮助员工避免做出错误的决策。掌握这些知识，高管和经理们就可以自如地与软件架构师和开发人员交流，询问并质疑他们所做的选择，以确保他们的选择能够经得起时间和变化的无情考验。

第8章　基础架构

"九层之台，起于累土"，每个软件架构都是一点一点构建的。本章内容提供了构建软件架构的"砖瓦"。不出所料的是，要想软件的架构能够承载软件开发生命周期中的任何决策，就必须建立并遵循一系列基本原则，从而保证架构具有足够的灵活性。

- 了解常用的软件架构风格和决策，以及它们的适用场景。
- 使用端口–适配器模式构建灵活的架构，为不期而来的需求决策留出空间。此外，在构建特定上下文时，端口–适配器模式提供了可供参考的 4 种不同的选择。
- 使用模块来划分单体、微服务或两者的混合体中的上下文。
- 了解 REST 这种广泛使用的、浏览器到服务器的网络通信格式。同时，了解 REST 的适用场景比大多数开发人员想象得要通用很多。
- 掌握架构的主要跨功能性需求：安全性、隐私性、性能、可伸缩性、弹性和复杂性。

第9章　消息驱动和事件驱动架构

消息驱动和事件驱动的架构有诸多好处。请求–响应模式可能会导致多种故障，其中最棘手的是级联故障。分布式系统运行在网络（或云，甚至多个云），其规模往往是难以准确预测的，因此需要容忍延迟。对于这类系统来说，最好能够在架构设计上优雅地处理延迟，而消息机制恰好满足这种需求，一般通过向消费者发送事件来实现消息传递。这种方法几乎消除了对网络延迟的担忧，使得构建响应更快、更具弹性和可扩展性的系统成为可能，因为基于消息的架构能够良好地支持具有弹性和可扩展性的系统及其内部组件。

- 在大型系统中，一个常见的场景是多个业务功能在同一个工作流程中按步骤一个个进行下去。例如，当申请人要求购买保险时，需要经过以下步骤：（1）对申请进行正确性和完整性的校验，（2）对申请进行风险评估，判断是否可接受，（3）计算保险费率，（4）生成报价单，（5）申请人决定是否接受报价，如果报价被接受，那么（6）保单就生效了。

所有的步骤都必须由系统管理。本章解释了两种不同的管理方式：协调式和编排式。

- 协调式（Choreography），是一个类似于舞蹈排练的过程。在这个过程中，履行一个给定的工作流程步骤的决定是由各个子系统决定的。每个上下文子系统都有各自的触发机制，如事件通知，这预示着一个给定的步骤接下来将发生。这种流程设计最适用于步骤较少、较简单的工作流程。
- 编排式（Orchestration），则类似于乐团排练，由一个中央控制机制来指导工作流程，通过命令的方式决定每个步骤何时进行。常用于包括多个复杂步骤的流程，例如保单核保工作流程。
- 越是简单明了的方案，越是最好的方案。例如，将事件通过请求–响应模式发送给相关的子系统。这种方案将事件记录存储在磁盘文件中，类似于 Web 服务器的静态内容（如 HTML 页面和图像），在每次收到请求时都向请求方发送一份记录。这种方案依赖网络的规模和性能。虽然服务器偶尔会无法响应，但一般情况下这是可以容忍的。客户端需要接受与服务器通信时存在延迟这一现状。

- 引入一种用于跟踪系统中所有数据变化的架构，这样就可以在系统的生命周期中保持对修改的审计跟踪。当政府或行业法规要求证明哪些数据发生改变及何时发生改变时，这种方法最为合适。

- 有时，将用户对数据的更改（命令）与查询分开是有益的。当用户在查询时需要看到丰富的信息结构，而在更改（命令）时只需要变更为有限的数据时，也应该这样做。这种分离的架构技术区分了用于查询的数据和用于变更的数据，因此双方都可以根据其使用方式进行定制优化。

不用成为一名软件架构师，也能体会到第 3 部分各章中提供的架构指导所蕴含的简约的力量。我们认为每一位将软件创新作为竞争优势进行投资的高管和其他资深经理，都必须熟悉企业做出的架构决策。本部分旨在为高管和软件开发人员提供一份高度可行的架构指导。

第 8 章

基础架构

每一本讨论软件架构的书都试图对"软件架构"下一个定义，比如：

软件架构是程序或计算系统的一个或多个结构，包括软件元素、软件元素的外部可见属性，以及它们之间的关系（见参考文献 8-12）。

系统的基本组织体现在它的组件中，它们彼此之间的关系，与环境之间的关系，以及指导其设计和进化的原则中（见参考文献 8-8）。

所有的架构都是设计，但并非所有的设计都能称得上架构。软件架构是系统设计过程中的重要设计决定的集合，可以通过变更成本来衡量每个设计决定的重要维度。每个软件密集型系统都有自己的架构：有些是精心设计的；少数是偶然完成的；大多数是在手忙脚乱中凑合出来的。所有精心设计的架构都来自一个活生生的、充满活力的审议、设计和决策过程。

——Grady Booch

这些定义都很好，但相对比较隐晦，并没有说得很直白。所以作者尝试对软件架构再下一次定义，它代表了本书所讨论的内容，并且已经经过了几年的实战检验。

作者认为定义软件架构要借助的 3 个要点是：（1）架构是团队沟通的结果。沟通可以增加对业务目标的共同理解，可以平衡不同利益相关者的目标，还可以促进理解和处理与质量属性相关的特性。换句话说，没有目的就不可能有好的架构；没有交流活动来沟通架构意图，就无法很好地理解目的。（2）架构意图包括一系列面向当前和未来的决策，这些决策通过指定有目的的柔性约束来支持每个系统和服务的开发工作。（3）架构意图和决策需要表现在图表和文档等可见的地方，也需要表现在具有模块化结构和明确的组件间协议的软件中。

请注意，在定义这 3 部分时需要进行大量的沟通工作，而这正是传统架构定义所缺乏的。健全的架构不可能凭空出现。上述定义中没有给出任何有关工具或格式的具体建议，因为这些应由相关的团队来选择。通过交流来沟通软件意图是必要的，但是理解和表达该意图的方式应该由创建它的人来决定。接受反馈是一项需要培养的宝贵技能。

作者还推荐阅读沃恩·弗农系列图书中的另一本书，即由穆拉特·埃尔德、皮埃尔·普鲁尔和约恩·伍兹共同完成的 *Continuous Architecture in Proutice*。该书就如何持续影响软件架构提供了深度见解，并为解决关键质量属性（如安全、性能、可伸缩性、弹性、数据和新兴技术等）和其他多个问题都提供了深入指导。该书通过一个从头到尾的案例研究回答了这些问题（见参考文献 8-4）。

> 许多普通程序员认为软件架构只是一种用来寻求更高薪水的既形式化又无用的措施，因此他们最终抛弃架构也就不足为奇了。虽然确实存在过度工程化的架构，但这往往来自那些经验尚不成熟的人。如果你认为好的架构太贵了，那么试试坏的架构？
>
> ——Brian Foote（见参考文献 8-2）

你可以现在就接受架构所需的成本，或往后顺延。作者认为现在付是最好的。而且好的架构也不需要太过昂贵。本章内容支持这一说法，并帮助你摒除过度工程化的架构。

我们将考虑采用支持事件优先的架构风格或模式。在前几章中，我们理解了业务驱动，现在将用它来指导我们如何做出整体架构上的明智决策以支持业务目标。仅仅因为某种架构看起来可用或时兴而采纳它是非常危险的。架构本身并没有天生的收益，而架构决策的目的是实现质量属性要求，例如灵活性、安全性、性能和可伸缩性。如果无法满足这些要求，架构决策不仅是毫无意义的，还会产生负面的影响。过于深入的细节超出了本书的讨论范围，但我们将在后续的 *Implementing Strategic Monoliths and Microservices* 一书中继续探讨这个话题。

接下来，我们需要根据架构的优缺点进行选择。与软件开发中的其他决策一样，架构决策可能会带来正面或负面的结果。

架构风格、模式和决策

必须强调的是，并非每种架构风格或模式都适合任何业务、技术、规模、性能或吞吐量限制要求。特定的约束条件集合将推动产生有针对性的架构。同样，不是每个限界上下文在业务战略目标方面都同等重要，这将对架构决策产生重要影响。

这里将讨论系统级和服务/应用级架构。系统级架构定义了各种子系统如何协同工作，关注于多个子系统共有功能的质量属性，包括软件协作和集成。服务/应用级架构决定了单个系统（服务/应用）如何处理与其自身关键特性相关的质量属性问题。

第 2 章讨论了 ADR，这是一种记录有关软件架构的每个业务和技术决策的方式。团队可以使用 ADR 来解释为什么选择某种风格和模式，但也需要在 ADR 中强调在特定解决方案中使用这些选择的潜在负面影响。

端口-适配器架构

端口-适配器架构，有时也被称为六边形架构，是最通用的架构风格之一。这种架构继承了传统的分层架构的概念（见参考文献 8-10），而且具有所需开销要小得多的额外优势。它具有现代软件开发理念的明显优势，如测试和松耦合。

> 应用应能平等地被用户、其他程序、自动化测试或脚本驱动，也可以独立于其最终的运行时设备和数据库进行开发和测试（见参考文献8-9）。

有时，由于外部设备和其他通信机制与我们的软件的交互方式存在巨大差异而引起问题。这些机制可能是浏览器、手机或平板电脑、另一个服务或应用程序、流媒体或消息资源、批处理程序、测试脚本或其他计算资源。服务或应用不应该直接暴露在与外界的交互中，因为会干扰技术独立的业务逻辑和流程。

为了避免服务或应用程序与各种输入输出设备和通信机制直接耦合导致的潜在问题，应当在这两组关注点之间创建一个适配器层。如图 8.1 所示，端口-适配器架构定义了内外分离。外部的左边是一些驱动程序类型，也称为主要参与者，如 HTTP、外部调用的程序或函数、流数据或消息。外部的右边则是一些被驱动的类型，也被称为次要参与者，如支付网关、数据库、过程或函数的外部调用，以及流数据或消息。端口由内部圆形区域周围的粗体边框显示。

> **注意**
>
> 左外部的驱动参与者发送请求或通知，外部驱动的参与者由内部的应用程序驱动完成用例。有些用例是双向的，同时具有请求和响应；其他则接收单向的通知。左外部的适配器需要将传入的请求或通知调整为应用程序可以消费的数据类型，以执行其支持的用例。应用程序通过右外部的适配器来持久化和查询，并传递通知。只有左外部知道内部用例的存在。右外部驱动的参与者对用例一无所知。

图 8.1 中并未包含所有输入和输出的适配器类型，每个适配器都可以创建多个实例。图中所示的适配器只是服务和应用程序通常使用的类型之一。例如，数据库适配器并不仅限于单个数据库类型或实例，数据流和接收器适配器也不仅限于单个数据流和接收器，消息主题适配器也不仅限于单一的消息主题。图 8.1 中的元素代表的是许多可能性。

端口–适配器架构的优势如下。

- 每层都可以独立测试，这意味着测试时不需要特定应用的实现，应用程序可以在没有任何特定的适配器实现的情况下进行测试。
- 所有适配器都可以支持 mock/fake 和真实设施。(mock/fake 用于测试那些依赖适配器的组件)。
- 真实设施可以有多种实现类型，如 Postgres、MariaDB、HSQLDB、AWS DynamoDB、Google Cloud Bigtable 或 Azure Cosmos DB 等。
- 无须进行大量的前期架构和设计，可以根据需要引入新的适配器类型，从而使团队可以采用更加敏捷的架构设计来应对紧急需求。
- 多个外部适配器可以使用同一个内部应用层组件。
- 完全隔离应用程序与外部的技术细节。

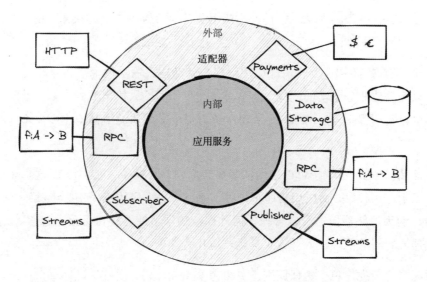

图 8.1　端口–适配器架构，也被称为六边形架构、整洁架构和洋葱架构①

这种架构也会有一些缺点，取决于你在集成外部机制方面所做的选择。

- 使用对象关系映射（ORM）可能会带来更多的复杂性。不过，这个缺点是由于选择了这种持久化集成方案，而不是因为端口–适配器架构本身的必选。

- 领域模型可以通过一个接口与远程服务和应用程序集成，但接口实现可能会暴露底层实现的细节，例如由网络和服务故障导致的异常和错误。这个问题可以通过一些手段来避免，包括本章和第 9 章中讨论的方法。比如，使用函数式内核与命令式外壳可以完全隔离领域模型与外部远程集成。命令式外壳必须独立完成所有的集成工作，不需要涉及函数式内核。函数式内核只提供纯粹的、无副作用的函数。

- 其他缺点可能包括：由于需要更多的层级而增加了复杂性；架构的创建和维护成本；缺乏关于组织代码（结构和层次）的指导。作者并没有遇到过这些问题，并怀疑那些提出这类问题的人是否了解端口–适配器架构，以及是否阅读过相关文献。经验表明，一个基本的、结构良好的架构可以在几分钟内构建完成，其层数远远少于典型的分层架构。所选择的设施和相关的适配器会增加系统的复杂度，

---

① 有些人认为洋葱架构更接近于分层架构，因为它没有根据适配器来区分外部和内部。有些人认为洋葱是分层的同义词。与其让几千人抱怨我们漏掉了洋葱架构，不如在这里提一下，并附上一个潜在的注意事项（或者说一个细微的差别）。

但这些与架构风格无关。即使不使用端口–适配器架构，这类系统的复杂性也不会有丝毫降低。

端口–适配器架构可以将内部应用程序与外部输入输出的细节相互隔离。内部应用程序只需关注业务驱动的用例，而不必关注具体的输入输出方式。多个不同类型的适配器可以重用应用程序的端口，从而避免为每个适配器类型都构建一个单独的端口类型。

设计端口–适配器架构可以采用依赖反转原则（见参考文献 8-13）。这意味着基础设施依赖于应用程序，而应用程序不依赖于基础设施。应用程序不必依赖于具体的外部设施，因为适配器接口可以管理任何外部依赖。适配器接口可以通过服务构造器/初始化器或容器的依赖注入等方式提供给应用程序。

适配器应该遵守单一责任原则（见参考文献 8-13）。也就是说，单个适配器应该专注于特定的输入输出，而不考虑其他因素。任何适配器都不应该依赖于其他适配器。

有些人认为端口–适配器架构是一种过于重量级的架构风格，但实际情况并非如此。如图 8.1 所示，端口–适配器架构恰好包含了所需的适配程序种类和数量，并且只有两个主要层级。

当然，任何架构风格和模式都可能过度工程化。不要指望端口–适配器架构能够完全避免这种情况。如图 8.2 所示，内部应用程序是相当灵活的，该模式并没有定义应用程序应该如何工作。此外，图中每种模式都有其优点，但任何一种模式都不特别复杂。

包含事务脚本的服务层

服务层的描述如下：从客户端接口层（如端口和适配器）的角度定义应用程序的边界及其可用的操作集。服务层封装了应用程序的业务逻辑，控制事务，并协调其对每个操作的响应。

服务层是针对特定应用提供的服务，通常称为应用服务（Application Service），如图 8.2 中第一行所示的两种服务。在图的左上方是一个仅由应用服务组成的服务层。这个例子使用了某种形式的事务脚本、活动记录或数据访问对象。这 3 种模式用于创建、读取、更新和删除（CRUD）操作，而不会引起领域模型的负担。当限界上下文主要关注于数据收集和执行简单的创建和更新操作，以及偶尔的删除时，它们都很有用。这些操作没有业务驱动的复杂性。正如第 2 章 "利用 Cynefin 进行决策" 一节中所述——它们是清晰的、明显的、简单的。如果应用服务的主要工作是读写数据，则对数据访问进行封装所带来的价值微不足道。

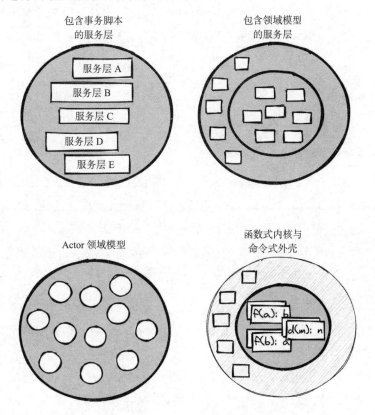

图 8.2　具有不同应用类型的端口–适配器架构

包含领域模型的服务层

在图 8.2 右上角的服务层中，应用服务在应用层下方的软件核心中有一个领域模型。如第 7 章所述，它主要解决一个核心的、有差异化的创新业务软件中的领域[①]复杂性。在图 8.2 所示的系统中，应用服务用于管理用例协调和包括事务在内的数据库

---

① 在这里，领域即一个知识领域。

使用。①

Actor领域模型

Actor 领域模型是一种基于消息驱动的对象模型，在高并发和可伸缩的计算环境中提供了特殊的隔离，具体细节可见第 9 章②。传入适配器将直接分配到领域模型对象中。虽然没有应用服务，但领域模型也可以提供基于 Actor 的领域服务。

这个实现展示了端口–适配器架构最简单、最准确的一面，将巨大的能量打包到一个小小的形状因子中③。通过设计，Actor 之间是物理隔离的，这更加强调了业务逻辑和基础设施之间的区别。

函数式内核与命令式外壳

函数式内核与命令式外壳在端口–适配器架构与函数式编程之间架起了桥梁。尽管受函数式编程的启发，但函数式内核依然适用于非纯函数式的编程范式。例如，函数式编程的基本优势可以通过面向对象的编程语言实现，如 Java 和 C#。这种方法的目的是编写纯粹的函数式代码以构建领域模型，同时将命令式代码的副作用④转移到外部，即所谓的命令式外壳。这样一来，函数式内核是可预测的，更容易测试，并且可以用在最需要它的地方。

在函数式内核中，可预测性源自一个事实，即纯函数对于相同的输入总是返回相同的输出，并且从不引起明显的副作用。同样地，纯函数也更容易测试，因为它的重点是有意义的输入和输出。因此，不需要创建 mock 或 stub，也不需要额外的单元测试知识。实际上，完全避免 mock 是函数式内核与命令式外壳的目标之一。

---

① 用例和事务可以通过其他方式来管理，比如在适配器中，就不需要服务层。即便技术上你能这样做，但要注意不要把太多的职责放在适配器上。

② 与包含领域模型的服务层不同，底层 Actor 平台的设计是为了减轻开发人员的负担，而不是将这些负担转移到开发团队的其他地方。

③ 尽管形状因子通常是一个硬件术语，但在这里似乎是合适的，因为 Actor 领域模型中的单个 Actor 被称为微型计算机。

④ 副作用指修改一些状态变量的值会影响外部环境；换句话说，除了向操作的调用者返回一个值（主要作用），该操作还有一个明显的外部影响。典型的例子就是 I/O 操作，如网络调用或数据库调用，都是副作用。

另一个优点是，当领域代码通过接口调用具有副作用的领域服务时，会降低泄漏技术问题的风险。例如，在使用 REST 时，不仅会遇到预期的错误，如 404 Resource Not Found，也可能能遇到非预期的错误，如网络故障。测试错误处理逻辑是很有挑战性的，如果不能慎之又慎，错误会在整个领域模型中传播。这个问题的细节超出了本书的讨论范围，我们会在后续的书中继续讨论。

端口–适配器架构的模式比较

表 8.1 比较了上面描述的端口–适配器的 4 种模式，并概述了它们在有效性、复杂性、模型隔离性、可演化性、质量属性和可测试性方面的不同。

模块化

模块化的重要性毋庸置疑，在前面的章节中也举了一些例子进行证明。本节将重点关注架构的模块化。图 8.3 是一个模块化单体的例子。

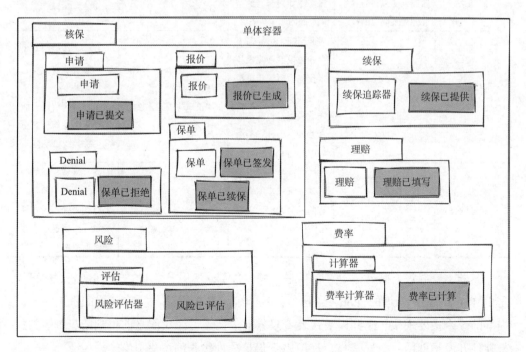

图 8.3　一个有 5 个限界上下文模块的单体容器

表 8.1　不同架构方法在领域模型实现中的比较及其影响

性能	包含事务脚本的服务层	包含领域模型的服务层	Actor 领域模型	函数式内核与命令式外壳
是否隔离领域模型	没有，仅关注数据更新	是	是	是
业务复杂度	低，业务规则不多或没有，主要以数据为中心	高	高	高
领域模型与基础设施的隔离	技术开销低，但没有领域模型，所以主要涉及数据访问封装。非常接近基础设施，这会给长期维护带来风险	领域模型与基础设施隔离良好，但需要不断努力以保持隔离不受基础设施的影响。可能需要应用程序服务进行协调	领域模型与基础设施隔得非常好。隔离内嵌在底层 Actor 领域模型的实现中，这有助于维护领域模型，同时使它们不受任何基础设施问题的影响	领域模型与基础设施隔得非常好，因为它基于纯函数。这种设计可以防止纯函数直接与基础设施交互产生副作用，从而保证领域模型的隔离性
可演化性	低，缺乏领域模型，使得向更复杂的业务场景发展变得困难	中到高，取决于领域模型如何与其他基础设施问题保持隔离	很高，添加业务行为非常简单	很高，添加业务行为非常简单
可扩展性、性能和并发性	很低	低到高，可能需要在领域模型中实现技术代码，以满足可扩展性和并发性要求。领域模型本身并不适合并发，因此必须由周围的代码来处理	很高，Actor 领域模型的实现保证了开箱即用的可扩展性、性能和并发性	高，领域模型基于纯函数，这意味着它支持高并发。但是，命令式外壳代码可能需要努力才能使其更具可扩展性和性能
可测试性	低，管理基础设施相关问题会很困难	高，领域模型有很好的隔离，因此很容易测试	高，每方面都是可测试的	高，领域模型的测试非常简单。但是，命令式外壳不太容易测试，只能通过集成测试来覆盖

　　容器本身并没有特殊之处，它只是一种软件部署方式。它可以是 Docker，也可以是由 Kubernetes 管理的 Pod 运行时环境。当然，本节提到的单体容器的重点在于其内部的 5 个主要模块，这些模块代表着限界上下文。正如我们之前提到的，单体架构是软件开发早期的一个好选择，长期来看仍是一种优秀的解决方案。

　　这 5 个模块部署在同一个容器中，并不意味着限界上下文模块之间耦合紧密，或存在任何双向依赖关系。就像微服务之间不能存在这种依赖关系一样，限界上下文之间也决不能存在这种强依赖关系。通过上下文映射图可以实现限界上下文之间的松耦合，本书第 6 章中有所描述。图 8.3 显示了发布语言是如何在上下文之间形成的。此外，相关事件可以通过异步消息传递机制在上下文之间流通，即使在单体中也是实用的，但要注意尽量选择轻量级的方案。

在这 5 个限界上下文中，每个模块都使用各自统一语言的内部模块。每个内部模块都包含内聚的模型组件，不依赖于其他模块，至少没有循环依赖关系。

随着时间的推移，人们发现风险和费率两个模块的变化速度明显快于其他 3 个模块；而且它们的变化方式也各不相同。基于这一现象，团队决定将风险和费率模块拆分成两个独立的微服务。图 8.4 显示了拆分后的结果。现在我们有了 3 个独立的容器，它们与原来的单体容器具有相同或相似的性质。它们可能每个都是容器，也可能包裹在各自的 Kubernetes Pod 里。

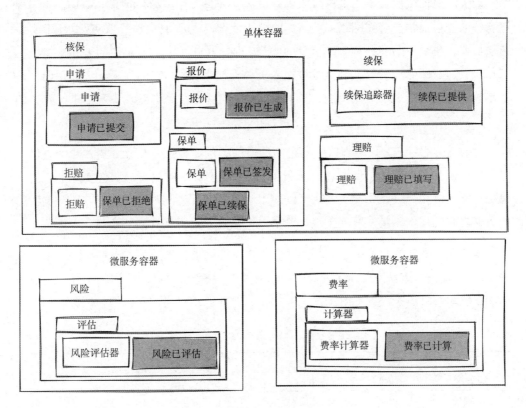

图 8.4　一个单体容器和两个微服务容器，总共 5 个限界上下文

3 个独立的容器通过网络互相通信，这就引入了分布式系统相关的挑战。但是，如果在最初创建单体架构的过程中就注意到一些事项，那么模块化上下文之间的消息传递机制，应该会迫使消息发布者和订阅者在设计时就考虑非确定性延迟、无序的消息和多重投递等问题。前文中提到，最初为单体引入的消息传递机制是轻量级的，现在我们会用一个更强大的机制来取代它。当涉及云计算网络和其他基础设施时，可能会有一些额外的挑战，但它们不应该是那么的出乎意料，至少不像人们听到网络不是"免费午餐"时那么意外。

上述变化率和不确定的消息传递驱动因素都表明，系统架构是为业务目标服务的，而不是为了满足架构师的好奇心。

REST 请求–响应

REST 架构风格和模式支持应用程序资源交换过程中产生的请求和响应。应用程序状态的交换通常要依靠网络。REST 的工业标准实现是 HTTP，它不仅是一个网络传输协议，也是一个交换和修改信息的协议。HTTP 甚至通过超媒体的方式支持应用工作流，这意味着相关数据的链接被嵌入资源交换中。HTTP 的请求方法是动词，最基本的 4 个是 POST、GET、PUT 和 DELETE。这些方法可以对资源实体进行完整的操作。

REST 通常用于客户端与服务器之间的通信，例如浏览器和服务器之间的通信。它经常被认为只对创建、读取、更新和删除（CRUD）的应用有用，但实际上它的用途更广泛。例如，限界上下文之间可以使用 REST 进行集成。本章重点讨论浏览器和服务器之间的用例。第 9 章将重点讨论 REST 在限界上下文之间的集成。

虽然业界熟知的只有上述 4 种方法，但作者还提倡使用第 5 种方法：PATCH。如表 8.2 所示，这种方法支持部分更新，可以对实体资源进行精确的更改。有了 PATCH，CRUD 的缩写可以扩展为 CRUUD，其中第 2 个 U 表示只更改实体的一部分。

表 8.2　包括部分更新的 CRUUD

POST	创建
GET	读取
PUT	更新

续表

PATCH	部分更新
DELETE	删除

在使用 PUT 更新实体时，其目的是替换整个实体。此时，如果实际只有实体的一小部分发生了更改，服务器的应用程序就很难确定发生了什么具体的更新。如果用例是为了生成基于具体更新的结果，那么要求的细粒度识别就过于复杂了。这将导致事件粒度变得非常粗。当实体的全部状态被打包到单个事件中时，同时该事件的命名也不够精准，比如 Application Updated，那么这个事件在携带了所有变化数据的同时，无法表达任何业务意义。事件的消费者必须根据之前的状态数据找出差异；否则，消费者可能会以破坏性的或引起错误的方式修改全部状态。

然而，使用 PATCH 可以避免这种问题。如图 8.5 所示，在使用 PATCH 时，只更新部分数据可以直接确定用例中基于事件的细粒度结果，因为知道哪个部分发生了变化。这种架构的关键优势是可以更快地执行后续的风险重新评估和费率重新计算，因为只有有限数量的特定事件精确地传达了数据更改，而不是整个实体状态。

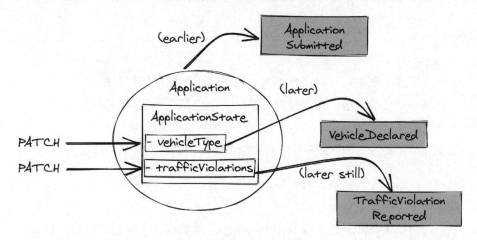

图 8.5　执行 CRUUD 部分更新，使得准确识别事件类型及其内容变得简单

注意事项

PUT 也可以完成类似于 PATCH 的操作，但需要在提交的实体中明确指出哪些内容发生了变化。使用 PUT 可以减少 PATCH 所需的 URI，这被认为是一种

> 减少客户端暴露 URI 的方法①。不过，如果团队采用了 HATEOAS 的思想②，客户端就无须硬编码访问 URI 资源。

第 9 章讨论了 REST 如何支持消息和事件驱动架构。

质量属性

基础架构包括许多质量属性。在众多的质量属性中，我们选择了一些最需要关注的属性进行讨论，它们分别是安全性、隐私、性能、可伸缩性、弹性和复杂性。接下来将讨论每个属性所涉及的权衡问题。

> **注意事项**
>
> 有兴趣了解更多有关质量属性内容的读者可以参考 *Continuous Architecture in Practice* 一书，这是沃恩·弗农系列图书中的一本。

安全性

如今，很难想象一家公司在开展其业务活动时不使用任何在线技术。然而，将企业暴露在部分开放的网络中也可能存在危险。无论是公开访问的网站、开放的 API，还是通过私有网络或 VPN 与合作伙伴进行的各种各样的集成，开放任何访问方式都可能对企业安全造成威胁。

例如，数据可能会被盗或被破坏，计算资源可能会感染病毒。此外，某些攻击和渗透需要相当长时间的检测才能发现，甚至可能造成严重损害之后才发现。在最坏的情况下，这些损害可能导致企业倒闭。这些潜在的威胁让安全团队的成员寝食难安。

---

① PUT 的开销：完整的实体有效载荷必须经过网络传输两次；客户端必须了解如何标记部分改变的实体；而服务器必须知道如何通过标记进行分发。

② 很多人不知道该如何读 HATEOAS，其实它是超媒体即应用状态引擎的缩写（Hypertext As The Engine Of Application State）。它代表了这样一种观点：一旦客户端知道了一个顶层 URI 的 GET 操作，其他资源地址就可以通过该请求的返回内容中的链接获得。最终，客户端可以通过多次 GET 请求浏览服务/应用程序向客户提供的所有资源。

让我们回顾一下历史上最具破坏性的网络攻击案例之一（见参考文献 8-5）。有个名为 NotPetya 的恶意软件在首次出现数小时后，便从乌克兰的一家小型软件企业蔓延至全世界。它使得包括联邦快递、TNT 快递和马士基公司在内的全球航运公司瘫痪了数周，造成的损失超过 100 亿美元。虽然并非每一次网络攻击都会有如此广泛的渗透力和如此严重的后果，但根据 Juniper 公司和福布斯的研究数据，在 2019 年仅网络犯罪就造成了 2 万亿美元的损失。此外，据估计，2021 年网络犯罪造成的总损失额可能达到这个数字的 3 倍。马里兰大学最近的研究发现，每 39 秒就会发生一次网络攻击。安全公司 McAfee 的报告显示，每分钟会有 480 个新的安全威胁产生。而 Verizon 公司的一份研究报告称，相当大比例的数据泄露是由应用安全问题引起的，而不是由基础设施问题引起的（见参考文献 8-15）。

在开发系统时，完善的安全设计是非常重要的，但近十年来这一点却往往被低估了。安全必须作为架构设计的目标之一（见参考文献 8-11），安全设计必须是完备的（见参考文献 8-1）。否则，商业资产的泄露可能会导致难以承受的经济损失，公司的声誉也会在各种负面的头条新闻中一落千丈。通常情况下，安全性只有在事故发生后才得以加强，这导致系统长期面临着未知漏洞受到攻击的潜在风险。

需要注意的是，微服务存在不同的可攻击点，这增加了其面临威胁的严重程度。这些可攻击点通常来自服务的分布式状态、网络访问和分布式安全机制。相比之下，单体架构可以使用进程内的安全上下文，该上下文可用于整个应用程序。由于微服务是由多个分布式服务组成的，因此安全上下文必须从一个服务传递到另一个服务。

典型的服务间安全依赖关系包括用户身份的创建和验证。在单体中，用户可以在登录时认证一次，该认证结果可以用于每个模块，直到用户退出。然而，在构建微服务时，不可思议的是要求用户在使用每个服务前都进行一次登录操作。

在微服务架构中，正确地保障安全性是具有挑战性的。这引发了人们对系统可能存在漏洞的担忧。幸运的是，现代企业可以依赖完备的行业标准和丰富的工具来保障安全性。现代应用程序的开发人员必须确保下面两方面的安全。

- 认证（Authentication）：是验证试图访问单体或微服务的人或其他软件组件身份的过程。其主要目标是验证用户的凭证，如用户 ID 和密码，或访问 API 的密钥。业内有许多不同种类的认证协议，但最常用的是 OpenID Connect，它采用访问令牌（JWT）作为认证证明。

- 授权（Authorization）：是验证已通过认证的用户是否有权在特定的业务上下文和特定的数据上执行操作的过程。大多数情况下，这涉及基于角色的安全与相关的访问控制列表（ACL）或权限的组合，这些列表支持细粒度的授权。前者授予合法用户访问某些高级业务功能的广泛权限，后者通过确保每个组件都扮演必要的角色并持有所需的权限，授予真实的用户对特定组件进行特定操作的权限。

在现代的认证和授权协议中，安全访问和 Bearer Token 的使用非常重要，因此系统安全架构应该确保在 HTTP、RPC 和消息传递中使用这些令牌。这些访问、承载令牌经过了认证过程，是高度安全的，可以携带足够的信息来证明用户的真实身份和特定服务的使用权限。令牌在一定时间后会过期，但可以通过刷新来继续使用，这可以保证用户在保留正常的访问权限的同时，通过限制令牌的存活时间来防止攻击者破解令牌的加密机制。这种方法将加密方式变成了一个不容易被攻击的移动目标，从而进一步增强了安全性。

为了设计出安全的系统，在应用开发的早期引入以下实践是必要的。

- 安全设计：安全应该是在系统设计阶段要重点考虑的因素，而不是事后才加入的。系统性的设计可以带来更加健壮的安全机制，并能够达到最佳安全性的目标。
- 默认使用 HTTPS：传输层安全（TLS）旨在确保应用程序之间的隐私性和数据完整性。因此，使用 HTTPS 是必须的。为了使用 HTTPS，应该生成证书并使用它们来进行加密通信。证书授予客户端使用公钥（PKI）加密通信内容的权限，同时也可以用于验证证书持有人的身份。大多数云服务商都可以提供 HTTPS 证书。
- 加密和保护密钥（Secret）：应用程序可能会使用 API 密钥、客户端密钥（Client Secret）或其他凭据进行通信。所有这些密钥都应该被加密，并由第三方云服务来存储和管理。例如 Azure 的 Key Vault。
- 把安全检查作为部署流水线的一部分[①]：静态应用安全测试（SAST）工具可以分析源代码或编译后的代码，以帮助发现安全缺陷。将安全检查作为部署流水线的一部分，通过 SAST 工具的快速反馈来主动发现缺陷，而不是依赖后期发现漏洞。

---

① 这些技术是有帮助的，但工具存在缺陷，因此可能无法充分实现你的预期目标。SAST 工具只能找到有限的安全缺陷类型。因此，有必要进行其他安全测试，包括自动测试和手动测试。

- 不必自行创建加密机制：并非每个人都是安全专家，还要使用外部工具和依赖库。这些工具和库经过成千上万的开发者、系统和服务的使用，已经经过了充分的验证和测试。

在实现系统和服务时，无论是使用单体、微服务，还是两者混用，都还有许多其他安全相关的要点需要考虑。本节只是讲述了一些提高安全性的要点，后续图书将提供有关架构和实现安全的详细信息。

隐私性

近年来，随着存储设备价格的日渐走低，企业都希望能够采集和存储更多的数据，即便他们尚不能确定这些数据有没有价值，或最终是否会被丢弃。数据已经被公认为最有价值的商业资产，因此，即使存储的数据可能没有价值，存储费用也不足为虑。企业通过机器学习（ML）算法处理海量数据，可以获得有用的关于客户、竞争者和市场的知识，从而产生将数据转化为商业智能的机会。在这一过程中，企业总是可以采集一些与个人具体信息相关的数据。尽管这些个人数据有潜在的商业价值，但在存储和处理这些信息时必须慎之又慎。

存储大量个人数据是一把双刃剑。其中一个坏处是，当你持有大量个人数据或者一些高价值个人数据时，会成为网络攻击的目标。事实上，窃取敏感数据是网络攻击的最大目标之一，包括 Apple 公司在内的许多科技巨头都发生过客户信用卡信息失窃的案例。只存储企业运营所需的最低限度的数据可以消除这种安全威胁，因为它降低了企业作为目标的价值。

在一些国家，政府规定了如何收集、存储和使用个人数据。其中最著名的政策是"通用数据保护条例"（GDPR）（见参考文献 8-7），其主要目的是赋予个人对其数据的控制权。GDPR 规定个人有权删除其任何数据，例如电子邮件地址、身份证号码、IP 地址、姓名、街道地址、出生日期、年龄和性别等。该条例适用于欧盟国家境内的所有企业，但欧盟以外的其他国家也有类似的个人数据保护政策。在这些政策的管辖范围内运营的企业都必须遵守这些规定。

图 8.6 展示了必须引用隐私数据的事件如何从远端引用这类数据（从而使事件可以保持不变），隐私数据会一直存在于远端，直至其被删除。

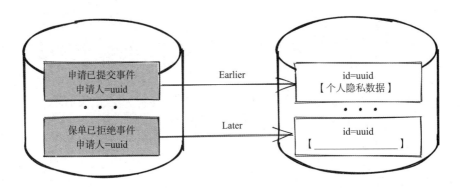

图 8.6　存储最低限度的可删除的匿名隐私数据

除图 8.6 所示的要素外，在处理与个人隐私有关的数据时，还有一些其他方法可以大幅减少工作量。最基本的方法要包含以下步骤。

- 存储最少量的个人数据。企业持有个人身份敏感数据越少，遵守隐私保护政策的工作就越少。欧盟国家境内的企业必须予以配合个人随时要求企业删除他们的个人数据，从而降低了这些个人敏感数据被盗的风险。

- 引入法务团队。充分与法务团队合作，熟知采集的用户隐私数据涉及哪些政策法规。

- 理解目的。确保充分理解存储数据的目的。

- 制定保管计划。制定明确的数据保管策略并加以实施。

- 知道哪些数据是可销毁的个人数据。根据 GDPR 的要求，企业必须有办法找到并删除与特定个人有关的所有隐私数据。

- 匿名化与分离个人数据。有些数据可能由于法律、审计或历史原因需要长期保留，例如使用事件溯源时的一些领域事件可能包含用户的敏感信息。在这种情况下，建议将数据隐私性作为一个功能来设计，而不是将其视为一个后期补丁。所有必须长期保存的个人数据都必须匿名化，并且不能从匿名化的内容中反向推导出任何个人信息。为了将匿名数据与其他数据关联起来，需要使用一个全局唯一的身份标识（ID），例如通用唯一标识符（UUID），取代实际的用户个人数据。该 ID 关联一条高度安全的存储记录。这样，所有持有个人数据的记录都可以根据要求进行删除。唯一的身份标识（ID）可能会继续存在，但仅指向非敏感数据。

全球各地的人们都在追求不被侵犯和监视的自由。系统应该为隐私而设计，但即使在美国这样的国家，要求人们遵守隐私法也非常困难（见参考文献 8-17）。当美国和其他非欧盟国家的企业期望在国际市场取得成功时，情况会更加复杂。

企业在收集、管理和保护私人数据时必须保持透明度，这是建立与客户和合作伙伴信任的基础。不幸的是，许多企业只有在经历数据泄露或其他负面影响之后才意识到保护隐私的重要性。只有保护了客户的隐私数据，人们才会相信该企业是以客户利益为中心的。为了实现这一目标，数据保护方案和应用必须成为系统架构设计的核心。

性能

性能问题最直接的表现是延迟。在微服务架构中，服务间的通信需要通过网络进行，因此增加了延迟。编码、解码数据及传输这些数据都需要时间。尽管我们可以通过光来传输数据，但由于我们使用的介质是光纤而不是真空，因此数据的传输速度仍然受到光在光纤中的速度影响。为了更好地了解光纤传输的延迟，表 8.3 展示了光在光纤中往返所需时间（以 ms 为单位）（见参考文献 8-6）。

表 8.3　光在光纤中往返所需时间   单位：ms

路　　程	往返所需时间
纽约到旧金山	42
纽约到伦敦	56
纽约到悉尼	160

在人类可观测的尺度上，几毫秒或十几毫秒可能看起来并没有多大差别，因此可能会被忽略掉。但是，计算机运行在一个更加精确的时间尺度上，常常以 ns 为单位来衡量计算机操作（1ns=1/1000000000s）。为了更加直观地说明延迟对生产力的影响，我们可以将计算机时间换算成人类的时间尺度。布伦丹·格雷格在他的书《性能之巅：系统、企业与云可观测性》中（见参考文献 8-14），将一个 CPU 周期等同于一秒钟，对各种计算机操作的相对时间都进行了映射。表 8.4 展示了这个映射结果，其结果十分令人震惊。

表 8.4　将以 ns 为单位的计算时间映射到 s

活　　动	实际延迟	换算到人类可观测的时间尺度的延迟
一个 CPU 周期	0.4ns	1s
读取一级缓存	0.9 ns	2s
读取二级缓存	2.8 ns	7s

续表

活　　动	实际延迟	换算到人类可观测的时间尺度的延迟
读取三级缓存	28 ns	1min
读取内存	约100ns	4 min
读取英特尔傲腾内存	小于 10μs	7h
NVMe SSD I/O	约25μs	17h
SSD I/O	50~150μs	1.5~4 天
机械硬盘 I/O	1~10ms	1~9 个月
网络操作：从旧金山到纽约	65ms	5 年
网络操作：从旧金山到香港	141ms	11 年

如表 8.4 底部所示，当映射为人类可观测的时间尺度时，一次网络通信需要几年才能完成。这是因为 65ms 和 141ms 之间有着许多亿纳秒的差距。

有人认为微服务间的每个网络操作的延迟都是线性累积的，这种说法并不准确。如果服务间使用异步消息传递机制，那么这些异步消息其实是并行的。通过发布–订阅（即展开）模式，生产者发送的一条消息可以传递给几乎无穷多的消费者。

一种缓解延迟的手段是在本地保存其他服务的数据副本，这种方式消除了不断读取某些特定数据所需的网络操作。当然，缓存他人的数据可能会引发其他问题，如缓存过期。操作已经过期的数据可能导致怎样的结果呢？这取决于数据本身，以及服务合同是否对准确性有要求（假设有人在合同谈判中意识到了这一点）。有些服务合同可以模糊一些，而有些则必须是精确的。可以通过丢弃过期数据、及时刷新数据或不缓存高度时间敏感的数据来规避缓存过期的问题。

更多的并行操作会减少整体延迟。如果解决一个问题所需的全部操作都可以并行，那么解决问题所花费的时间就是这一系列操作中最慢的那个操作所花费的时间。除访问数据库和传递消息所需的时间外，单体没有网络延迟，因为所有操作都是在进程内进行的。因此，即使所有操作都可以完全并行，单体仍然会更快，并且具有更高的吞吐量，特别是对于那些不容易扩展到多台机器的工作来说。

此外，性能与可伸缩性密切相关。一个会以相反的方式影响另一个，也就是说，它们之间具有反比关系。

可伸缩性

在深入研究单体和微服务架构的可伸缩性之前，需要考虑一下对计算资源的潜在需求。假设：

- 给一个单体和一组微服务都分配了相同的工作。
- 每个微服务都是：
  - 在 Docker 中运行。
  - 由集群管理工具（如 Kubernetes）来协调。
  - 使用日志聚合和监控。

即使在没有定量指标的情况下，我们也可以想象得到微服务需要承担一些单体不需要考虑的开销。微服务的优势在于能够提供更智能的资源使用。集群管理器可以根据特定组件的使用需求来分配计算资源，对于使用量较小的微服务来说，用到的资源可以很少。对于单体来说，情况则相反。因为单体只有一小部分需要大量的资源，对单体进行整体扩容会带来不成比例的成本开销。因此，微服务可以独立扩展资源密集型部分，而单体的每个实例都必须获得其资源密集型部分所需的峰值资源。

虽然单体不容易扩展，但并非完全没有解决方案。正如第 9 章 "无服务器架构和功能即服务" 一节所述，可以将云原生的模块化单体部署为无服务器函数[①]，并以最小的经济成本获得无限的可扩展性。虽然这种方法并非免费，但它是可行的。这要求系统必须具备好的设计，并能够满足一些云原生的设计要求。事实上，以无服务器的方式运行模块化单体和微服务都能带来同样的好处。

弹性：可靠性和容错性

弹性是衡量软件质量的一个特性，当系统中的小组件不可避免地发生故障时，弹性能够防止级联故障。模块化单体和大泥球单体之间的区别之一是，前者在设计时就

[①] 我们并不认为遗留的大泥球系统可以部署为无服务器实例。这里所说的单体是专门为无服务器化设计的，具有天然的云原生特性。将经过精心设计的单体部署为无服务器函数的主要好处在于降低了操作的复杂性。但是，如果将系统设计成数百个小型的功能即服务（FaaS）组件，则会增加复杂性。同时，无服务器解决方案在规模上会受到一些限制。在本书写作之时，一个 AWS Lambda 可以在 10GB 的内存中运行，比之前 3GB 的限制宽松了一些。

考虑了可靠性和容错性，这一点与微服务类似，但技术开销更少。在同一个进程内，无须复杂的机制来保证可靠性。相比之下，大泥球单体则是不可靠的，因为缺乏对程序功能的全面测试，质量测试更是几乎没有。测试的不足意味着错误很容易进入生产环境。而且，对于大泥球单体来说，通常很难在事故发生后采取有效的措施来提高可靠性。这些观点得到了各方的证实，因此，本书的关注点是如何架构、设计和开发模块化单体。

微服务也很难进行全面的测试，因为每个单独的服务都可能与其他微服务交互，依赖其他微服务的功能。通过测试它们的协作和集成，使这些服务能够很好地协同工作是一项具有挑战性的任务。在生产环境中发现没能测试到的缺陷并不罕见。

正如前面所述，模块化单体内的操作是进程内的，不需要涉及网络。相比之下，在需要涉及网络的操作中，即使网络在 99.9%[①]的时间内都是可用的，但仍然存在 0.1%的时间可能会出现问题。服务水平协议（SLA）将可用性目标定为 99.9%，那也意味着系统每年会有 8.77 小时的故障，每月 43.83 分钟，每周 10.08 分钟，每天 1.44 分钟。显然，可用性标准中的 9 越多越好。如果网络使用过于频繁，这会给架构带来非常大的负担，因此网络使用宜少不宜多。这是架构的一个重要考虑因素。

模块化单体有很多优点，但与微服务不同，它无法轻易保证故障隔离。如果一个模块发生了未处理的异常，或者更糟糕的不可恢复的异常，例如内存泄漏造成的内存不足，就可能使正在运行的服务整个崩溃。在微服务中，这种崩溃只会影响到一个服务。只要遵循第 11 章"做好心理建设"一节中提到的措施，就可以有效地处理这种情况。如该节所述，故障监控可以防止大规模的系统崩溃。

设计微服务时应当考虑网络和其他类型的故障。当一个服务遇到网络中断或完全崩溃时，资源管理器（如 Kubernetes 或云服务商的类似服务）可以迅速关闭该服务实例并启动另一个实例。

另一种加强容错机制的方法是有目的地制造混乱。Netflix 开发了一个叫作混沌猴（Chaos Monkey）（见参考文献 8-3）的测试工具，它可以随机地终止某个服务，以确保系统正确地实现了容错。正确恢复的断言包括：（1）一个新的服务实例取代了瘫痪

---

① 可用性通常表示为在 SLA 内某一年的正常运行时间的百分比。它通常表示为 N 个 9，如 99.9%，或"三个 9"。

的实例；（2）网络调用被重新路由到新实例；（3）整个架构是可靠的，并继续按预期运行。

复杂性

系统整体复杂性体现在许多有挑战性的方面，包括部署、代码和运维的复杂性，以及监控和观察系统的复杂性。从代码库的角度来看，单体应用的代码通常保存在一个单一的代码库（Monorepo）中。业务模块之间的通信更容易追踪，而且在集成开发环境（IDE）的静态分析功能的帮助下，可以快速识别业务处理流程。

虽然微服务可以使用 Monorepo[1]，但在实际中，不同的微服务可能会选择不同的编程语言和技术，这无疑增加了整个系统的复杂性。此外，处理不同的库和框架，以及每个服务的不同版本，也是相当复杂的。

系统的部署和自动伸缩性也可能非常复杂。单体应用的部署相对简单，因为它们是自包含的，所有的代码、依赖库、配置文件都在同一个部署包中，而且企业很可能在将该软件部署到单台机器这项工作上积累了几十年的经验。扩展单体只是部署一个新实例而已。相比之下，微服务的部署和伸缩性要复杂得多。协调部署到不同计算节点上的服务可能相当复杂，而且使用 Kubernetes 之类的工具也需要额外的专业知识。

此外，在生产环境中运行整个系统的复杂性也需要考虑。单体应用的日志和监控复杂度可能比微服务的更少。当在生产环境中运行单体时，通常只需要搜索和检查一个或几个日志文件，这大大降低了调试问题的复杂性。对于微服务来说，情况就不同了。追踪一个问题可能需要检查多个日志文件，不仅要找到所有相关的日志输出，而且必须按照正确的操作顺序汇合所有的日志。通常，可以使用类似 Elasticsearch 的工具来汇总和查找相关的跨服务日志。

应用工具

架构决策不应该过早地实现。团队可能缺乏足够的知识，因此在没有真正需要的

---

[1] Monorepo 是一个单一的源代码库，它保存了一个大系统中所有子项目的源代码。

情况下做出任何特定的架构决策可能都为时过早。最好的方法是等到真正需要时再做出决策，决策不要建立在猜测的基础上，这样不仅不负责任，可能还会造成损害。回想一下，所有的决策都应该在最后责任时刻做出。

本书的第 4 部分展示了第 3 部分中讨论的架构和模式的应用。

> ### 模块优先
>
> 将内部模块（申请、处理、保单、续保）提升为顶级模块是否有意义？这是一种需要及时考虑的可能性，因为这么做可能会有好处。但是，我们必须牢记早期的建议，"团队还没有足够的信息来接受这个决定"。现在就这么做是不负责任的。未来可能会朝着这个方向发展，但现在就下结论并没有意义。

小结

本章首先回顾了软件架构的定义，然后提出了一个新的定义。还讨论了许多支持事件优先的架构风格和模式，特别是端口-适配器架构。该架构可用于高层的架构决策，也支持底层的多样性，并具有快速响应决策的优势。它是一种完善且通用的架构，可作为其他架构决策和实现的基础。本章的要点如下。

- 端口-适配器架构有多种模式，如包含事务脚本的服务层、包含领域模型的服务层、Actor 领域模型及函数式内核与命令式外壳。
- 模块化为架构带来了关键的适应性。有了它，单体才可以变成单体和微服务的混合，或者完全微服务化，这取决于服务的目的。
- REST 架构通常用于简单的 CRUD 应用，可以通过使用 CRUUD 的部分更新来扩展到领域驱动和事件驱动的架构。
- 架构决策的目的是实现质量属性要求，如灵活性、安全性、隐私性、性能、可伸缩性和弹性，同时降低复杂性。
- 并非每种架构风格和模式都适用于所有系统和子系统。
- 权衡一些旨在关注某些具体质量属性的架构决策，可能会对其他属性产生影响。

第 9 章

消息驱动和事件驱动架构

消息驱动的架构是一种强调在整个系统中发送和接收消息起重要作用的架构。一般来说，与 REST 和远程过程调用（RPC）相比，消息驱动的架构被采纳得相对较少。这可能是因为 REST 和 RPC 更类似于常见的编程范式：它们提供了过程调用和方法调用的抽象，许多程序员已经熟悉这种模式，而消息驱动则不同。

然而，与编程语言相比，REST 和 RPC 显得更加脆弱。在编程语言中，过程调用或方法调用不太可能因为语言的脆弱性而失败。而在使用 REST 和 RPC 时，由于网络和远程服务器的故障，请求很有可能会遭遇失败。当故障发生时，远程服务之间的时间耦合往往会导致客户端服务完全不可用。涉及的远程服务或子系统越多，问题就越严重。正如分布式系统专家 Leslie Lamport 所说："分布式系统是一种由于你从未听说过的计算机发生故障，而让你无法工作的系统。"

在系统使用异步消息时，往往可以避免这种级联故障，因为请求和响应都是时间解耦的。图 9.1 凸显了参与事件驱动过程的子系统之间的松散时间依赖关系。需要明确的是，捕获和传递业务相关事件是消息的一种形式，而消息驱动的过程是事件驱动过程的超集①。

---

① 有些人遵循严格的消息定义，认为消息必须是直接从发送者到接收者的点对点发送。他们还可能将事件限制为只通过发布-订阅发送的事件。作者认为这种限制过于严格。下一节将讨论使用基于轮询的 REST 读取事件日志的方法。尽管许多消费者可能会读取这样的事件记录，但它与发布-订阅的推送模型不同。当然，任何人都可以持有意见，因此没有观点是错误的。

协调式（Choreographed）和编排式（Orchestrated）流程管理

　　流程管理有两种主要风格：协调式和编排式。协调式是一种去中心化的流程风格，例如，通过发布消息事件来实现。每个子系统都需自行判断该事件是否与其相关，如果是，则消费该事件。子系统发出的事件将与一个或多个其他子系统关联。协调式相对容易理解，适用于流程只有简单几步的情况。但是，这种风格的缺点是，当流程在某处停滞时，可能难以确定故障发生的地方和原因。此外，事件依赖关系与不拥有事件的子系统耦合，各个子系统必须主动解析事件并应用于自己的目的。随着系统和流程复杂性的增加，这种依赖关系变得越来越复杂。

　　相较而言，编排式的特点是拥有中心化的流程管理器（例如 Saga），它接收参与流程的多个子系统发出的事件，然后创建控制命令消息，引导流程的后续步骤到相关子系统。使用编排式的优点包括减少子系统之间的依赖关系，因为编排器承担了从事件到命令的全部责任。编排器可能存在潜在的单点故障，但考虑到设计良好的分布式系统的可扩展性和故障转移策略，通常不必过于担忧这一点。编排器通常由关心最终结果的团队设计和实现，当编排器内部发生跨子系统的更改时，这可能会成为阻碍因素。对于复杂度较低的流程来说，编排器可能显得过于复杂。编排器不应成为业务逻辑的集中地，而应只用于驱动流程步骤。

　　整个系统的工作原理如下：各个子系统产生的事件通过消息总线与其他子系统共享。消息驱动架构属于反应式架构，因为组件仅在接收消息刺激时才会响应，如图 9.1 所示。相对而言，REST 和 RPC 的程序调用或方法调用是由命令式代码驱动响应的。反应式架构具有 4 个主要特征：响应性、弹性、伸缩性和消息驱动性（见参考文献 9-3）。

　　在图 9.1 中，3 个子系统（核保、风险和费率）共同执行了 6 个步骤，最终为申请人提供了计算的保险费用。核保子系统对实现此结果的具体细节并不了解。在"申请已提交"事件发生后的某个时刻，核保子系统会收到通知，告知有一个可用的保险费率报价。

　　核保子系统预期的结果可能需要 2~12s 才能获得。由于已经设置了 5s 的超时时间，因此核保子系统不会像面对 REST 响应速度变化时那样失败。当然，我们不认为 12s 才能获得结果是可接受的服务水平协议（SLA），但在面对风险或费率子系统的全面故障时，这是可以接受的，因为这两个子系统可能需要在云上完全重建（甚至可能跨区域重建）上花费时间。在这种情况下，无论是传统的 REST 还是 RPC，都无法继续工作。

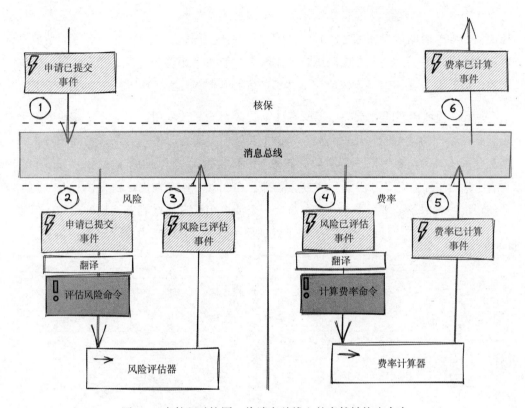

图 9.1　事件驱动协同：将消息总线上的事件转换为命令

请注意图 9.1 中的一个细节，这是由协调式的性质决定的：在消息总线上的事件必须由接收者解析，这样事件就可以用消费者上下文的语言来表达。"申请已提交"事件对风险上下文来说毫无意义，但在解析成"评估风险"命令后就变得有意义了。同样，在费率上下文中，"风险已评估"事件在解析成"计算费率"命令时才具有意义，因为费率可以从评估结果中得出，而评估结果是"风险已评估"事件的一部分。

尽管消息总线通常适用于跨子系统上下文的协作，但它并不是单个上下文内消息驱动通信的理想选择。如图 9.2 所示，在子系统上下文中，各组件都可以作为 Actor 领域模型的参与者来实现。每个参与者都是消息驱动的，从而使它们具有反应式特性。当一个参与者需要另一个参与者执行操作时，它会向对方发送异步消息。虽然消息传递是异步的，但图 9.2 中的流程仍然按顺序执行。

在图 9.2 中，独立参与者由圆形表示，而普通对象由矩形表示。参与者之间发送的消息与基于消息总线发送的消息有所不同。例如，在步骤 1 和 2 中，消息桥接器参与者作为驱动适配器，从消息总线接收"申请已提交"事件，并将其适配为发送给风险评估器参与者的信息。尽管这看起来像常规方法调用，但实际上它与通常的对象到对象通信有所不同。这个方法调用将调用意图封装成一个基于对象的消息，并发送到风险评估器参与者的邮箱。风险评估器参与者很快将这个消息实现为实际方法调用。

Actor 领域模型的性质确保了所有计算资源都能高效利用，从而降低企业内部和云基础设施上的运营成本。这是因为 Actor 领域模型运行时使用有限数量的线程来调度和分派所有参与者协同执行的计算任务。有限数量的线程必须分配给任意数量的参与者。每个在邮箱中有可用消息的参与者都会在线程可用时被调度执行，并且（通常）在使用该线程时仅处理一条消息。参与者剩余的可用消息将在当前消息处理完成后依次被传递和处理。这种调度策略确保了处理器始终保持活跃，并避免了资源浪费。

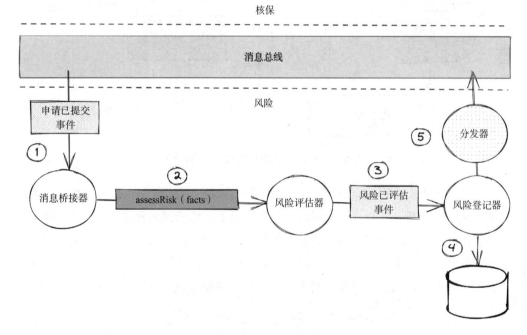

图 9.2　使用 Actor 领域模型实现的反应式架构

这确实凸显了 Actor 领域模型的另一个优势：每个参与者一次只处理一条消息，这意味着参与者可以在独立的线程中运行。众多参与者在短时间内同时处理消息，使整个模型具有高度并发性。每个参与者都在独立线程中运行，这意味着它不需要保护其内部状态数据免受其他线程的影响。由于参与者禁止共享可变的内部状态，状态保护得到了进一步加强。

图 9.2 和本书其他地方提到的用例类型，主要是由 VLINGO XOOM 支持的。VLINGO XOOM 是一个基于 Actor 领域模型的反应式工具集，支持单体和微服务架构，并且是免费开源的（见参考文献 9-4）。

基于消息和事件的REST

在第 8 章中，我们讨论了如何利用 REST 跨限界上下文进行集成，但是如何支持基于消息驱动和事件驱动的架构呢？虽然许多人不把 REST 看作消息，但实际上这正是它的专长。HTTP 规范将每个请求和响应都视为消息。因此，从定义上讲，REST 是一种基于消息的架构，而事件是特殊类型的消息。关键在于将处理事件的请求转化为异步操作，这与典型的 Web 应用开发模式有所不同。

那么，为什么我们要通过 REST 向消费者发送消息和事件呢？其中一些原因包括：网络具有很高的可扩展性，全球开发者普遍熟悉 HTTP，提供静态内容的速度很快（可以在服务器和客户端进行缓存）。通常，开发者对消息总线和 Broker 的熟悉程度不如对 HTTP 的熟悉程度。不熟悉消息总线和 Broker 不应成为使用基于消息驱动和事件驱动架构的障碍。

事件日志

第 1 个基本准则是：每个持久化存储的事件都必须是不可变的，也就是说，事件永远不会被修改。第 2 个基本准则是：如果一个事件出错了，不要去修改已经持久化的记录，而是通过持久化补偿事件来"修复"数据。当然，这需要在消费者应用错误数据之前完成。换言之，如果消费者已经消费了一个出错的事件，再更改它是无效的。消费者不应该从头开始应用所有的事件，否则可能会导致灾难性的后果。在考虑以下几点时，要牢记这些规则。

当事件发生在子系统上下文中时，应该按照它们发生的顺序持续收集它们。根据事件的顺序，可以创建一系列物理或虚拟的事件日志，如图 9.3 所示。

为了实现这一点，可以使用支持事件序列号的数据库（而不是文件）。关系数据库可以通过序列或自动递增列等功能轻松实现。确定每份日志能容纳的最大条目数，创建虚拟的动态窗口来创建事件日志。

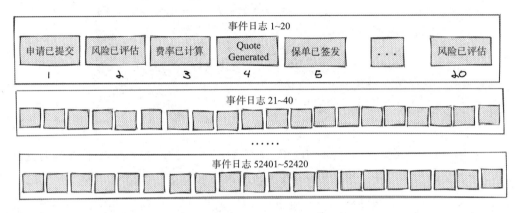

图 9.3　从 1~20 号事件开始，一直到近 100 万个事件的事件日志

相较于专门的日志数据库，关系数据库存在一些劣势，例如事件日志的读取速度较慢；当存储大量事件时，所需的长期磁盘空间维护可能成为问题。不过，使用云关系数据库时，第二个问题可能不会出现。尽管如此，创建一个虚拟表阵列依然是个好主意，每个表只能容纳一定数量的事件，超出部分会溢出到下一个逻辑表中。同时，还需注意另一个风险：用户可能试图修改数据库中已有的事件，这是绝对不允许的，因为日志记录了过去的事实，篡改事件是错误的。

高质量的关系数据库产品和熟练的开发人员可以让单个表支持数百万条记录，并通过合适的索引实现快速检索。然而，在实际应用中，有些系统每天会产生数百万甚至数十亿个事件，这意味着仅靠关系数据库可能不够。在此情况下，采用虚拟表阵列可提供帮助。尽管使用高度可扩展的 NoSQL 数据库取代关系数据库可以解决很多问题，但需注意，在这类数据库中使用单调递增的整数键插入新事件，可能会严重影响所采用的分片/散列算法。

另一种处理这种情况的方法是，如图 9.3 所示，将一系列文件写入磁盘以维护事件日志。将日志文件写入后，可以将内容作为静态资源复制到多个服务器上。

这种方法的缺点是需要一个文件结构，该结构不仅要规定单个日志文件中应写入多少事件，还要规定文件在磁盘上的布局方式。操作系统对给定目录可容纳的文件数量有限制。即使系统可以在一个目录中存储大量文件，但这也会降低访问速度。采用类似电子邮件服务器的层次结构可以提高文件访问的速度。

与使用关系数据库相比，文件和目录的优势在于它们的数量庞大，从而降低了用户篡改内容的诱惑。如果用户仍然有篡改内容的想法，对文件系统访问权限的管理应该能够有效遏制这种行为。

无论你选择哪种方案，都有办法使用 REST 来消费事件。

订阅者轮询

订阅者可以通过简单的日志资源轮询方式来获取事件：

```
GET /streams/{name}/1-20
GET /streams/{name}/21-40
GET /streams/{name}/41-60
GET /streams/{name}/61-80
GET /streams/{name}/81-100
GET /streams/{name}/101-120
```

在本例中，{name} 占位符可以替换为要读取的数据流名称，例如核保或更普遍的保单市场。前者将只收集与核保相关的事件，而后者将提供各种子系统所有事件的完整流，包括核保、风险和费率。

轮询的一个缺点是，如果没有正确实现，客户端可能会不断请求尚不可用的日志，从而产生大量网络流量。为了避免这种情况，你需要限制请求的范围，使其仅包括合理大小的日志。这可以通过请求一个固定范围的内容来实现，同时在响应头中使用超媒体链接指向下一个和上一个日志。此外，还可以利用缓存和定时读取间隔来平衡请求流量，并使用以下通用的自定义 URI：GET /streams/policy-marketplace/current。

在这个请求中，current 用于获取最新的事件日志资源。如果当前日志（如 101~120）超过了客户端先前读取的日志范围，HTTP 响应头将提供链接以导航至较早的日志。这些较早的日志将在读取 current 日志之前被处理。客户端会继续向后导航，直到读取到最新的事件。从那时起，所有尚未处理的事件都会被处理，直到到达 current 日志所在的位置。缓存机制也适用于这种方法，可以防止尚未处理的日志在多次 GET 请求中被重复从服务器读取。你可以在《实现领域驱动设计》（见参考文献 9-2）和后续图书 *Implementing strategic Monoliths and Microservices* 中找到更详细的解释。

服务器发送事件

众所周知，服务器发送事件（Server-Sent Events，SSE）是一种服务器向浏览器实时传递信息的重要方式。然而，这并非其唯一预期用途。使用浏览器的局限性在于，并非所有浏览器都支持 SSE 规范。尽管如此，SSE 依然是值得考虑的集成方案，适用于事件生产者与非浏览器服务或应用客户端之间的事件接收需求。

根据 SSE 规范，客户端应请求与服务器建立长连接以实现订阅。订阅成功后，客户端可指定最后一个已成功处理的事件的标识。如此一来，即使在某个时间点连接中断，也能从中断处继续传输：

```
GET /streams/policy-marketplace
. . .
Last-Event-ID: 102470
```

正如客户端提供当前起点位置所暗示的那样，客户端需负责维护其在事件流中的当前位置。

因此，在订阅成功后，可用的事件将从初始位置或 Last-Event-ID 指定的位置开始，持续到客户端取消订阅或以其他方式断开连接。以下是 SSE 规范所认可的格式，实际应用中可能包含更多或更少的字段。每个事件后面都需跟随一个空行。

```
id: 102470
event: RiskAssessed
data: { "name" : "value", ... }
. . .
id: 102480
event: RateCalculated
data: { "name" : "value", ... }
. . .
```

若要取消订阅，则客户端需要发送以下消息：

```
DELETE /streams/policy-marketplace
```

当服务器收到此消息时，将会终止订阅，返回一个 200 OK 响应，并且关闭服务器信道。客户端在收到 200 OK 响应后，也应该关闭信道。

事件驱动和流程管理

在本章的前面部分，我们阐述了基于事件驱动的流程管理的概念，其核心在于流程协同。协调式要求参与流程的各个上下文理解来自其他上下文的事件，并根据自身需求对这些事件进行翻译。接下来，我们将重点转向编排式[①]，由中央组件负责从头到尾驱动整个流程[②]。

在图 9.4 中，名为"保费申请流程"的流程管理器负责将完整报价的结果提交给申请人。具体步骤如下。

1. "申请已提交"事件源于申请人提交申请文件，导致聚合类型 Application 的创建。为了简洁起见，未显示 Application 实例的创建过程。当流程管理器看到"申请已提交"事件时，流程开始。

2. "申请已提交"事件被翻译为"评估风险"命令，并在消息总线上排队。

3. "评估风险"命令被传递到风险上下文，在那里，它被分派到名为风险评估器的领域服务。风险评估器下的处理细节未在图 9.4 中显示。

4. 一旦完成风险评估，"风险已评估"事件就会发出，并在消息总线上排队。

5. "风险已评估"事件被传递给流程管理器。

6. "风险已评估"事件被翻译成"计算费率"命令，并在消息总线上排队。

7. "计算费率"命令被传递到费率上下文，在那里，它被派发到名为"费率计算器"的领域服务。费率计算器下的处理细节未在图 9.4 中显示。

8. 一旦完成费率计算，"费率已计算"事件就会发出，并在消息总线上排队。

---

① Netflix 公司发现随着业务需求和复杂度的增加，基于协调式的流程难以扩展。简单流程的发布订阅模型可以工作，但很快表现出它的局限性。因此，Netflix 公司创建了自己的编排式框架 Conductor。

② 这是因为一个流程可能永远不会结束，因为消息流（无论是事件、命令、查询及其结果或其他东西）可能永远不会结束。在这里，端到端的流程是为实际目的使用的，但这种风格不会限制你的具体做法。

9. "费率已计算"事件被传递给流程管理器。

10. "费率已计算"事件被翻译成"生成报价"命令，并在本地直接派发给名为"报价生成器"的领域服务。报价生成器负责将费率翻译为"报价项"并发送到名为 PremiumQuote 的聚合（有关详细信息，请参阅第 7 章和第 8 章）。当最终的"报价项"被记录时，"报价已生成"事件会被发出，并存储在数据库中。

11. 一旦"报价已生成"事件存储在数据库中，它就可以在消息总线上排队。在申请保费流程中，收到"报价已生成"事件标志着该流程结束。

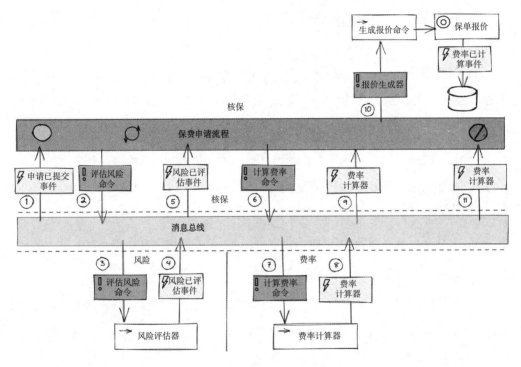

图 9.4　编排式：在总线上发送命令以驱动流程得到结果

在图 9.4 中，我们可以看到，在消息总线上排队的事件和命令可能会失败，这可能会导致整个流程中断。然而，考虑到所有事件和命令都会首先保存在数据库中，然后才被发送到消息总线上，如果出现问题，该过程会重试，直至成功。这为传递建立了一个"至少一次投递"的保证。尽管我们在步骤 10 和 11 中强调了先持久化再排队的顺序，但在图 9.4 的其他步骤中，我们省略了这个顺序，以免过分影响表达的主要观点。

在编排式中，流程管理器负责推动流程。这通常意味着流程本身处于下游位置，因此参与协作的上下文不需要了解流程的具体细节，而只需知道如何完成其核心职责。

在前述示例中，保费申请流程位于核保上下文。然而，并非所有场景都如此，有时该流程可能需要单独部署。在默认情况下，将流程部署在负责完成流程的限界上下文中是合理的，这种设计通常有助于降低整个流程的复杂性。

申请保费流程及其相关上下文应该作为单体还是微服务部署的问题，取决于团队的需求和架构考虑。如图 9.4 所示，使用消息总线的方式可能会让人误以为必须采用微服务架构。然而，这并非必然。

- 单体内部也可以使用轻量级的消息组件，如 ZeroMQ 作为消息总线。
- 团队可以决定在单体内使用更可靠的消息中间件或基于云的消息总线（或消息日志），例如 RabbitMQ、Kafka、IBM MQ、JMS、AWS SNS、AWS Kinesis、Google Cloud Pub/Sub 或 Azure Message Bus[①]。根据项目需要，选择最适合的选项。
- 方案可能需要使用微服务架构，或混合使用单体和微服务。无论是基于云还是本地，可靠的消息机制都是这种情况的明智选择。

正如第 6 章所讨论的，使用模式注册表可以减少跨上下文的依赖和翻译各种发布语言的复杂性，这对于保费申请流程是必要的。VLINGO XOOM 提供了一个开源的模式注册表，即 Shemata。

事件溯源

开发人员通常习惯于将对象存储在关系数据库中。在领域驱动设计方法中，通常需要将整个聚合体的状态进行持久化，可以通过包括对象关系映射器（ORM）在内的工具来实现。近来，一些关系数据库围绕将对象序列化为 JSON 的方式进行创新，这

---

① 可供选择的消息组件太多了，我们无法在这里列出所有的选项。这些选项是作者比较熟悉的，它们都被广泛使用。

有助于解决对象与关系数据库模式之间的冲突[①]。值得一提的是，通过专门的 SQL 扩展，可以用类似关系数据库的方式查询序列化的 JSON 对象。

然而，还有一种对象持久化的替代方法，它强调了截然不同的观点：不要存储对象，而是存储它们的变化记录。这种被称为事件溯源（Event Sourcing）[②]的实践要求将对聚合状态的更改记录捕获在事件中。

参考图 9.5，可以帮助理解以下讨论。

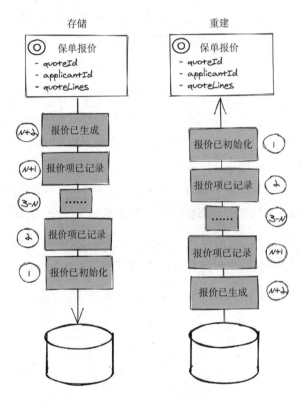

图 9.5　事件溯源被用于存储和重建聚合状态

事件溯源的想法相当简单：当聚合处理命令导致其状态发生更改时，生成至少一

---

① 许多架构师和开发人员都熟悉这种冲突，因此本章不提供对这些冲突的详细描述。它们通常涉及想要将对象结构化以获得某些建模优势，但需要与对象关系映射工具和/或数据库的限制相适应。在这种情况下，ORM 和数据库胜出，而对象建模者失败。

② 事件驱动的模式比本书中描述的更多。后续图书 *Implementing Strategic Monoliths and Microservices* 中提供了大量的描述。

个事件来代表该更改。每个事件都是细粒度的，代表了捕捉变化所需的最小状态。这些事件存储在一个数据库中，该数据库可以维护特定聚合中事件发生的顺序。事件的有序集合被称为聚合的事件流。每当聚合发生变化，并发出一个或多个事件时，事件流就有了不同的版本，其长度就会增加。

然而，如果正在讨论的聚合实例在运行时被回收，若随后需使用它，必须重新构建聚合实例。其状态必须反映从第一个事件到最近一个事件的所有更改。要实现这个目标，必须按照事件发生的顺序从数据库中读取聚合的事件流，然后逐一将它们重新应用到聚合上。通过这种方式，聚合状态会逐渐改变，以反映每个事件所代表的变化。

尽管事件溯源听起来很强大且简单，但使用时需要小心，因为它是一把双刃剑。

一切都很好，直到……

挑战不是在使用事件溯源之初就出现的，而是主要由于以下原因：

- 当一个或多个聚合类型的设计发生重大变化时。
- 当聚合事件流中的事件出现错误时。
- 当需要重建具有大量事件的聚合状态时。
- 当需要从事件中组装复杂的数据视图时。

在处理设计变更时，涉及事件流的调整，可能需要将单个流拆分为多个，或将多个流合并为一个。

如果聚合实例的事件流中存在错误，就必须对其进行修正。所谓"修正"并非直接修改事件数据存储中的事件，而是添加一个新的事件，这个事件可能是一种专门用于修复的不同类型。这样做的目的是纠正先前因错误而受影响的聚合状态，并为消费了错误事件的下游消费者提供补偿。当发现某个聚合类型存在错误时，意味着该聚合类型的所有（或至少大部分）实例可能具有相同的错误。问题通常出现在产生事件的代码上。因此，需要修复代码并按照上述方法修正事件流。

当聚合实例的状态由大量事件流组成时，使用状态快照可以提高重建性能。这些快照是在特定版本间隔（例如每 100、200 个版本，或任何性能都可接受的版本数）对全部聚合状态进行的全面快照。当需要重建聚合状态时，先读取快照，然后仅读取快照版本之后发出的事件，并按顺序应用到状态上。

使用事件溯源时，应该假设总是需要实施命令查询职责隔离（Command Query

> Responsibility Segregation, CQRS）。CQRS 用于将聚合发出的事件映射到视图，这些视图可以在用户界面上查询和呈现，也可以用于满足其他信息需求。
>
> 虽然实现事件溯源和 CQRS 并不容易，但软件开发中总是会遇到 Bug，无论使用何种持久化方法或数据库，迁移始终会对持久化状态产生影响。然而，有一些方法可以减轻这种困扰。虽然本书无法详细提供使用事件溯源的具体指导，但你可以在后续图书中找到更多信息。

在了解使用事件溯源可能带来的潜在困难后，人们通常会对其使用原因产生疑虑。这是自然的反应，因为在采用任何新技术之前，深入思考和了解其背后原因通常是明智的选择。最糟糕的情况是，在不清楚为什么以及如何使用事件溯源的情况下使用它，往往会导致后悔和对事件溯源的指责。[①]很多时候，架构师和程序员在做出技术和设计决策时，是出于个人兴趣，而非基于业务需求，这可能导致不必要的复杂性。此外，架构师和程序员常受到技术供应商推出的技术导向型框架和工具的影响。这些供应商试图说服市场相信事件溯源是实现微服务的最佳途径。[②]

对于不熟悉事件溯源、好奇心重或容易受骗的人来说，需要注意在获得收益之前可能会遇到一些困难和挑战，这是一个重要的警示。

好消息是，使用事件溯源有非常明确的原因。接下来，我们考虑可能的收益，同时要理解得到收益可能需要经历一些痛苦——但这是所有软件模式和工具都免不了的。每一个选择都有积极和消极的一面，都需要进行权衡。重点是，如果你因为积极的方面做出了选择，那么也要接受它消极一面。现在，我们看看可以从事件溯源中获得什么。

1．我们可以对使用事件溯源的每个聚合类型的实例中发生的每一次更改都进行审计。这种操作在某些行业中可能是必需的，或至少是明智的。

2．事件溯源可以与会计中使用的总账进行比较。不会为了更正而修改现有条目，而是在条目中添加新条目。由先前的条目引起的问题会通过增加一个或多个新的条目

---

① 作者听到的关于事件溯源的抱怨主要是因为没有正确地理解和使用它。

② 这种认为微服务总是好的假设，对采纳微服务来说只是一个无力的理由。当且仅当业务需求需要微服务时，微服务才是好的。坚持微服务总是好的，并且事件溯源是实现微服务的最佳方法的供应商是在有意无意地误导客户。

来补偿。这一点在"一切都很好，直到……"部分有过描述。

3. 事件溯源在解决特定业务问题的复杂性方面非常有用。例如，由于事件既代表了业务领域中发生的事情，又代表了它们发生的时间，因此事件流可用于基于时间的特殊目的。

4. 除将事件流用于持久化外，我们还可以将其应用于许多不同的方面，例如决策分析、机器学习、假设性研究和类似的基于知识的预测。

5. 作为"总账"的审计跟踪同时也是一个调试工具。开发人员可以使用一系列事件作为审视每一级变化的方法，这可以让他们观察错误是何时和如何引入的。当对象状态被每一次更改完全替换时，这种帮助方式是不存在的。

对于某些限界上下文中的聚合类型，使用事件溯源可能是合适的，而对于其他类型则不一定。相反，如果业务要求所有聚合类型的所有更改都必须完全有序，那么此时应该使用事件溯源。

因此，尽管在技术方案中使用事件溯源具有吸引力，但它应受到合理的业务原因的制约。考虑到这一点，前面列出的事件溯源的好处中，只有第 1~3 点具有业务动机。只有满足了第 1~3 点，第 4 点和第 5 点的优势才得以体现，但后两点本身并无业务意义。

CQRS

在许多系统中，创建和修改数据的用户与查看数据以做出决策的系统用户对系统的需求和视角是不同的。系统用户通常需要查看较大、多样化且粗粒度的数据集来进行决策。然而，一旦决策形成，他们执行的操作将更加细粒度和具有针对性。以下是一些示例。

- 在开具处方之前，医生需要查看患者的各项生命体征、过往健康状况、治疗和手术记录、现在和过去的用药情况、过敏情况（包括药物过敏），甚至包括患者的行为和情绪。在整体评估完毕后，医生会记录药物名称、剂量、给药方式、持续时间和补药次数等信息。

- 核保员需要查看提交的申请数据，这些数据包括房产检查或申请人健康检查数据、过去的理赔记录或健康状况、风险评估，以及根据这些数据计算出的建议保费。在分析这些信息后，核保员可以单击一个按钮，向申请人提供保单报价或拒绝他们的申请。

这些不同的使用场景导致查看模型和操作模型之间的不一致性。通常情况下，现有的数据结构针对操作模型进行优化，而非查看模型。在这种情况下，构建可查看的数据集可能变得相当复杂，计算成本也较高。

CQRS 模式可以用来解决这个挑战。如图 9.6 所示，该模式需要两个模型：一个用于优化命令操作，另一个用于优化聚合查询以构建可查看的数据集。

CQRS 模式在图 9.6 中的工作流程如下。

1. 用户通过查询模型查看视图数据集。

2. 用户做出决策，填写数据，并将表单作为命令提交。

3. 命令在命令模型上执行，并将数据持久化。

4. 持久化的命令模型更改被投射到查询模型中的视图数据集。

5. 回到第 1 步。

在图 9.6 中，命令模型和查询模型通常来自两个独立的数据库。尽管这种设计对于大规模和高吞吐量的系统是合理的，但它并不总是最佳实践。实际上，模型存储可能只是虚拟的或逻辑上分离的，而实际上使用单个数据库或数据库 Schema。由于这两个模型是相互关联的，因此一个事务可以同时管理多个写入，这意味着命令模型和查询模型都可以是事务性的。维护事务一致性可以避免开发人员在两个模型物理分离但要求最终一致性时遇到的困难。

在使用事件溯源时，通常需要采用 CQRS。否则，在查询事件源命令模型方面，除通过聚合 ID 查询外，没有其他方式可以实现。这导致实现复杂查询以展示更丰富的可视化数据集变得不太可能或成本极高。为了克服这一限制，需要将事件源命令模型发出的事件投影到查询模型中。

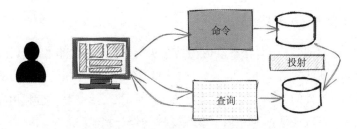

图 9.6　命令模型和查询模型产生了两条途径

无服务器架构和功能即服务

云端无服务器架构正逐渐成为软件行业的新趋势，因为它既简单又经济实惠。然而，无服务器（Serverless）这个术语容易产生误导，实际上这种解决方案依然需要服务器①。这个术语是从云服务租户的开发者角度提出的，因为服务器由云服务提供商提供，而非租户。对于租户来说，他们无须关心服务器，只需关注可用的运行时间。

为了更准确地描述无服务器架构，一些人使用了"后端即服务"（BaaS）这个术语。然而，仅从托管应用程序的"后端"角度来看，并不能充分体现无服务器架构的优势。无服务器架构也属于基础设施即服务（IaaS），其中基础设施不仅限于服务器和网络资源。更具体地说，从这个角度来看，基础设施包括各种软件和（有时）免费的服务，这些服务无须应用程序开发者自行创建。这个概念实现了"关注核心业务"的理念。以下是使用无服务器架构的一些关键优势。

- 用户只需为实际使用的计算时间付费，而无须为"始终在线"的服务器付费。
- 使用成本大幅下降，甚至达到让人难以置信的程度。
- 规划变得更简单，只需选择所需的云计算组件。
- 使用了大量免费或低成本的硬件，以及云原生软件基础设施和机制。
- 开发速度加快，不再需要关注基础设施。
- 企业可以部署云原生模块化单体。
- 无服务器架构为浏览器客户端和移动客户端提供强有力的支持。

---

① 命名往往很困难，而且软件变化迅速。类似于 HATEOAS，"无服务器"可以被看作一种代表概念的象征性词汇。

- 用户可以更专注于业务解决方案，因为需要开发的基础软件减少了。

第 8 章中讨论的端口–适配器架构仍具有实用价值，而且非常适合无服务器架构。实际上，在精心设计的情况下，可能无须更改服务和应用程序的打包方式。主要区别在于服务和应用软件的架构、设计和运行方式。术语"云原生"指利用专为云计算构建的基础设施，以及像数据库和消息队列这样的设计机制。

以一个从浏览器发起的 REST 请求为例。请求会到达由云服务供应商提供的 API 网关。网关被配置为将请求分派给相应的服务或应用程序。当分派发生时，云平台会判断 REST 请求处理程序（即端口或适配器）及其软件依赖项是否已经运行且当前可用。如果是，则立即将请求分派给该处理程序。如果不是，则云平台会启动一个运行用户软件的服务器，并将请求分派给它。无论哪种情况，云租户的软件都会正常运行。

当请求处理程序向客户端发送响应时，租户对服务器的使用即告结束。随后，云平台会决定是保留该服务器以应对未来的请求，还是关闭它。云租户只需承担处理请求的成本，以及执行此操作所需的硬件和软件基础设施的相关费用即可。

如果实际处理请求的时间是 20ms、50ms、100ms 或 1000ms，则云租户只需要为这段时间付费。如果一段时间内没有请求，则租户不必为这段时间付费。与租用云上服务器相比，无论它们是否被使用，每天的每一秒钟都会产生成本，只是为了保持随时可用而已。

函数即服务（FaaS）是一种支持上述特性的无服务器机制。然而，FaaS 通常用于部署非常小的组件。这些函数（组件）的目的是快速执行目标明确的操作。想象一下，在大型系统中创建的一个单独的方法，这大致就是实现和部署 FaaS 时所关注的范围。

不同之处可能是请求的处理方式。从函数式编程的角度思考，函数是通过无副作用行为实现的。正如第 8 章"函数式内核与命令式外壳"一节所述："纯函数对于相同的输入总是返回相同的输出，并且从不产生明显的副作用。"根据这个定义，FaaS 的输出取决于输入的参数，无须与数据库交互，就像函数一样。这里的输入可能是系统中其他地方发出的事件，也可能是传入的 REST 请求。无论哪种情况，FaaS 本身不与数据库交互，无论读取还是写入，因为会产生副作用。话虽如此，如果你需要 FaaS 来读取和写入数据库的数据，其实也是没有任何限制的。

应用工具

在本章和之前的章节中，我们已经介绍了几个使用消息驱动和事件驱动架构的例子。接下来的内容将详细讨论本部分中介绍的特定架构和模式的应用。此外，关于实现这些架构和模式的详细案例，可以参考 *Implementing Strategic Monoliths and Microservices* 一书。

小结

本章探讨了如何在分布式系统和子系统之间进行同步，以应对大型用例的挑战。我们通过完成许多较小的基于用例的任务来实现这一目标。我们还介绍了消息驱动和事件驱动架构，它们作为执行复杂多步流程的方法，有助于避免级联故障。本章也讨论了协调式和编排式流程管理，阐述了它们之间的区别和使用方法。此外，我们还探讨了 REST 在流程管理中的作用，以及事件溯源和 CQRS 在消息驱动和事件驱动的系统中的应用。无服务器架构和 FaaS 展示了它们在未来云计算领域的潜力。以下是本章的要点。

- 对于分散的多步用例，使用协调式方法。
- 当涉及需要大量步骤的复杂过程时，采用集中的编排式方法来驱动相关子系统中的步骤。
- 在需要使用熟悉的技术方法时，考虑使用基于 REST 的客户端和事件提供方。
- 使用事件溯源来持久化事件流，这些记录代表实体随时间变化的状态。
- 使用 CQRS 分离命令操作和查询操作。

至此，第 3 部分已经结束。第 4 部分将会串联本部分和前两部分的内容，建立以业务为中心的单体和微服务。

第 4 部分

两条通向目标架构之路

内容提要

现在，我们即将到达本次攀登之旅的最高点。通过精心设计的限界上下文，设计符合意图的架构，现在有两条路摆在我们面前：单体架构和微服务架构。两者都能满足一些目的，但都无法适用所有情况。本书中提供的选择仅适用于给定的场景。有时将两者混合在一起会更加合适。只要你的决策是理性的推测和诚实的选择，那么无论选择哪条路都是合理的。

第10章　构造单体

选择单体架构并非一个三流、随意的选择。一个模块化优秀的单体也是让人尊敬的。第 10 章的主题就是首选构造单体。下面提供一些指导来解释实现该目标的两种方法。

- 学习在某些特定情况下为什么应该使用单体，以及如何获得最佳方案。
- 进行简短的历史回顾，了解这个行业是如何陷入困境的。从历史的视角为软件为什么会出问题提供可靠的背景资料。
- 每一个不需要微服务架构的系统，都要努力走上创建良好模块化单体的道路。这不仅是一个可实现的目标，而且是避免陷入泥潭的唯一方法。一般来说，陷入泥潭正是没有正确努力的必然结果，而正确的努力包括对业务能力的正确考量和明智的架构决策。
- 当单体没有成为一个理想的模块化架构时，再想改变它是困难的，但并非不可能。不过，团队该思考如何在维持遗留系统运行的同时重新设计架构。
- 任何达到最佳的单体架构效果的手段都是可取的，旨在防止优秀的软件逐渐变得糟糕。听取意见和建议，避免缓慢蔓延的厄运。

第11章 从单体到微服务

微服务是一种非常好的架构，尤其适合一些领域变化速度比其他领域快的情况。微服务的另一个优势在于能够独立进行交付和部署。如果正确使用，则它们会成为自主开发和交付的巨大福音。

- 对于每一次软件开发的冒险之旅，心理准备是必不可少的。但是，在面对分布式架构时，我们必须特别做好心理准备。开发健壮的分布式系统并非易事，但通过一些技术和工具，可以让这一旅程变得更加简单。
- 模块化的单体应用可以直接拆分为微服务，因为从一开始就采用了正确的结构。当然，这个模块化单体也可能来自一个遗留的大泥球系统，通过第 10 章提供的方法进行大量重构，最终变成了一个结构良好的单体。无论如何，从模块化单体开始，是将遗留系统转变成微服务的最佳途径。
- 在处理遗留的大泥球系统时，一步跳到微服务架构是最具挑战性的。然而，如果能评估它的艰难程度，也不是不可能的。需要从遗留系统中分离出组件，就像第 10 章描述的场景那样，同样是具有挑战性的。这个过程就像在一列飞速行驶的火车上，给每个车厢都装上独立的动力并断开连接，最终保证所有车厢能够一起到达目的地。与此同时，团队在车厢顶部工作，必要时从一个车厢跳到另一个车厢。可能会出现什么问题呢？第 11 章的指导意见为在车厢之间活动的团队成员提供了安全绳。
- 决定何时可以让遗留的单体系统退役涉及几种不同的让步，其中最重要的可能是数十年来采购的昂贵硬件和软件许可证。需要分别考虑积极和消极的后果。

第12章 平衡要求，管控需求

只有对数字化转型战略、事件优先和架构目的有了深刻理解，才能在使用单体还是微服务之间做出最佳决策。面对业务需求和质量属性的取舍，本章教会你如何做出均衡的选择，以继续致力于战略创新。

- 软件架构是多维的，需要权衡不同的质量属性。
- 突出收获：公正平衡；必要创新；定制战略。

没有软件创新战略的公司最终会被淘汰。不要把手中的关键软件变成业内下一代 SaaS 或 PaaS 的机会拱手让人。你现在有了动力、灵感和工具来开始这段旅程，或者沿着已经开始的道路继续创新。

第 10 章

构造单体

对许多系统来说，构建一个干净且完整的单体并不是天方夜谭，而是最佳的选择。但这并不简单，与微服务架构一样，需要思考、技能、纪律和决心。

首先，我们来回顾一下为什么单体在许多情况下（至少在项目早期）依旧是一个很好的选择，以及如何使用先前定义的战略工具集有效地创建整体架构。企业应该能够构建满足其业务战略目标的单体，并使其具有长期的可维护性和可扩展性。

单体架构的原因和方法

以下是重点回顾，类似于第 1 章和第 2 章提到的观点，对于创建新的单体架构、重组和改进现有的架构，非常有帮助。

- 为什么？很多软件系统并不需要微服务。
- 怎么做？最好的方法是通过快速尝试和逐步改进的实验来进行。
- 怎么做？犯错并不会致命，只要最终找到正确的方法；建立一种安全实验和快速失败的文化，从失败中获得有价值的学习。
- 为什么？单体本身并不是坏事，问题在于许多单体架构中存在的混乱导致了系统的不稳定。
- 为什么？单体不意味着随意而为，也需要精心设计和规划。

- 怎么做？建立一个支持创造力和创新的环境，避免技术上的限制。
- 怎么做？通过小团队之间的有效沟通来成功应对康威定律的挑战，团队结构应该扁平化。
- 怎么做？支持所有能够增强创造力和促进创新的改变；拒绝任何会扼杀创造力和创新的改变。
- 怎么做？拒绝那些妨碍业务运作的更新，即只有在新一代软件足够成熟时，才能退役上一代软件。
- 为什么？避免对寿命有限的系统进行过度投入或因为之前投入的成本而不愿意放弃。
- 怎么做？思考和重新思考需要决心，会耗费心力和情感能量。
- 为什么？注意避免忽视缺失的业务逻辑，而通过频繁修补数据来弥补；团队可能缺乏对为什么需要临时修补数据的全面理解。
- 怎么做？在替换大型混乱代码时，小心不要丢失个别更改和更改的背景信息；仔细跟踪正在被替换的子系统中的所有更改。
- 怎么做？要注意在重构或替换现有的大型混乱代码时，可能会遇到未知的复杂性；因为一些看似简单的事情可能会导致大量时间的浪费。
- 怎么做？将模块化作为按业务功能而不是按业务线划分的边界上下文。

对于单体，有 3 个主要关注点和目标：（1）从一开始就要以正确的方式构建单体，并持续保持其良好状态；（2）对以错误的方式构建的单体要及时纠正；（3）从单体架构过渡到微服务。

如今，许多组织都在追求第 3 个关注点，因为它们需要解决之前构建错误的单体架构所带来的问题。虽然作者不认为第 3 个关注点是错误的目标，但利益相关者应该考虑它是否必要，甚至是否是最佳的目标。如果从单体服务过渡到微服务是最终正确的目标，那么也许从第 2 个关注点开始更为明智。

要理解如何在处理第 2 个关注点时取得成功，最好通过观察如何成功地实现第 1个关注点来实现。类比一下，银行是如何培训柜员识别假币的呢？柜员不可能了解所有假币的特征，因为造假方式层出不穷。因此，银行培训柜员的是对真币的感知，柜员们通过触摸、倾斜、观察、透视等方式了解真币的各个特质。通过这种方式训练出来的人，能够识破各种造假手段，因为他们知道真币应该是什么样的。

基于这一推理，本章将依次讨论上述的第 1 个和第 2 个关注点。第 11 章将通过研究两种不同的转变方法，深入探讨第 3 个关注点。在开始之前，我们应该简短地回顾一下行业近 20 年的历史概况。

历史回顾

为了公正起见，我们应该从 21 世纪初的行业发展角度来看待并理解当时的影响因素，才能对过去的决策做出准确的评判。当 NuCoverage 公司在 2007 年踏上它的发展之路时，"软件正在吞噬世界"的宣言还没有出现，还要再过四年才会出现。即使在 2001 年之前，由于互联网泡沫的影响，软件已经扮演了不同的角色。虽然全球网络仍处于初级阶段，远未发展到成熟的网站和电子商务平台，但它正逐渐迎来辉煌的时刻。

到了 2001 年，由于过于雄心勃勃的商业计划、缺乏开发企业级系统的经验、高昂的运营成本（因为云计算还未普及），以及尤其是桌面套件的束缚，软件即服务（SaaS）1.0 大多以失败告终。当时，"企业内网"成为热门话题，但软件在很大程度上仍然是对人类决策过程的补充。除从电子商务店铺购买商品外，通过网络进行业务交流还很罕见。

毫无疑问，人类在日常业务中仍承担着很大的认知负担。软件的责任是处理大量数据，这些数据在没有特定用例的增强下，对人类而言无法使用。业务仍然通过电话和电子邮件进行。这些业务人员购买了软件来帮助他们完成任务。低技术知识工作者使用商业企业办公产品，如 SharePoint，用于存储大量不可或缺的电子邮件。这些工作者具备业务知识，但技术技能有限，无法承担这种责任，他们会篡改文档管理存储库，并将电子邮件和附件放入这些杂乱无章的准"数据仓库"中。仅仅将现有的电子邮件与新的电子邮件存档几个月后，这些仓库几乎无法使用，而且远不如许多纸质文件系统有序。实际上它们只是没有层级结构或命名规则的网络文件系统，使用低质量的搜索工具尝试查找内容，结果有许多误报和很少的真实结果。企业想要从这些数据中获取商业智能几乎是不可能的，除非它们进行大规模的清洗、重构和重新组织，从而将数据塑造成有用的潜在知识库，而不只是当作具有高度可用性的垃圾站。

在"办公自动化"的试错方法中，并不只限于终端用户设计的低劣文档管理系统。同时，考虑到主要的软件开发和生产平台也是令人大开眼界的。从 20 世纪 90 年代末到 2004 年左右，Java 世界由 J2EE 主宰。在 2003—2006 年间，Spring Framework 开始对 J2EE 构成冲击，甚至与 J2EE 应用程序服务器的功能混合在一起，由应用架构师来管理。

在另一方面，.NET Framework 于 2002 年推出。到了 2004 年，关于.NET 超越 J2EE 的声音四起，但实际情况似乎并非如此。与 J2EE 相比，.NET 的一个较好改进是不包含任何类似企业级 JavaBean（EJB）的东西。EJB 实体 Bean 是一个彻底的灾难，从未真正对数据库实体对象提供令人信服的解决方案。熟悉 Java 开发的开发人员很快意识到，TOPLink 和后来出现的 Hibernate 提供了更出色的对象持久化体验。那些坚持使用实体 Bean 的人很多时候都遭遇了困难。在.NET 方面，Entity Framework 于 2008 年推出，但却非常令人失望。奇怪的映射规则导致了不切实际的对象设计，几年后才在高级应用程序开发人员的帮助下克服了这些困难。

考虑到 2007 年左右科技界的现状，NuCoverage 公司做得很好，通过最初只构建辅助核保员发放保单和理赔调整员确定正确的损失赔偿范围的软件，没有进一步扩展。在发放保单或理赔时，没有面向网络的应用程序提交或虚拟握手。这种保守的方法让公司能够迅速获利，并通过积累经验不断改进系统。

问题是，NuCoverage 公司的软件团队对软件架构缺乏理解和欣赏，对将不同的业务能力模块化毫无头绪。有经验的人很早就能察觉到这种差距。结果是，随着时间的推移，团队逐渐面临严重的技术债务和熵增的现实。最初的问题很快就开始显现。不出所料，未被认可和未偿还的技术债务一年又一年地积累，堆积成层层泥泞，直到图 10.1 中所示的大泥球单体系统出现，NuCoverage 公司需要艰难地修复和添加新功能。

在了解采用业务能力模块化的软件架构的情况下，NuCoverage 公司如何能够作为一个单体应用适应多年的变化呢？

关键是要有超越技术和框架的眼光。现在是时候该摆脱 SharePoint、Enterprise Java、Entity Framework、JPA、数据库产品和消息总线等技术的束缚，因为它们永远不能取代团队思考的能力。即使在面对严重的技术失败时，软件 IT 部门、CIO、CTO 和开发人员也需要一些可行的方法和指导来真正提供帮助。

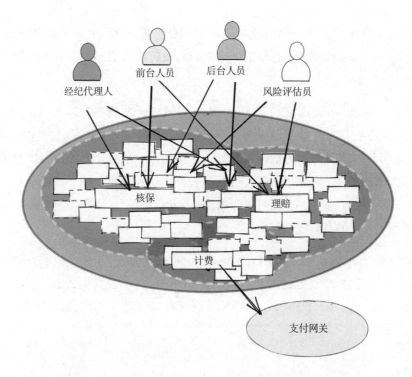

图 10.1 NuCoverage 公司的大泥球单体系统是多年来忽视设计和随意变化的结果

领域驱动设计（DDD）于 2003 年出现，端口–适配器架构则在 2004 年问世。分层架构在《软件架构模式》的第一卷中早已存在（见参考文献 10-8）。极限编程（见参考文献 10-9）早在 DDD 之前就已经存在了，敏捷宣言（见参考文献 10-5）也是如此。DDD 中的一些想法与极限编程和《敏捷宣言》有着惊人的相似之处。到 2004 年，组织（业务）能力已经有了明确的参考资料（见参考文献 10-1）。此外，在 NuCoverage 公司成立之前，面向对象的设计和面向对象开发（见参考文献 10-6）、领域建模（见参考文献 10-3）及类的责任和协作（见参考文献 10-2）等方式已经流行多时。然而，不论过去还是现在开发的系统，在很大程度上都仍未广泛运用这些思想、模式和工具。

慎终于始

不要低估雇用顶级软件架构师和开发人员的重要性。顶级企业会为了薪资便宜而选择某个人进入执行管理层吗？既然可以招到顶尖的从业人员，为什么还要去找技能不足的开发人员呢？企业应当清楚地知道要招什么样的人——那些拥有合适技能的人选。要知道，虽然软件工程方面的专业知识和执行管理层不同，但两者的专业知识同样重要。

尽管 NuCoverage 公司倾向于认为大幅缩减软件开发成本对其有利，但实际上却并非如此。采取妥协操作以尽早发布一个最小可行系统，并不能为低质量的架构和设计辩护。实际上，这种操作可能恰恰相反。在早期，一个健全且经过测试的架构能够为后续的功能开发打下坚实的基础，并促进长期的快速交付。因此，企业必须对架构师和首席工程师委以重任，让他们以狂热的热情和敏锐的意识来保护架构和代码的质量，这是他们永恒的首要任务。

如果我们回到 2007 年，重新启动 NuCoverage 公司会产生什么结果？在阅读以下描述时，请务必记住 2007 年的时代背景，下面的讨论并不会发生在当代（即 WellBank 银行和 NuCoverage 公司合作的时代）。下列所有事件都发生在遥远的过去，那时的 NuCoverage 还是一家初创公司。

业务能力

业务能力定义了一个企业能够做什么。这意味着即使企业可能会重组其组织架构，但新组织架构并不能改变其业务能力。在很大程度上，企业仍然遵循着重组之前的做法。当然，重组可能是为了开发新的业务能力，但在重组前一天还在盈利的业务能力，不可能在重组后立即被抛弃。因此，这再次强调了一个观点：最好根据业务能力来定义软件模型的沟通边界。

在图 10.1 中，有 3 种业务能力是明确的：核保、理赔和计费。对于任何一家保险公司来说，这些业务能力都是必不可少的。然而，NuCoverage 公司的创始团队还必须继续探索其他必要的业务能力。

如表 10.1 所示，NuCoverage 公司的创始团队共同确定了他们期望达到的业务能力。这需要对具体使用场景进行走访，并通过充分沟通来形成对业务目标的共同理解。表 10.1 中列出了每个业务目标的最初目的和实现情况。

表 10.1　2007 年 NuCoverage 公司探索的初始业务能力

业务能力	描　述	类　型
申请	接收并审核保险申请。这些申请可能源自在线提交，但更常见的是由代理商通过传真和电子邮件接收，或者申请人通过邮寄纸质申请表直接提交。在处理接收流程时，可能需要联系代理商和申请人，以补充缺失的数据或更正错误的信息。获得批准的申请将以电子数据的形式传输给核保部门	支持
核保	生成关于某可保风险是否值得接受的决策，结果可能是签发保单，或拒绝核保。NuCoverage 公司雇佣核保员，他们会基于软件辅助的风险模型评估可保风险。核保员会根据风险模型的建议，结合其他必要的附加调查和讨论，做出最终是否接受投保的决定。最终的核保决策需要记录下来。在核保流程中用到的其他业务能力的内部细节均存在于各自的上下文中	核心
风险	风险评估是保险业的核心，因为它是确定某项可保风险的潜在损失程度的手段。NuCoverage 公司成功的关键之一是其开发的软件精算风险模型，它通过自动计算和推荐算法辅助核保员做出决策。最初的重点是根据不同的汽车和驾驶员的风险，计算出不同的费率。这个业务目标需要仔细审查每个可保风险，以找到风险最小的投保申请	核心
费率	费率计算基于风险模型的建议，结合核保员的审核结果。计算出的费率结果将被记录下来。随着时间的推移，这些记录的费率结果将作为经验参考，用于改进自动费率计算	核心
投保人（账户）	记录每个投保人的账户信息及其所有保单的历史记录，但只提供有限的快照。当核保部门签发新的保单时，该保单会被添加到相应的投保人的账户中。这一业务能力有时也需要建立新的投保人账户	支持
理赔	接收投保人的理赔申请，并提供计算实际损失和赔付金额的方式。损失和赔付信息可以用于未来的续保和近期的保费调整。如果损失很可能是虚报的，但无法证明，这将是提高保费的典型原因；如果虚报情况被证明，则保险公司将直接取消保单	支持
续保	续保是更新保单流程的开始。该流程需要收集原有保单的理赔信息（如果有的话）：当前的风险模型，以及可能因核保成本增加而出现的费率上涨等数据。续保过程包括理赔检查、风险审批和费率计算，这些信息都会发送给核保部门审批。最终确定的续保信息会被记录在核保和投保人账户中	核心
计费	追踪保费支付周期，并根据保单的签发状态生成发票，管理未付款的保单。最初的付款方法只有支票和银行转账，未来可能会支持信用卡支付。现在不能支持信用卡，是因为交易手续费超过了 NuCoverage 公司的利润。在未来，当存在大量的付款需求，并且有新的支付网关可用时，这个问题可能会得到解决	通用

图 10.2 展示了一个包含 8 个限界上下文模块的单体服务，每个模块都代表一种业务能力。表 10.1 和图 10.2 中的业务能力类型标明了每种能力的战略价值级别。

在当前环境下，风险业务能力无疑是一个核心子域。为了确保高业务价值和必要的集成，NuCoverage 公司确定了最初的 4 种具有核心价值的业务能力。核保员利用这 4 种核心业务能力：核保、风险、费率、续保，以做出有价值的决策。毫无疑问，核保员对他们的工作流程有很多意见，同时将这 4 种核心业务能力视为一整套核保产品。

随着时间的推移，核心价值也随之发生转移。例如，随着风险和费率功能的不断改进，核保工作变得更加自动化，进而转化为一个支持性角色。续保工作也是如此，新的核心子域将逐步加入。

在成功推出最小的保险平台并持续改进几年后，另一个名为"奖励"的业务能力出现了。正如第 5 章所述，最初引入"奖励"的目的是鼓励司机的安全驾驶行为。一开始，奖励只是投保人账户中的一个简单数值。在业务专家设计出额外的奖励业务能力之前，这已经足够了。

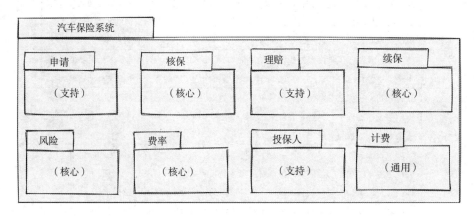

图 10.2　NuCoverage 公司最初的问题空间被具象化为一个模块化的单体

架构决策

在确定了业务能力之后，NuCoverage 公司现在需要做出一些架构上的决策。例如，不同类型的用户将如何与平台交互？基于网络的用户界面似乎必不可少。此外，因为员工有外勤工作，对兼具移动性和便利性的工作设备的需求也越来越大。是否有一套完备的方法来提出、跟踪并最终确定需要哪些架构决策？如何拓宽视野，以提供用户驱动机制或者其他机制？

NuCoverage 团队依靠架构决策记录来定义、设计、跟踪和实现优秀的架构决策。第 2 章介绍了使用 ADR 的方法。清单 10.1 的 3 个例子展示了汽车保险团队做出的相关决策。

清单 10.1　关于用户界面和消息交换的建议和决定的 ADR

标题：ADR 001：桌面用户界面的 REST 请求–响应

状态：已接受

上下文：用 REST 支持基于 Web 的用户界面

决策：为桌面客户端使用 Web 标准

后果：
优势：HTTP；可扩展；实验成本低
劣势：不适合用于大多数移动设备

标题：ADR 002 用原生方式开发移动应用

状态：已接受

上下文：存在适用于开发移动应用的 iOS 和 Android 标准工具包

决策：用 iOS 和 Android 标准工具包开发移动应用

后果：
优势：原生 UI 和使用体验
劣势：多机型适配；开发速度慢

标题：ADR 003 平台消息交换

状态：已接受

上下文：子系统间需要交换命令、事件和查询

决策：使用 RabbitMQ 进行可靠的消息交换

后果：
优势：吞吐量；规模；支持多语言；自由和开源软件；容易得到技术支持
劣势：稳定性？延迟 vs. 内存传输？技术支持的质量？操作复杂性

> **注意事项**
>
> 在接下来的讨论中，有一些对各种架构和相关模式的引用，例如 REST、消息传递和事件驱动架构。有关这些概念的讨论，请参见第 8 章和第 9 章。

在图 10.3 中，8 个限界上下文与图 10.2 中的上下文一一对应。在图 10.3 中，突出显示的是端口-适配器架构，而在图 10.2 中则强调将每个限界上下文分离为模块。虽然在图 10.3 中，每个限界上下文都具有精确的架构实现，但这只是象征性的。由于端口-适配器架构的特性，各限界上下文可能具有某些相似之处，但其内部应用程序部分（可能包含领域模型）将根据实际处理的不同问题而采用不同的实现方式。关于更详细的示例，请参见第 2 部分和第 3 部分的内容。

为简化起见，图 10.3 中没有显示用户界面，因此看起来像是用户直接与适配器进行交互。此外，通常的架构图将用户显示在每个子系统的左边，但在这里，架构图被"旋转"了一下，以便显示用户在系统周围，并在多个子系统中扮演角色。

图 10.3 显示了 ADR 的结果。ADR 001 及其 REST 请求-响应架构，以及针对移动应用程序的 ADR 002，在用户与单体服务的交互中得以识别。此外，在消息总线（或称 Broker）上的消息交换中可以看到 ADR 003 的结果。它位于单体的中心，体现了所有限界上下文在单体内的协作和集成方式。NuCoverage 公司的开发团队对于 RabbitMQ 的早期版本印象深刻，因为该版本发布于 NuCoverage 公司成立的那一年。

要正确理解和实现单体架构，关键在于是否每个限界上下文与其他上下文有清晰的边界。在图 10.3 中，这体现为所有上下文都使用消息总线进行通信。不仅如此，在每个上下文的边界还必须有适配器，如第 8 章所述，以适合集成的方式调整每个限界上下文的所有输入和输出。正如第 6 章所述，识别上下游关系非常重要。当限界上下文位于下游时，必须将自己的语言翻译成上游的语言，这一过程必须在消息（事件、命令、查询）发送到总线之前完成。因此，上下文之间的耦合保持适当的方向性，在大多数情况下应该是单向的。

不要认为图 10.3 在暗示上下文之间只有一种正确的通信方式。虽然可靠（至少投递一次的持久化消息）且异步的消息传递确实是一种正确的方式，但上下游之间通过请求-响应 API 也能达到同样的效果，只要 API 的设计充分考虑了上下文之间的关系。这样的 API 也可以异步执行，并且完全由事件驱动。

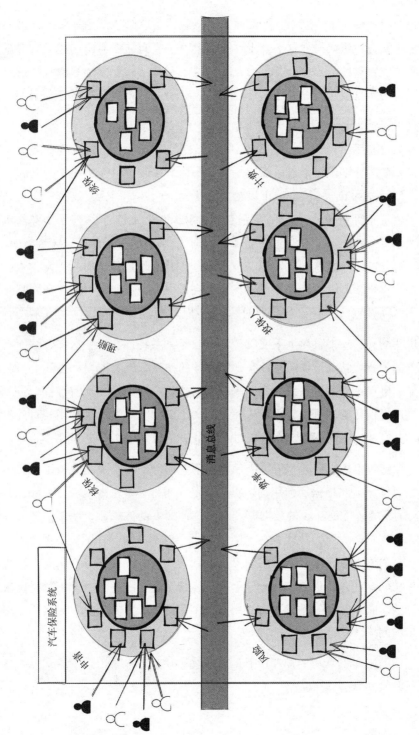

图 10.3　一个单体内的 8 个限界上下文，每个上下文都采用了端口-适配器架构

　　如果企业选择使用请求–响应 API 而非消息总线，它必须清楚地了解这可能会对未来的架构决策造成影响。在这一点上，限界上下文之间的任何协作和集成都需要处理分布式系统中常见的故障。正如第 11 章所说，网络、服务器和其他基础设施故障在遇到不完善的实现时可能会产生灾难性后果。因此，随时做好故障恢复计划。

　　一般来说，消息总线由于在时间上解耦了上下游，可以缓解一些请求–响应 API 存在的问题。这是因为从设计上提高了延迟容忍度，而不像请求–响应式通信有时间限制。当有大量消息堆积在消息总线上等待投递时，接收者可能会在短时间内被这些消息淹没。使用 Reactive Streams 可以帮助解决这个问题，因为它支持反压机制，这为接收者提供了一种在处理窗口内设置投递限制的方法。当然，首先选择弹性机制是很重要的。消息总线也可能发生故障，比如暂时丢失连接，或者 Leader 选举故障等。即便如此，通过重试发送持久化数据来克服这些困难，也比处理时间耦合的 REST 引起的麻烦要简单得多。因为消息传递往往发生在后端，用户通常不会感知到临时的故障，而使用时间敏感的 API 往往会把问题暴露在用户面前。

　　需要说明的是，每个限界上下文都应该有自己的数据库，而且这些数据库不能从上下文以外的地方直接访问。任何具有良好设计的架构都不可能允许限界上下文之间共享数据库，更遑论与遗留系统共享数据库了。这一限制适用于所有存储服务，也包括所有仅供内部使用的队列服务。与这种上下文集成的唯一途径是使用其对外暴露的 API，可能是 REST、RPC 和/或消息队列。更多信息请见第 2 部分和第 3 部分。

　　有时，在创建单体服务时，为每个限界上下文都分配一个独立的数据库实例是不现实的。这时候，需要根据所使用的数据库产品（可能是 Postgres 或 Oracle），想办法创建一个具有多个 Schema 的数据库。对于其他厂商的数据库，使用一个单一的数据库实例，把不同的上下文数据放在不同的表里，也不失为一种解决方案。无论采用哪种方案，一个关键的约束是为不同的上下文数据设置独立的访问权限，以防止其他上下文轻易访问这些数据资源。对于外部模块来说，属于限界上下文的数据库应当是完全不可见的。如果多个限界上下文使用同一个数据库，可能会出现连接数过多或同时操作过多的问题，从而引发性能故障。

　　在应用层的限界上下文内部和中心的领域模型中，严格采用以下战术模式让对象之间的耦合及时间耦合降到最低。

- 模块。

- 聚合根实体。
- 领域事件。
- 领域服务。

本书侧重战略方面，因此并不打算讨论如何全面实现这种系统。我们的后续图书 *Implementing Strategic Monoliths and Microservices* 将对这些战术和其他实现工具、技术进行详细的描述。

是与非

本节故事的时间轴与前文稍有不同。我们仍从 2007 年开始，但这次汽车保险系统变成了规模惊人的大泥球系统。如今，NuCoverage 公司必须纠正这个巨大的错误。为了完成这项任务，我们将对大泥球单体进行重构，将其转化为模块化单体，而非直接转变为微服务。第 11 章将更详细地探讨后者。

注意事项

将一个系统从大泥球单体转变为模块化单体并不容易，甚至可以说十分复杂。这需要业务为导向的战略纪律、巧妙的策略、细致入微的关怀，以及更多的耐心。需要注意的是，前面提到的各种技能并没有一开始就被采用，或者至少没有被长期采用。在许多人的想象中，纠正这种巨大错误往往需要"停止一切其他工作，给我们团队三个月时间，让我们来纠正这些错误"。坦率地说，这种方式很可能不会成功。一个运行中的、需要不断修复来维持的系统，不太可能满足"停止一切其他工作"的要求。BAU（Business as Usual，包括维持系统运行所需的各种更改）工作只会妨碍团队，使他们无法专注于"把事情做好"的短期目标。因此，本节会特意回避大家对短期内成功的幻想。即使相信某个团队能够在短时间内就取得成功（这是可能的），但失败的概率也很高。如果他们真的成功了，那就该为那个团队点赞。对于大多数企业来说，由于多年来软件熵的不断积累，做出必要的调整必须有足够的心理、时间及金钱准备（请参考第 11 章的"决定绞杀什么"一节，以了解更多需要注意的内容）。

第 1 章和第 2 章分别讨论了软件出错的原因。想要找出软件实现不佳的全部原因

是不现实的。在大多数情况下，软件从一开始就出现错误。少部分软件在开始时表现良好，但其原本健全的架构和有效的设计逐渐被破坏，因此也慢慢陷入混乱。无论软件开发出现何种问题，我们的首要任务都是朝着正确的方向前进。

以下为源代码中常见的错误。

- 过度专注于技术而忽视战略业务。
- 散漫、松散的结构（缺乏架构）。
- 缺乏以业务为中心的模块化，仅仅是由技术驱动的小模块。
- 缺乏单元测试，而依赖于规模庞大、执行缓慢、跨层级的集成测试。
- 缺乏实质性的模型，即以 CRUD 为重点的应用程序。
- 用户界面中缺乏业务逻辑。
- 单个技术模块中包含大量源文件。
- 源文件（类）之间的深度耦合。
- 跨模块的双向耦合。
- 关注点没有分离，而是分散在多个层次上。

这些问题是代码中常见的"大问题"，导致了维护代码和修复错误的高昂成本。虽然这个清单还可以继续列下去，但以上这些问题已经足以表明模块化失败的情况。

优先考虑以下几个问题：技术驱动、结构不良、缺乏有意义的模块化。清单 10.2 提供了一个典型的模块化失败的案例[①]。如果该结构仅仅用于存放单一业务能力，则其结构和命名可能不会带来灾难性的后果。但实际上情况并非如此。更进一步说，即使该模块只负责单一业务能力，这种模块划分方式仍然是无用的。

清单 10.2　常见的模块划分错误

```
nucoverage.ais.controller
nucoverage.ais.dao
nucoverage.ais.dto
nucoverage.ais.endpoint
nucoverage.ais.entity
nucoverage.ais.helper
```

---

① 这个毫无意义的 ais 模块名，代表汽车保险系统（Auto Insurance System）。然而，这只是该模块在命名上的最小问题。此外，如果设计得当，以业务为出发点的代码库不应该需要 helper 和 util 组件。

```
nucoverage.ais.repository
nucoverage.ais.service
nucoverage.ais.util
```

事实上，这种模块结构很可能用于组织整个汽车保险系统。8 个主要的业务功能都藏在一组没有任何业务意义的模块中，每个模块中都有上百份源文件。只有拥有大象般的超级记忆力，才能掌握每个模块的隐性知识，从而在这种混乱中存活下去。那些没有这份记忆力的人怎么办？他们只能不断地把问题抛向那些记性好的人。混乱的只是这些吗？我们甚至还没谈到多方向的模块间耦合呢，这种耦合关系在人们从大泥球系统中挖掘和重塑有意义的组件时发挥着重要作用。所以，用"混乱"来形容大泥球系统绝对是正确的。

幸运的是，纠正这些问题仍然是可能的。团队需要采取纠正措施，但从哪里开始，又该在过程中遵循哪些步骤呢？

随变化而变化

如果世界上有什么永恒不变的事情，那就是变化。即使是老旧的大泥球系统，每天也在变化，虽然这些变化只是为了维持运作而打上的临时补丁。这是工作的常态。虽然听起来可能有点残酷，但是如果你想引入有意义的变化，这也可以成为你的助力。在打补丁时，不要只考虑速度，花点时间进行重构，逐渐让系统变得整洁。

首要的纠正措施是为那些受业务驱动的变更添加测试，比如在打补丁和修复其他错误的时候。每次打补丁或做其他改动时，都要创建相应的测试。可以考虑重复执行以下步骤。

步骤一，添加可以验证业务最终正确性的测试，然后修改代码以修复当前的错误。

a. 首先创建可以验证业务最终正确性的测试，这时候测试一定是通不过的。

b. 一般来说，此时最好的测试不是单元测试，而是粗粒度的集成测试。例如，对于由贫血模型支持的 Service，创建针对该 Service 的测试是最有意义的，因为测试对贫血模型毫无用处。对于贫血模型的测试只能验证属性的 get/set 方法是否正常工作，而它们几乎不可能出错，特别是当它们是由 IDE 生成的时候。而测试 Service 中是否正确设置了预期的属性，在当前阶段则是很有用的。

c．修正错误的代码，使测试通过。然后将修改提交给主代码库。

步骤二，在测试完成并修复错误后，立即进行模块化实验，将相关的业务逻辑代码从 Service 层转移到模型中。

a．看看能否把修正后的代码移动到一个新的面向业务的模块中。如果可行，那就这样做。确保通过测试，这种重构动作不会导致问题再次出现，并编写新的测试来验证相关的测试逻辑。在重构后的代码中编写新测试，把相关的测试逻辑都放到新的测试中。

b．当 Service 使用贫血模型时，可以在 Service 的方法中寻找重构机会。通常，Service 会用到实体属性的 set 方法，这些 set 方法可以被统一到实体的一个方法中。要做到这一点，你需要在实体的新方法中调用这些 set 方法，并让 Service 调用这个新方法。新方法的名称应该关联当前上下文的统一语言。在 Service 和实体模型上分别进行测试，确保组件不再是贫血模型。

c．如果在被修正的代码附近存在其他可以被快速修正的代码，那就顺手也改掉。这样做可以加速模块化代码，并推进 Service 逻辑分解到模型的进度。在过程中不要过于激进，以避免返工。所有这些变化都要加上测试。这类工作不应该耗费太多时间，一般几分钟就足够了。

d．当每一个改动都完成并且所有测试都通过后，提交测试和生产代码到主代码库。

步骤三，在修复已重构代码中的错误或增加功能时，应该抓住机会进行更多的重构。

a．为以下所有重构都准备测试。

b．把已经修复过错误但保留在原先位置的源文件（比如类文件）移入业务模块。这些文件之所以还留在旧模块中可能是因为之前的更改不涉及这部分逻辑。

c．将 Service 中的业务逻辑移到模型中。在贫血模型中，Service 是发现业务逻辑的唯一机会。

d．当每个改动都完成且所有测试都通过后，将测试和生产代码提交到主代码库。

步骤四，当 Service 需要几个参数用于设置实体上的数据时，应将所有相关参数重构为各自的值对象类型（Value Object）。然后，将值对象类型传递到实体的行为方法中。这些方法是在将实体的 set 方法聚集到单一方法时引入的。

步骤五，随着代码库变得越来越稳定，每天需要修复的 Bug 也越来越少。利用这段时间按照前面的步骤进行重构，改进速度将会加快。这是因为团队的经验和信心都在增长。

考虑将汽车保险系统的 8 个限界上下文在单体服务中建立了合理的模块化结构。如表 10.2 所示，每个限界上下文都有一个相应的模块，每个子模块都解决了一个特定的架构问题。

表 10.2 并未列出所有上下文的全部子模块，只以典型的核保上下文作为例子。不可否认的是，各个上下文也可能会有其他子模块，特别是在 model 子模块中。另外，infrastructure 模块也可能有其他子模块，例如在使用 gRPC 的情况下，可能会有 infrastructure.rpc 子模块。

表 10.2　以业务为中心的单体汽车保险系统的模块化结构

上下文模块	子模块	描述
nucoverage.intake		申请模块
nucoverage.underwriting		核保模块
	application	应用程序服务/服务层
	infrastructure	存放适配器和数据对象
	infrastructure.data	数据对象，用于序列化和反序列化 REST 请求和响应
	infrastructure.query	查询模型接口
	infrastructure.messaging	消息队列适配器
	infrastructure.persistence	持久层适配器
	infrastructure.resource	REST 资源适配器
	model	领域模型
nucoverage.claims		理赔模块
nucoverage.renewals		续保模块
nucoverage.risk		风险模块
nucoverage.rate		费率模块
nucoverage.policyholder		投保人模块
nucoverage.billing		计费模块

虽然立即将这个单体分解为多个可独立运行的组件（例如 Java 的 JAR 文件或 Windows DLL 文件）的想法很诱人，但最好还是暂时将其作为一个整体的可执行组件。原因将在"解耦"一节中解释。

以上述方式持续改进几个月（可能比预期时间更短），代码将从一摊烂泥变得易读、易于修改，且更加稳定。

作者的一位资深的建筑业朋友曾经声称，拆除一座建筑所需的时间只有建造它的十分之一或更少，而且这个过程不仅是为了拆除建筑，更包括所有重要部分的复用。尽管软件业和建筑业并不完全相同，但这个观点仍然为有序地重构和重组一个大型系统的代码库提供了指引，因为我们的目标是大量复用现有的代码。尽管到目前为止，代码库一直是负债，但是重塑现有的代码可能比构建新的代码更容易。如果积累技术债务需要 10 年，那么一个团队采用我们刚才描述的逐步改进的方法，可能只需要 1 年就能还清全部技术债务。将重构所需的时间设定为构建所花费时间的十分之一，这个目标非常合理，甚至可能提前完成。

解耦

还要克服一个重大的挑战。到目前为止，团队避免了打破各个组件之间的强耦合，这是在实现系统代码完全重构过程中最为困难的一步。将强耦合的组件分解为松耦合或者完全解耦的组件是一项艰巨的任务。在实践中，大泥球系统中的强耦合的存在是造成神秘 Bug 的最大原因之一，这些 Bug 不仅破坏系统质量，还会困扰开发团队。它们不仅难以定位，而且在混乱的代码中，甚至无法被完全理解。因此，这些引发系统故障的根源必须完全铲除。

以前，所有组件（如 Entity）都位于一个非常大的模块中，而现在它们则分散在不同的上下文模块中。当然，将组件放在适当的模块中是理想的情况，但我们的重点是不希望存在组件之间的强耦合。这些耦合之所以在以前的重构过程中被特意保留下来，是因为它们是最难处理的重构问题之一，稍有不慎就会对开发团队造成很大的伤害。在进行解耦工作时，很容易破坏系统的稳定性，并且中断之前的良好进展。这种"容易"真是太糟糕了。

由于上下文模块之间仍然存在耦合，所以目前最好的做法是使用单一代码库管理源代码。有些人甚至喜欢长期使用单一代码库，这样做的好处是可以降低可执行组件（如 Jar、DDL）之间的依赖关系的复杂度。

如图 10.4 所示，保单、理赔和投保人以前都属于一个叫作 NuCoverage.ais.entity 的模块，这个模块还包含了系统中的其他所有实体。现在，它们都被重新安置在各自上下文的模块和子模块中。目前看来一切顺利。但是，如果我们检查一下实体间的耦合关系，就会发现这些关系成了系统的新痛点。如果不是有意去寻找，这些耦合关系对开发人员来说几乎是不可见的。解耦是一项烦琐的工作，但难度却不高。

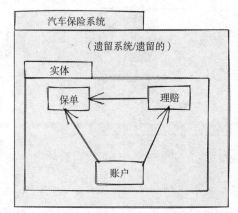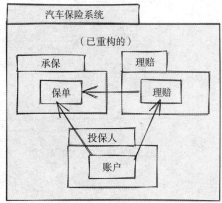

图 10.4　实体转移到了各自上下文模块中，但耦合依然存在

解耦的主要策略可以归纳为以下两条。

1. 对已经转移到各自上下文模块的组件来说，解耦是首要任务。如果存在需要跨上下文模块的业务规则要求组件之间保持一致，可以采用最终一致性。

2. 对于在同一上下文模块中的组件，可以认为它们的解耦优先级较低。如果存在需要跨上下文模块的业务规则要求组件之间保持一致，可以采用即时的、事务性的一致性。在完成了首要的解耦任务之后，再把这些低优先级的耦合转变到最终一致性。

解决首要任务需要消除上下文组件间的直接耦合。一定程度的耦合是必要的，以便让不同的上下文进行合作和集成。但是，耦合的种类可以改变，其强度也可以大为降低。

如图 10.5 所示，有 3 种减少耦合的方式。

- 不同上下文模块中的组件不再需要事务一致性。
- 没有事务一致性，时间耦合性大大降低。
- 一个上下文模块中的组件与其他模块中的组件没有直接的对象引用。引用只能通过对象 ID 来进行传递。

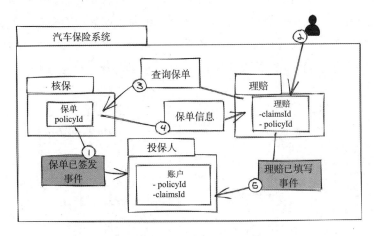

图 10.5　事件驱动的架构能够有效地打破上下文之间的依赖关系和耦合

在理赔模块中，可以看到一个仅通过 ID 进行引用的例子，它持有保单的 policyId。同样地，账户模块也持有投保人的一份或多份保单的 policyId。理赔模块同样持有所有理赔记录的 claimsId，只通过 ID 来引用。除 ID 外，其他值对象也可以一起被持有，比如保单类型就可以和 policyId 一起被持有。

如第 5 章所述，在续保上下文中需要保单类型，但是保单来自核保上下文。在续保上下文中创建保单不是重复代码，也不是故意无视 DRY 原则。相反，续保上下文对保单有着不同的定义，尽管它与保单的原始记录有关。这也是限界上下文的目的之一：承认并保护差异，避免两种不同的语言混杂在一起，这种混杂对双方都是错的。好的模型反映了团队在上下文中维持高水平沟通的能力。

重申 DRY 原则

统一的代码是有代价的，它导致了耦合和复杂性，并增加了工作在各模块上的团队间的沟通任务。然而，不管怎么说，简单重复的代码都是不可接受的。

对 DRY 原则的狂热追求往往基于误解：DRY 原则是关于代码的。实际上，它关乎的是知识的重复。DRY 原则强调的是，知识重复是一种糟糕的选择。例如，理赔上下文需要一个拥有全部属性的保单作为其值对象，而核保上下文中的保单则是一个实体，两者持有的"保单"是大为不同的。那些错误理解 DRY 原则的人，会坚持把这两种"保单"统一为一个类。然而，这样只会导致复杂的模型设计，包括创建一个与其他概念高度耦合的"上帝"类。

这种统一模糊了两个独立的上下文之间的界限。这两个上下文应当有意地将"保单"建模为两个不同的概念。限界上下文必须完全通过业务语言来划分概念，才能得到正确的模型。在核保上下文和理赔上下文中分别创建"保单"，即使两者的代码在某些方面有一定的相似之处，也不违反 DRY 原则。

另一个挑战是迁移现有的数据库表，以支持新模型实体的新上下文边界。打破模型上的耦合肯定需要对数据库进行更改。

在使用对象关系映射时，通常一个实体使用外键引用其他实体。跨上下文的数据库或 Schema 的外键约束将会消失，仅在同一个数据库或 Schema 中得以保留。根据使用的数据库类型不同，可能需要一个或多个列来保存关联实体的 ID，也可能将这些 ID 嵌入完全序列化的实体。对于上下文内和上下文之间的引用，都应该使用 ID。

数据库迁移在企业应用中很常见，因此不应该将其视为危险的任务。然而，在进行解耦工作时需要保守一点，循序渐进地进行完善不会有坏处。正如在"是与非"一节中提到的，团队应该为每个新定义的上下文都创建单独的数据库、Schema 或控制访问权限的数据库表。

接下来，团队将进行第二优先级的重构，即尽可能多地打破上下文内的耦合。使用聚合规则将实体与其他实体解耦，除非它们需要事务一致性来满足业务规则。

谨防代码重用的设计

模块化设计的一个原则是代码的重复胜过代码的耦合。尽管代码重用是一个好方法，但像许多被误解和误用的好方法一样，代码重用也有它自己的问题。鲍勃·巴顿（Bob Barton）[1]说："好的想法往往难以推广。"换句话说，一个在有限范围内有效的

---

① 鲍勃·巴顿是 Burroughs B5000 和 B1700 计算机的首席架构师，也是 DataFlow 的共同发明人。

> 方法，如果应用于更广泛的范围，往往就不会起作用。想想看，用建造独栋住宅的原则、工具和技术来建造摩天大楼是不可能完成的任务。在更广泛的范围内进行代码重用也是如此。开发人员花费了大量时间来构建未来可能使用的代码，最终也不一定会真正使用。事实上，为了重用而设计可能会导致代码无法满足任何单一需求。为使用而设计胜过为重用而设计。
>
> 设计和实现可重用的代码需要预见未来的需求，但预测未来是非常困难的。这就是为什么本书提倡在可接受的失败中进行实验。因此，代码重复实际上应该被看作代码的上下文化，是可取和明智的，因为它避免了不必要的耦合。

遗留系统中所有的 helper 和 util 组件都是可以完全消除的。这类组件通常是为了存放常用的代码而创建的跨业务组件，它们的主要职责是执行检查、验证和约束状态，以及运行简单的流程。这些组件应该成为领域模型的一部分，如果不能完全放在实体和值对象中，那它们很可能适合放在领域服务里。否则，这些没能被消除的 helper 和 util 组件会被保留或成为 Service 层的一部分。

坚持正确的步伐

当企业全力打造具有战略意义的模块化单体时，如果该单体最终从正确（无论是一开始正确还是后期改正的）滑向了失败，并变成了一个大泥球系统，那就太令人失望了。这种情况多见于那些最初致力于战略目标的人离开项目后。虽然人员变动在某种程度上是不可避免的，但企业应该努力防止大规模的人员流失。

一方面，人们主动离开项目是正常的。有能力的工程师喜欢新的挑战，因此无法将他们一直留在团队中。当他们离开时，必须寻找具有类似技能的人来接替他们的工作。

另一方面，管理层往往会把更有经验的工程师调到新的项目上，然后用经验不足的工程师来填补他们留下的位置。这种情况往往发生在精心设计的系统被认为"完成"并进入"维护模式"时。这种方法的问题已在第 2 章的"康威定律的正确用法"一节中讨论过，特别是在要点"保持团队在一起"中重点强调过。当一个解决复杂问题的系统达到 1.0 甚至 1.4 版本时，认为它已经处于"完成"状态通常是错误的。找到价值差异化的重大机会可能就在眼前，但需要有足够的洞见才能发现它们。

在现有的大型代码库中进行创新，本质上意味着需要在架构和模型设计上发生重大变化。一个领域模型概念可以被拆分成多个新的概念；反之，两个或更多概念可以结合起来形成一个单一的概念。每个概念都有自己的事务边界和新的特征。如果没有任何架构和设计监督，将这种重要改变交给经验不足的开发人员是不可取的。如果这些变化被搞砸了，就像在泥泞的坡上滑倒，系统最终很容易变成一个大泥球系统。

和其他任何投资一样，保持战略代码库的整洁是必要的。一个战略软件值得持续的投资和关注，以便确保未来几年持续获得回报。

小结

首先本章讨论了为什么可以把单体作为一种可行的架构选择，以及如何正确地构建单体。单体不应该等价于大泥球系统，单体是一种手段，是一种可以实现良好架构的解决方案，也可用于纠正架构不佳的情况。然后本章讨论了业务能力，以证明它与软件模型的关系。架构决策记录可以帮助团队定义、设计、跟踪和实现重要的架构决策。本章还介绍了如何避免组件间的耦合。强耦合通常会导致大泥球系统，这是一定要避免的，否则软件最终会走向失败。最后本章提出了如何保持战略代码库的良好秩序的建议。

以下是本章的要点。

- 不是每个系统都需要微服务架构。对于许多团队和企业来说，单体是完全可行的架构选择。
- 业务能力定义了企业所做的事情，即使组织架构重组，业务能力通常也不会改变。
- 正确实现单体架构的关键，在于理解和保持每个限界上下文之间的隔离。
- 从大泥球系统变成模块化单体，需要具有业务头脑的战略纪律，需要聪明的战术和耐心。
- 事件驱动架构使耦合显式化，突出了上下文之间的依赖关系。
- 谨防"维护模式"，因为它往往是一个陷阱，会让你忽视尚未发现的战略差异化价值。

第 11 章会进一步探讨从单体过渡到微服务的两种方案。第一种方案探讨了如何从模块化良好的单体架构转化为微服务。第二种方案用于把一个大泥球单体强制转为微服务。前者相对简单，但后者也没有特别困难。

第 11 章

从单体到微服务

本书的第 1、2 章和第 8 章讨论过，在某些情况下，使用微服务确实是最佳选择。但并不是所有系统都需要引入微服务。微服务的数量应该根据业务目的和技术原因进行决策。

注意事项

本书第 1 章介绍了 NuCoverage 公司的案例，并贯穿了全书，本章将继续对其进行介绍。如果你对此案例的某些上下文不了解，请参阅前面的章节。

从纯单体架构过渡到一定数量的微服务可能要保留单体的某些部分，使之与新的微服务一起运行；或者完全用微服务替代单体。本章将对这两种方案进行讨论。

做好心理建设

从单体中分离微服务时，新引入的分布式组件增加了运行时故障的可能性。导致更高故障率的不仅仅是微服务本身，还有整个分布式生态系统提供的端到端解决方案。这很大程度上是由于不同计算节点之间的通信对网络的依赖性增加，节点越多，网络和节点发生故障的可能性就越大。为了理解新的复杂性，你需要了解分布式计算缺陷的常见影响。这是分布式运算的 8 大谬论（见参考文献 11-3）。

1. 网络可靠：网络中的连接不会出错，消息不会丢失，数据不会损坏。

2. 延迟为零：传输的数据可以立即到达目的地。

3. 带宽无限：网络可以传输任意数量的数据，不会出现带宽不足的情况。

4. 网络是安全的：网络中的数据传输不会被窃听或篡改。

5. 拓扑结构不会改变：网络的拓扑结构是固定的，不会发生变化。

6. 只有一个管理员：网络的管理是集中的，只有一个管理员。

7. 传输开销为零：网络传输数据的开销为零。

8. 网络是同构的：网络中的所有节点和连接是相同的。

如果你相信上述内容是真实的，那么将会面临分布式系统失败的风险。与上述对应的分布式系统"八宗罪"如下。

1. 网络是不可靠的，并且会随着时间的推移而毫无预警地发生变化。缺乏弹性和恢复策略的软件此类问题更加严重。

2. 延迟是不可预知的。缺乏经验的工程师开发的软件，情况可能更加恶劣。

3. 带宽波动往往难以察觉，这种反直觉的现象可能会因为天真的假设而变得更糟。

4. 由于互联网的开放性，所以安全团队需要在默认开放性与企业安全政策的复杂性之间寻求平衡，再加上企业用户不遵守安全政策造成的疏忽和马虎，因此网络并不完全安全。

5. 拓扑结构往往存在次优路线，从而产生意外的瓶颈。

6. 多个不同的管理员之间制定的通信策略可能相互冲突，从而降低效率或完全阻断通信。

7. 网络传输的构造非常困难，因此在过程中可能会发生错误，从而导致负面的财务和/或功能与质量相关后果。

8. 即使网络是完全同构的，也会产生 1~3 的后果。

第 1~3 点强调了分布式系统面临的主要问题。大多数软件并没有准备好处理网络故障或其他常见的分布式计算故障。然而，这 8 点仅涉及网络故障，而没有涉及与网络无关的软件故障。除此之外，还有其他类型的故障，例如应用程序错误、服务器和其他硬件故障、持久化资源性能变差或不可用等，这些故障都可能导致严重的后果。

要使分布式系统有良好的设计，必须考虑故障预防和恢复的方案。

- 故障监控：通过在组件周围设置安全模块，防止级联故障。
- 断路器：通过阻止对故障组件访问，防止级联故障，直到该组件完全恢复。
- 有上限的指数退避重试：为客户端到服务器的失败请求提供重试方法，直到服务器恢复到正常的运行状态。但不要用恒定的速率快速重试，以避免对网络或服务器施加过大压力。
- 无效请求接收器：当服务器多次收到相同请求时，它知道如何安全地忽略后续操作，或者如何不产生负面影响地防止执行后续操作。
- 无序信息传递：一般来说，交换律（$2+3=3+2$）适用于加法和乘法，但不适用于减法和除法。在架构中，不要要求所有消息都遵循特定的顺序，而应了解所有必要信息的总和，并且只有在达到总和时才进入下一步。
- 使用负载控制、负载转移和反压来避免请求压力：为了减轻子系统的运行负担，负载控制将丢弃/忽略一些不必要的工作。负载转移则将工作分配给其他有能力的机器。数据接收方使用反压机制来限制在给定时间范围内可能从数据发送方那里收到的元素数量。

当然，这些补救措施并不能解决所有问题。但故障监控至少可以避免灾难的发生。对于某些架构来说，可能很难引入监控。Actor 领域模型通常会将监控作为平台的基本要求，但并非总是如此。而且，大多数软件的运行时环境是缺乏监控的。

即使应用了故障监控，解决方案也不一定完美。仅仅采用局部恢复是不够的，而且缺乏协同稳定的设计，将不能逆转恶化的局面或防止计算异常。我们需要深入思考未妥善处理重复提交和无序变化操作所带来的负面影响。例如，未被识别的重复提交可能导致账户余额发生错误的变化，从而对多方造成金钱上的损失，这将对责任方造成致命的影响。

将应用迁移到微服务不应该单开（典型的）项目

项目通常有计划、预定的工作量、资源和开发人员的分配、开始日期、各种里程碑及结束日期等约束特征。对于从单体应用到微服务的迁移，创建一个具有上述约束特征的项目是错误的。在理解、信心和动力都得到保证之前，承诺交付日期将给开发团队带来过大的压力，从而导致一系列问题。从事新技术的人和那些受到业务压力与遗留系统限制的人之间可能会产生摩擦。人们通常低估了所需付出的努力和事物的复杂性，以及工程师驱动变革所需的技能水平。

从单体到微服务架构的转变需要持续不断的努力，所有致力于成功的利益相关者都应该支持这一行动。这应该是一个业务目标。对团队来说，拥有具备高级技能的熟练开发人员至关重要。此外，团队应该围绕业务能力进行组织，并具有跨功能的技能。这在第 2 章的"文化和团队"一节中有所讨论。

团队必须做好心理准备，意识到即使小的技术故障也可能成为大问题。这需要稳健的设计和实现，对于成功实现分布式系统至关重要。

从模块化单体到微服务

第 10 章介绍了构建模块化单体的两种方法。

- 从一开始就以模块化方式构建。
- 逐步将大泥球系统重构为模块化单体。

在第 10 章中，图 10.2 和图 10.3 展示了一个名为"汽车保险系统"的单一部署容器内的 8 个上下文模块的最终目标。通过上述两种方法，NuCoverage 公司现在拥有一个模块化单体。但一些新变化也同样带来痛点。

有 5 个团队在这 8 个子域和上下文模块上工作。每个模块都以不同的速度在变化，风险和费率模块的变化尤其频繁。这两个模块的业务规则以及执行精算处理和定价计算的算法都在变化。此外，风险和费率模块必须独立扩展，因为它们的负载很重，需要更多的资源。与此同时，该公司计划扩展奖励相关的产品，而增加的新险种也将带来一些影响：奖励将要从投保人账户中扣除。由于定制的遗留计费系统已经过时，无法支持新的计费规则和支付选项，软件即服务（SaaS）的计费解决方案将取代它。

这些变化要求将以下上下文从单体提取到微服务中：（1）风险上下文；（2）费率上下文；（3）投保人账户上下文；（4）奖励上下文；（5）计费上下文。

或许还需要提取其他上下文，但是上述这些已经带来了足够多的陌生挑战。逐步利用这 5 种业务能力进行改进，将有助于团队在相对较低的风险下获得经验。

一开始，我们一次只能提取一个上下文模块。如图 11.1 所示，在相对较短的时间内，4 个上下文已经变成了 4 个微服务。尽管计费上下文最终将被完全替换，但团队采取了较为保守的策略，只提取有特定目的的模块化上下文。更多重构随之而来。

> **注意事项**
>
> 与图 10.3 的情况一样，为了简单起见，图 11.1 中没有绘制用户界面，因此用户似乎需要直接与适配器进行交互。此外，在通常情况下，用户会显示在每个子系统的左侧。在这里，架构图被"旋转"了，以便将用户展示在系统周围，并在多个子系统中扮演角色。用户界面将在后面的"用户交互"部分进行讨论。

由于单体使用了消息总线，因此在提取新上下文时，上下文之间通过使用命令、事件和查询的传递消息的方式来通信的部分不需要更改。需要改变的是安全性设计，以防止攻击行为，并通过授权控制每个参与者可以执行的操作。此外，奖励模型必须从投保人账户上下文中提取出来，计费上下文需要进行重大更改，以便现有计费系统和 SaaS 计费服务之间进行通信。此外，我们还需要在问题清单中添加一项：每个限界上下文都应该有自己的数据库。

基于 SaaS 的计费服务不了解汽车保险系统的事件，也没有提供接收该事件流的方法。如图 11.2 所示，为了方便 NuCoverage 系统与订阅计费服务的集成，我们需要一个小型的计费转换上下文，它负责将本地事件转换为对 SaaS 计费服务的 API 调用。

基于 SaaS 的计费服务提供的一个事件记录流，包含了已经发生的事件信息。NuCoverage 公司的计费转换上下文将该流转换为事件，并发布到 NuCoverage 公司的消息总线上。因为计费事件类型已经存在，所以系统不需要因为使用了新的计费子系统而改变。

初期提取计费上下文可能看起来是一个浪费时间的步骤，因为大部分逻辑会被废弃。然而，我们仍然建议提取计费上下文，因为这样的重构不会破坏系统，同时可以提高系统的安全性。一旦提取完成，现有的计费上下文的每个功能都可以逐一重定向到新的 SaaS 计费服务。

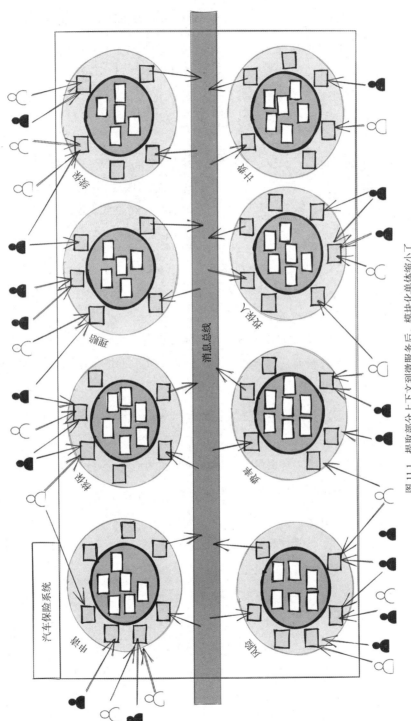

图 11.1 提取部分上下文到微服务后，模块化单体体缩小了

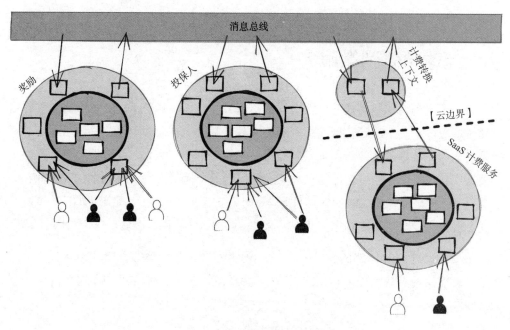

图 11.2　持续的模型提取工作

　　显然，团队可以将计费功能逐一从单体内部重定向到订阅服务①。首先采取的步骤是按照最终实现的功能拆解团队。具体来说，计费功能将不再存在于单体应用内部，相关团队也将离开，从而减少了与其他团队在进度上的冲突。这非常有帮助，因为对计费系统的重构正在紧锣密鼓地进行，每天或每周都会发布几个版本。与计费系统可用或不可用相比，要考虑提取当前上下文所需的时间，来决定团队应该如何选择。

　　最后，可以将奖励模型从投保人账户上下文中提取出来，并单独打包部署为一个微服务。由于目前奖励仅仅是账户类型中的一个或几个属性，因此这是一个相当简单的提取过程。但是，将其迁移到新的上下文并确保所有奖励问题都在同一个地方得到解决，将为团队提供一些暂停和思考的机会。好消息是，现在奖励的数量和类型可以更容易地扩展，以推广新的保险产品。

---

① 这是绞杀者模式的一种，下一节将讨论这个问题。

从大泥球单体到微服务

另一项更具挑战性的任务是将大泥球单体直接分解为微服务。考虑到这项工作需要同时解决多个复杂问题，因此不难理解它的挑战性。在此过程中，所有在第 10 章"是与非"一节中描述的步骤都必须通过一个单一的接口完成，每个重构任务都必须扩展这个接口。由于这一切都是在大泥球单体仍处于运行的情况下完成的，因此在分解过程中不能破坏任何功能，至少不能长时间影响。总的来说，由此产生的巨大变化将堪比一次重大飞跃。即便如此，仍需减少代码量，增强软件，以实现这个艰巨的飞跃。

重要的是建立从传统的软件开发方法转变为以业务驱动的策略和质量保证为导向，在高效率的迭代流程中运作的团队。毫无疑问，这是一项艰巨的任务，但必须尽快实现。

以下是其必要的步骤。

步骤 1，识别大泥球单体中的所有业务能力。

步骤 2，按照战略重要性对业务能力进行排序：核心竞争优势 > 支持性功能 > 可由第三方解决方案取代的通用业务。

步骤 3，收集与业务相关和当下并不相关的持久规则和功能清单。

步骤 4，根据优先级确定要提取哪些业务能力。

步骤 5，规划如何提取第一个业务能力。

步骤 6，重复步骤 1~5，进行增量迭代交付。

在早期，步骤 4 中，团队偏爱容易获得成功的业务能力，例如，使用新的微服务替换传统的投保人账户。这自然会导致创建奖励上下文，以便从投保人账户中提取信息。这类变化最为简单，可以帮助团队积累经验并增强信心。

步骤 5 包含了许多不同的细节。后面的内容将详细阐述这些细节，可以根据需求的变化随时采取其中的一些，不必按照固定的顺序执行。在大多数情况下，这种方法被称为"绞杀"单体，就像藤蔓缠绕树木一样。

用户交互

系统在任何时候都应当保持可用状态。因此，用户交互必须保持一致。在用户和单体之间放置一个"门面"（见参考文献 11-4），可以方便地维护系统与用户之间的契约。图 11.3 显示了作为门面的 API 网关，它的工作原理如下。

1. 最初，所有的用户请求都通过 API 网关发送到遗留的大泥球单体（简称"遗留系统"）中。

2. 当业务能力被提取到微服务中并对用户可用时，API 网关应当将部分或全部的用户请求重定向到新启用的微服务。

3. 此方案可用于 A/B 测试，以确定 A 组和 B 组的用户是否有好/差以及更好/更差的体验。

4. 如果新的微服务导致了"差"或"更差"的体验，则将所有用户请求重定向回遗留系统。

5. 如果测试确定新启用的微服务是可靠且正确集成的，则将所有用户请求重定向到那里。

为每一个新提取的微服务都重复这些步骤。

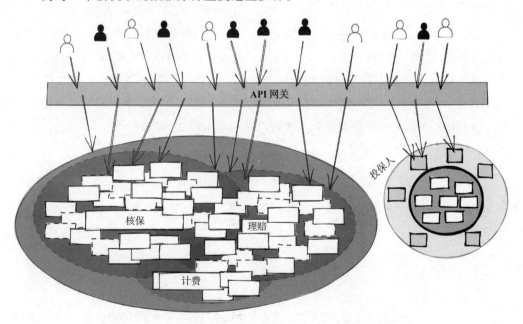

图 11.3　使用 API 网关将用户请求定向当前的实时上下文

可以省略 API 网关重定向请求，这就需要对 UI 进行更改。虽然在这种情况下进行 A/B 测试可能更为困难，但仍然是可以实现的（作者已成功使用此方法）。使用 API 网关则更加简单。

无论使用何种方法，这里一个常见的复杂性即分割请求。当遗留系统和一个或多个新的微服务都提供所请求服务的一部分时，这种情况就会发生。无论执行结果如何，它们都必须被汇总。处理这种情况的最简单方法是通过 API 网关。查询请求和响应通常可以很容易地聚合。相比之下，创建和更新请求则不太容易聚合。一些查询工具可以使聚合任务更加顺利，但解决方案可能需要全面和直接地访问数据库，而不是使用设计良好的应用程序和领域模型。像 GraphQL 这样的查询工具也可以通过 REST 请求-响应通信工作，从而保留有价值的应用服务和领域模型。这种模式被称为 GraphQL 服务器资源聚合（见参考文献 11-7）。

前面的讨论指出，需要重新思考如何设计和构建用户交互。当数据被分离到遗留系统的各种模块中，或当整个业务能力在独立的微服务中被重新实现时，用户界面必须显示来自多个来源的数据的聚合，以提供适当的用户体验。用户界面不再只有一个数据来源①，这是使用 API 网关的另一个原因。这种模式被称为组合界面，如图 11.4 所示。

当使用此模式时，用户界面能够知道在一个 Web 页面中组装了不同的组件。这可以通过相对简单的 HTML 语言实现。可以使用 div 或其他标签来组成 Web 页面的不同区域，以显示来自不同子系统的数据。每个 div 都从不同的数据源获取数据。在图 11.4 中，有 3 个用户界面组件，其中核保信息来自遗留系统，而风险和费率信息则来自新的微服务。这些聚合和组合工作可以交给 API 网关来完成，它可以使用传统的 REST 查询或 GraphQL 查询。

请注意，还有其他方法可以实现同样的目标，如微前端和 BFF 的组合。这些方法在后续图书 *Implementing Strategic Monoliths and Microservices* 中有详细描述。

---

① 实际上，从来没有一种简便的方法可以把大泥球系统中的数据聚合到用户界面上，尽管从外部看来可能存在这样的幻觉。

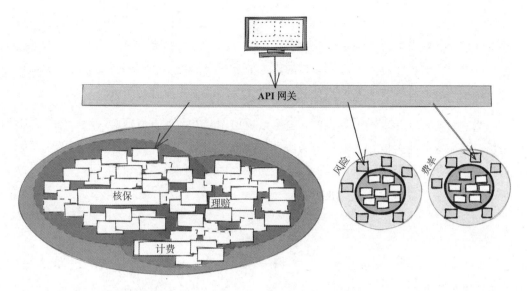

图 11.4　NuCoverage 公司为丰富用户体验而设计的组合界面

协调数据变化

在"绞杀"单体的同时，必须协调微服务中维护的数据和遗留系统中维护的数据之间的变化，以避免用户看到不一致的数据。因此，每当遗留系统或微服务中的数据被修改时，都必须在另一方进行相应的修改。在通常情况下，对遗留系统数据的更改将影响所有使用该数据的微服务。同样地，微服务中的数据变化也很可能需要同步到遗留系统。由于这些情况的发生是"经常性的"和"可能性的"，因此需要针对每种情况都进行单独考虑。

注意事项

这里将"协调"称为"同步"似乎更好，因为这里描述的更像是一种同步行为。然而，数据在遗留系统和新的微服务之间无疑将采取不同的形式，并可能改变其含义。因此，作者选择了"协调"这个词。这就像两位具有不同声域的歌手，他们仍能和谐地唱歌。

跨进程数据协调采用的是最终一致性。如果有遗留系统对数据进行更改，微服务需要在一段时间延迟后才能同步更新，因此微服务与遗留系统中的数据可能会短暂地不同步。同样地，遗留系统中的数据在一段短暂延迟后也会与微服务中的数据同步。除查询多个数据源并合并到最新快照外，我们对这种短暂的不一致几乎没有什么可做的。不过，数据的"协调"可能会在使用当前数据之前发生。在分布式系统中，真正的"现在"并不存在，时间始终比强一致性更为重要。

当双方都依赖于相同的数据时，就有必要协调双方的数据修改。这看起来可能很奇怪，但在业务能力被一个或多个微服务完全取代之前，所有持有相同数据的子系统最终必须达成系统状态的一致性。这种一致性在一段时间内是必要的，尽管它并不是最终目标。最终目标是单一数据源。

单一数据源

设计良好的系统应该只有一个单一数据源，其中任何给定数据，如实体，都属于确定的记录子系统。在将大泥球系统拆分为微服务时，保持单一数据源可能是可行的，也可能是不可行的。在复杂的重构和提取过程中，维护单一数据源可能会受到影响。

有些遗留系统比较简单，可以在整个分解过程中保持严格的单一数据源。这需要微服务将数据变更结果更新到遗留系统中，以确保从遗留系统查询的数据结果一致。同时，已经迁移的数据的任何更改都只能在微服务中进行。

如果始终坚持单一数据源的约束过于复杂，那么该规则可能需要暂时放宽。有些代码库和数据库非常复杂，以至于不可能同时为给定的实体类型保持单一数据源并逐步将多个微服务发布到生产环境中。坚持单一数据源的约束可能会导致无法逐步发布微服务，从而导致类似于瀑布模型的过程，在经过数月甚至数年的提升和调整后，最终进行一起发布。但在微服务部署之前，这项工作可能会被取消。

最终，在记录系统中，每个数据都应该只有一个来源。这并不意味着数据永远不会出现重复。但实际上，我们认为，试图长期保持两个或多个经常变化的数据一致性，不仅困难而且存在风险。这一系列复制而来的数据不能长期持有。在某种程度上，绞杀对遗留系统是致命的。请参阅本章的最后一节"拔掉遗留单体"。

当然，总是实现单一数据源是不可能的，因为在任何给定的时刻，遗留系统或给定的微服务的更改只会在一个地方被记录。系统状态的协调最终都会实现；也就是说，真正的分布式系统总是最终一致的。实际上，在一个具有许多不断变化的数据源的大型复杂系统中，所有系统状态永远不会完全一致。要实现这一壮举需要违反物理定律，

所以最好不要尝试。

接下来，我们将介绍 3 种实现系统状态数据协调的主要方法：数据库触发器、事件显露和数据变更捕获（CDC）。

数据库触发器

第 1 种方法是使用数据库触发器。当触发器触发时，会创建一个代表变化内容的事件，插入事件表，并由事务管理。通过消息发布，该事件可以发送给微服务。在某些用例中，可能需要在单个事务中触发多个表上的触发器。触发器的问题是除关系数据库管理系统（RDBMS）外的其他数据库产品都不支持它们。即使支持，触发器的使用也可能非常烦琐。此外，在高负载的数据库上使用触发器可能会导致性能下降。

作者曾在没有更好的解决方案的情况下使用了这种技术。在一个案例中，遗留的大型单体系统使用一种奇怪的语言和框架实现，并通过现代编程语言进行了大量的重写和扩展。由于该环境广泛使用 SQL Server 数据库，因此在该情况下，使用除触发器外的其他方法就变得非常困难了。幸运的是，SQL Server 允许所有触发器都可以在事务提交之前触发，从而将多个表的修改聚合到一个事件中。当时，数据变更捕获还不是一个可选项。在这种情况下，使用数据库触发器是具有挑战性的，但它确实有效。

事件显露

事件显露是协调数据的第 2 种方法。它通过在遗留数据库中创建一个记录与转换相关的事件的表来实现。我们称之为事件表，并将该技术称为事件显露。这个名字的由来是因为遗留系统的原始实现并没有考虑事件的存在。然而，我们可以将事件插入遗留系统的代码库中，使其更容易被控制。需要注意的是，与数据库触发器不同，事件显露是在应用程序代码中创建事件，并将其与实体一起持久化到数据库中。

当应用程序执行插入、更新或删除实体的操作时，它将创建一个新事件并将其插入事件表中。实体和事件将在同一个事务中提交。后台任务将查询该事件并通过消息发布。

然而，创建和注入事件的位置通常很难确定。有时，多个服务层组件在单个事务范围内独立地修改系统状态。如果没有一个顶层组件来协调这些子任务，那么如何创建并在哪里创建单个事件呢？也许每个单独的服务层组件都会创建自己的事件，而微服务必须处理多个事件。更多的技术主题将在后续图书 *Implementing Strategic Monoliths and Microservices* 中详细讨论。

数据变更捕获

第 3 种方法是使用支持数据变更捕获的数据库工具（见参考文献 11-1）。实际上，触发器可以用来实现数据变更捕获，但使用一些高度专业化的工具会产生更好的效果。这些工具在应用时，数据库事务日志仅保留对基础数据所做的更改。数据变更捕获工具独立于数据库的进程运行，因此不会出现耦合或资源争夺的问题。这种特定的技术被称为数据库事务日志跟踪。

例如开源软件 Debezium（见参考文献 11-2），它虽然在支持的数据库产品数量方面有一些限制，但其能力一直在稳步增加。Debezium 优先支持开源数据库产品，这并不让人意外。在编写本文时，Debezium 支持 9 个数据库产品，其中 6 个是开源的，另外 3 个是商用的。对于这种产品，我们需要认真对待，并关注这个领域的发展。

如果你能正确使用数据变更捕获，那么它是非常有效的。这样的工具可以用于其他解决方案，并且有固定的模式。请见本系列的后续图书 *Implementing Strategic Monoliths and Microservices*。

应用数据协调事件

之前讨论的所有协调数据的方法都是为了达到同一个目的。它们不是为了把大泥球系统变得更好，尽管这可以是一个目标（见第 10 章）。现在，NuCoverage 公司已经决定逐块分解它的大泥球系统，并最终淘汰它。

以前的讨论应该可以提供可行的方法，或者至少提供可用于其他情况的一些重要线索。选择方法后，你可以将其应用于协调数据。图 11.5 和以下列表说明了该过程从头到尾的执行步骤。

1. 用户提交请求。

2. API 网关将请求定向到遗留系统。

3. 数据修改被持久化到遗留数据库事务日志中。

4. 数据变更捕获读取数据库事务日志，并发送到监听器，监听器创建一个事件并将其放置在消息总线上。

5. 消息总线将事件传递给微服务，微服务将该数据持久化到数据库中。

6. 用户提交请求。

7. API 网关将请求定向到微服务。

8. 微服务发出的事件（隐含数据持久化）被放置在消息总线上。

9. 消息总线将事件传递到遗留系统，以协调数据。

10. 协调的数据修改被持久化到遗留数据库中。

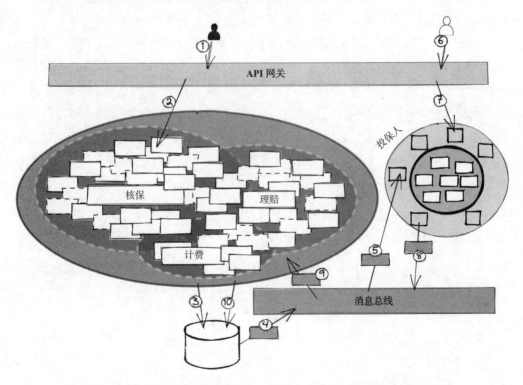

图 11.5　使用数据变更捕获将本地数据修改分发到系统的对等位置

请注意，遗留系统和微服务都必须知道如何识别和忽略在完整往返过程中产生的事件。也就是说，遗留系统产生的事件将协调微服务的状态，微服务再产生事件，然后由遗留系统再次接收。这时，遗留系统必须忽略该事件。同样的道理也适用于源自微服务的事件。如果不考虑这一因素，一个数据库事务就可能导致无限同步。为避免这种情况，可以给每个事件都标记一个发起者的 ID 或标签，所有的接收者都必须将这些 ID 或标签继续包含在它们发出的事件中。当相关的 ID 或标签回到发起者时，意味着该事件可以安全地忽略。

决定绞杀什么

前两节描述了使用绞杀者模式的步骤①。在这里，我们将考虑如何在绞杀者创建的生态系统内工作。

有趣的是，如果现实世界中的绞杀者是有意识的，可能会被称为机会主义者。它首先从动物（如猴子）体内搭便车，爬上一棵树，然后作为大便被放在树上。它开始生长，吸收雨水和阳光，以及从成为其宿主的树上吸收植物碎屑。绞杀者从它卑微的起点开始，生出根系，沿着富饶而方便的路径开始缓慢生长。当根系找到地面时，它们会牢牢地嵌入土壤，并开始积极地生长。这提供了新的机会，通过吸收树木本来可以得到的养分，强行霸占树木（宿主）。在它覆盖整个宿主的同时，绞杀者通过更粗的根系来进一步挤压宿主。它同时延伸到宿主上方，笼罩着顶部，阻挡阳光对宿主的照射。令人难以置信的是，杀死树木的不仅仅是绞杀，还有阳光的减少和根部的土壤养分缺失。

有机的"机会主义战略和战术"为绞杀大泥球系统提供了一个框架。我们可以从这个比喻中吸取宝贵的经验。

- 在开始的时候，一切都不会顺利，要走的路显得很漫长，但开始是必需的。
- 慢慢开始，优先考虑容易获得的胜利。例如，我们之前举的例子是用一个新的微服务取代遗留系统的投保人账户。
- 在获得一些早期成长和信心后，可以通过寻找更多确定性胜利的机会来扎根。
- 在团队熟悉技术之前，继续保持这种模式。
- 开始积极成长，收紧对单体的控制。
- 如果选择绞杀单体，则最后的胜利就在前方。

---

① 有趣的是，马丁·福勒后来不喜欢他最初使用的"绞杀者"这个名字，因为这个词有"令人不快的暴力含义"。然而，百科全书和其他资料却使用"绞杀者"作为这种植物物种的通用名称。作者使用的是软件行业最知名的名字，即"绞杀者"。

　　这种方法的一个好处是，它可以避免遗留系统的历史包袱。虽然有些现有代码可以迁移到微服务中，但需要谨慎处理。绞杀并不是简单地将大泥球系统重构为模块化单体，而是摆脱遗留系统负担并从设计良好的微服务集合中获得力量的绝佳机会。本章的"拔掉遗留单体"一节中有详细的讨论。

　　以下是一些关于将大泥球单体分解为微服务的提醒。

- 谨防模糊行为。遗留代码缺乏对特定业务行为的明确模型，且存在职责过多的组件和业务逻辑被抛入用户界面和基础架构、用户界面和服务层之间产生冲突、行为和业务规则重复等障碍。这些问题可能指向组件低内聚和组件间高耦合。这份清单虽不详尽，但所选例子十分普遍。作者之一曾见过一种情况，其中用户界面的业务规则会触发大量技术工作流程，并与业务合作伙伴集成[①]。一个分层选择列表包含业务逻辑，根据所涉及的列表项目，不同类别的数据将被更新，从而触发工作流程。代码库无法提供对业务逻辑和规则的实际帮助。要改变这种情况，需要深入分析、广泛挖掘，并寻求业务专家的帮助，才能最终获得知识。

- 避免延续错误行为。从业务和技术角度看，大泥球系统的某些部分在许多情况下是错误的。即使在面对糟糕设计的系统时，业务人员也必须完成工作。因此，用户制定的变通方案比比皆是。这种隐性知识在用户群体中传播，因为软件未能满足他们的需求。熟悉会滋生麻木，要对此现象加以抵制：不要将同样的错误复制到新的微服务中。相反，我们应不断挑战业务专家，帮助他们发现突破性的创新。持续检查遗留系统的分解情况，监测结果的接受情况。一个启发式的方法是观察用户如何使用系统完成某项任务。用户体验是否直观？用户是否需要特殊的知识来解决问题？用户是否需要纸质说明、显示器上的指导便利贴或包含黑客技巧的神秘电子表格？更有有经验的用户可能将大部分知识放在自己的脑海中，因此用户体验问题可能在某些情况下很难看到。观察当然是好的，但也要询问和挑战。要保持同理心。

- 避免在单体中添加新功能。分解工作需要一定的时间，但是业务不能因此中断。相反，业务会持续需要新的功能。如果现有的某些业务能力需要在微服务中重新实现，请尽可能避免在单体中增加新功能，除非有非常迫切的需求。这样做会浪

---

① 明确地说，这是一种反模式。

费时间和精力，并且会阻碍单体的缩减和微服务的开发。在微服务中构建新功能将有助于加速开发并更快地交付业务价值。

抽取大泥球系统中的业务能力需要非常努力地工作。必须投入大量精力重新发现业务领域，识别其规则并对其进行挑战。

拔掉遗留单体

终止遗留系统并将其淘汰，但在某些情况下可能并非必要。如果决定保留遗留系统的某些部分，可以通过消除其中的过时代码来改善代码库。然而，遗留系统的代码库可能非常混乱，以至于即使删除少量代码也很困难。不出所料，遗留系统与微服务之间的数据协调可能仍然是必要的。

然而，让某些业务能力留在遗留系统中是不可取的，因为即使减少了遗留系统中的业务能力，数据协调仍然是必要的。同时运行单体和新的微服务会增加操作和开发的复杂性，从而导致更大的业务风险。

在有些情况下，即使遗留系统的退役过程具有巨大的复杂性，也不能保留遗留系统。例如，公司可能被束缚于早已过时或极不受欢迎的设备和软件，而更新许可证和支持合同需要巨额开支。这种遗留系统的开销就像向暴徒付钱以保护自己不受侵害一样，是一项数额巨大的"税"，除非组织下定决心采取行动，否则它将永无休止。此外，除了供应商绑定，在某些情况下，雇用开发人员来维护遗留代码几乎是不可能的：那些编写原始代码的人可能已经离开这个世界或者年迈不堪。

出于这些和其他原因，当许可证和支持合同到期后，不再维护的遗留系统将退出服务。几辆半拖挂车抵达装货码头，强壮的搬运工将一些庞然大物推入拖车并运往计算机博物馆。对于一些希望走出 20 世纪 60 年代和 70 年代的 CEO、CFO、CIO 等人来说，断开机器的电源从未让他们感到如此开心。

小结

本章讨论了如何从单体架构转移到微服务架构。我们首先介绍了与分布式计算相关的问题，因为这对于理解微服务的挑战至关重要。接着我们介绍了从良好的模块化单体过渡到微服务的最简单步骤。有了这些认识，我们指出了从大泥球单体中直接提取微服务的挑战，并提供了分步指导。最后本章描述了面对脱离不健康技术锁定的挑战时，拔掉遗留单体的目标。

本章要点如下。

- 分布式计算引入了一些复杂的挑战，这些挑战在单体架构中大多可以避免。
- 从遗留系统中实现微服务的最简单和最直接的方法是从一个良好的模块化单体开始。
- 直接从遗留的大泥球系统中提取组件并实现微服务更具挑战性，因为这需要同时承担多个复杂任务。
- 考虑使用 API 网关来聚合多个微服务和遗留系统的请求，尤其是当请求需要同时访问多个部分时。
- 组合界面是聚合多个服务数据的好方法。
- 在从单体转移功能到微服务时，考虑始终保持单一数据源。
- 在迁移遗留系统到微服务时，可以考虑使用数据库触发器、事件暴露和数据变更捕获方法。

在第 12 章（本书的最后一章），我们将重新审视到目前为止所学到的一切知识。

第 12 章

平衡要求，管控需求

本书带领我们走过了一段紧张的旅程，涉及的话题包括商业战略、数字化转型、战略学习工具、事件优先建模、DDD，以及有针对性的单体和微服务架构设计。

在本书的最后一章，我们将对这段旅程进行总结。我们要强调一点，那就是必须在业务功能需求和质量属性之间取得平衡，后者必须通过明确的目的来证明其合理性。这种平衡对于组织保持对战略创新的关注至关重要。

质量属性平衡

软件架构是一个复杂、多维的领域。在第 10 章的"慎终于始"一节中，我们提到了在权衡质量属性（如性能、可伸缩性、吞吐量、安全性等）时取舍的重要性。例如，我们需要在性能和可伸缩性之间取得平衡，而不损害两者中的任何一个。平衡这些质量属性的重要性不言而喻，因为我们不可能同时对它们进行同等的优化。最终，必定会有一个质量属性更为重要。

同样地，在模块化单体和微服务之间取舍也同样重要。回顾第 8 章提到的质量属性，思考所选架构如何影响质量属性，质量属性又如何影响所选架构，这样就可以理解为什么平衡如此重要。请看下面对一些质量属性的总结。

- 性能：网络延迟可能会影响性能，而微服务需要网络。降低延迟的方式有很多种，比如减少网络请求的总数或使用异步请求。
- 可伸缩性：当需要高度可伸缩性时，微服务具有明显的优势，因为它们可以独立地扩展系统中最需要资源的部分。然而，如果单体应用程序被设计为实现云原生，那么它可以部署为云上的功能即服务（FaaS）组件，从而成为一个可以在云端扩展的应用，从而达到伸缩的目的。

- 弹性、可靠性和容错性：单体和微服务都可以拥有这些重要的品质，但在单体中所需的技术开销较小。使用 Actor 模型和其他单进程响应式架构可以提高单体和微服务的弹性、可靠性和容错性。

- 复杂性：在复杂性方面，单体和微服务之间需要进行权衡，这些权衡可能会产生相反的结果。

本节不会详尽地讨论全部质量属性，例如可用性如何与我们的需求相互关联，以及讨论安全和隐私。然而，我们想要探讨的重点是，质量属性所带来的结果中，哪些是最为重要的。

模块化单体和微服务之间没有明显的胜者。重要的是理解上下文，做出取舍。模块化单体非常适合需要优化性能、可靠性和降低复杂性的情况。而在可伸缩性、可用性、可靠性和容错性等方面，微服务则表现突出。决定采用哪种架构并不是一个简单的二选一，相反，我们需要权衡各种选择，确保做出最佳决策。

在大型系统中找到平衡点是很困难的，幸运的是，有一些工具可以帮助我们（见参考文献 12-1）。有时，或者说大部分情况下，混合使用模块化单体和微服务可以带来最大的回报。请记住，我们的最终目标是开发具有战略意义的软件，以产生突破性的创新。

战略和目标

本书的首要主题是通过战略思维和战略软件开发来实现战略目标。让我们回顾一下在这段旅程中逐章探索的内容。

业务目标呼唤数字化转型

企业的业务目标必须具备差异化，否则数字化转型只是一种昂贵而棘手的时髦概念，难以具有现实价值。以下是第 1 章的主要观点。

- 创新往往不可能一蹴而就，需要持续不断、努力地改进才能达成。试图一步完成从 A 到 Z 的飞跃，很可能会失败。相反，从 A 到 B、B 到 C，逐步前进则更有可能实现目标，例如将服务从本地迁移到云上。

- 缺乏业务知识的开发人员往往容易制造、问题软件。要解决这些问题，可以通过学习知识和进行代码重构。若软件变得如同泥球一般，所有行动都会变得迟缓。而且，软件若长时间陷入这种困境，摆脱困境的难度将会进一步加大。

- 康威定律的影响是不可避免的。获取知识的关键在于沟通，而组织架构可以促进或阻碍沟通。以专业领域为核心创建团队，配置合适的人才，并建立高效的沟通渠道，这是成功创新的最佳途径。当然，我们并不提倡建立孤立的团队，而是希望这些围绕专业领域创建的团队既能实现跨团队沟通，又能为系统的总体目标做出贡献。

- 人脑既可以按部就班地思考，也可以进行深入的探究。多维度和批判性思考是挑战现状的好方法，目的是从不同角度重新审视旧有战略。

- 如果单体设计不当，便会导致破坏；而微服务若被滥用，则将导致混乱。架构必须有助于实现预期目标，只有能达成预期目标的架构才是最佳架构。

- 团队所做的事情就是团队的敏捷。如果保持轻量级的敏捷活动并专注于满足客户，它将带领团队走向成功。如果敏捷活动变得笨重且流于形式，那些使用它的人就只是在做敏捷，而不是在保持敏捷。做敏捷反而会妨碍成功。

- 当软件深陷技术债务泥潭，并且它的熵值积累了多年时，想要使其恢复到可维护状态的关键在于态度，而不是分布式架构。积极的态度是通过信心建立的，而信心则是通过明智的选择和持续的改进获得的。

使用战略学习工具

战略是企业的立身之本，也是推动企业积极寻求差异化、获取更多利润的催化剂。通过将企业文化打造成促进学习的工具，学会学习，从而为企业获得战略优势，这是第 2 章的核心内容。

- 决策是必要的，而决策的时机和内容同样重要。在最后责任时刻做出决策至关重要。实验的目的是从错误中找到正确的方向。

- 在企业培养了敏捷、宽容实验失败的文化之后，失败就不再是致命的。为人们提供实验和失败所需的心理安全感，只会扩大企业的竞争优势，增加成功的概率。这种安全感使团队能够经受住康威定律的考验。

- 首先设计模块，并尽可能地推迟做出长期部署的决策。
- 面向战略和竞争优势而进行创新是很难的。要实现这一目标，就需要专注于基于业务能力的软件设计，并应对业务挑战。不要让糟糕的架构和设计破坏业务创新。

事件驱动的轻量级建模

在软件开发中，一些基本概念构成了组件良好协作的基础。快速建模并应用这些基本概念是一种行之有效的方法，可加速知识获取和促进成功。将第 3 章提到的工具应用到实际工作中。

- 软件建模是理解复杂业务的重要环节，所产生的模型用于连接业务流程和组件。
- 首先使用事件进行建模，同时不要忽略命令、策略、实体和其他有助于学习的元素。这是一种仅需少量技术的实验工具，有助于人们理解高科技领域的创新。
- 尽管事件风暴最初是为线下工作坊设计的，但远程团队也可通过在线工具参与其中，实现合作建模。
- 使用事件风暴进行宏观建模是一项探索系统整体流程的实践。这是迈向快速学习的第一步。

推动业务创新

每个企业都有自己的专业知识范畴。这些知识来源于预先存在的专业知识和集体学习共享等活动。当这些知识被应用到软件产品中时，就会对用户产生影响。实际上，企业会涉及众多的知识范畴，第 2 部分的章节深入探讨了如何利用其中的核心部分。

- 了解在哪些领域投资最多，以及在哪些领域投资最少，是业务软件战略成功的关键。
- 软件涵盖了整个企业的广度和深度。在大型企业中，软件所包含的领域或知识范畴是庞大的。因此要用领域和子域的概念来理解问题空间和战略决策。
- 将特定、集中的知识领域内的交流划分为一个限界上下文。围绕交流的显著特征，发展出统一语言，并在上下文边界内保持其意义的一致性。

- 了解系统内的核心子域、支撑子域和通用子域分别是什么，以便知道哪些方面的投资有利于核心差异化，哪些方面应提供支持模型，以及哪些方面应采购商业化解决方案。
- 使用上下文映射图来识别和改善团队之间的关系，并选择适当的集成模式。

事件优先架构

每个架构都有其适用的业务、技术、规模、性能或吞吐量限制。这些具体的约束条件将决定架构的目标，这也是第 3 部分各章的主要内容。

- 端口–适配器架构可以解决外部服务使用软件不支持的交互机制与软件通信时产生的问题，它将外部的信息分解成软件可以消费的信息。
- 消息驱动架构强调发送和接收消息在整个系统中发挥着重要作用，可以降低对一定时间内得到结果的依赖性。事件本质上是消息，因此消息驱动架构天然支持事件驱动架构。
- REST 是一种支持请求–响应操作的架构风格和模式。通过请求来注册系统发布的事件，REST 甚至可以在事件驱动架构中发挥作用。
- 在使用领域驱动方法与事件驱动架构的领域模型中，可以采用强大的战术工具来管理业务的复杂性，如实体、值对象、聚合、领域服务和函数式行为。
- 在合适的情况下，使用协调式和编排式来管理长期运行的系统工作流。对于步骤有限、较简单的业务流程，使用协调式是合适的。对于需要众多处理步骤且更复杂的流程，编排式的效果则会更好。
- 当业务的要求是维护过去所有事件的审计日志时，使用事件溯源。如果查询很复杂，且组织希望通过对查询操作的特定数据模型进行优化来提高查询性能，则采用命令查询责任隔离（CQRS）。
- 管理安全和隐私在众多架构决策中肯定不是无关紧要的。近年来，这些问题已经成为信息技术关注的重点。

单体架构作为首要关注点

设计和构建单体架构以满足长期的使用和管理目标，并非遥不可及。对于大多数公司而言，开发可长期使用的单体架构是非常明智的。即使组织决定部分采用微服务，从模块化单体架构开始，团队也可以在最后责任时刻做出决策。为了帮助团队专注于软件交付，而不是被可能永远不需要的架构决策打扰，以下是从第 10 章中汇总的一些建议。

- 从一开始，通过简单有效的步骤设计构建单体架构。
- 寻找适合在单体架构中实现的业务能力，因为业务能力是各种模型之间的自然分界点。这些决策将由业务专家和技术相关方驱动，他们应该参与到具体的面向功能的对话中。
- 即使单体服务不幸成为大泥球系统，也可以采取一些措施（见第 10 章）将其转变成模块化单体。
- 在将大泥球系统转变为模块化单体之后，保持这种状态可能是最明智的选择。

有针对性地将单体拆分为微服务

如果有充分的理由，企业可以将某些限界上下文从单体服务中分离出来，转变为微服务。实际上，如果从模块化单体开始，这个过程相对简单。当你拥有足够的预算，且迫切需要从大泥球系统跃升至微服务时，仍然可以遵循一些步骤使这种转变更加顺利。只要在确实有必要使用微服务的情况下，遵循第 11 章的指导，你将能够轻松地实现转变。

- 正如任何复杂的软件开发一样，在设计架构之前，做好心理建设非常重要。在设计具有微服务架构的分布式系统时，一些挑战将非常突出：性能、可伸缩性、可靠性、容错性及其他复杂问题。
- 从团队动态和技术角度来看，从单体服务中提取哪些限界上下文（即使是良好模块化的）并不是任意的。最佳的候选者需要考虑以下因素：变化频率、自主性需求（包括独立部署）、性能和可伸缩性。
- 即使是从模块化单体开始，团队在早期阶段也应该一次只拆分一个粗粒度的限界上下文到微服务中，以期快速成功。在积累了足够的经验和信心之后，团队才可能同时拆分一个以上的限界上下文到微服务。如果在拆分过程中遇到问题，团队可以回到每次一个限界上下文的模式。

- 从大泥球系统中直接拆分微服务是非常具有挑战性的，但团队可以使用一些措施来取得成功。要谨慎行事，寻找能取得成功的机会。

平衡是不偏不倚的，创新是必不可少的

软件架构的演变是一个需要全面权衡各方因素的过程，特别是面对跨功能需求时，如性能、可伸缩性、吞吐量和安全性等。在演变过程中，需要从以下几方面认真学习经验。

- 微服务并不一定会提供更高的性能。正确的度量是了解某项指标的唯一方法，而进程内的方法调用往往比网络传输更快。
- 高性能和可伸缩性可以通过多种方式达成，并不一定需要引入微服务。
- 将"转型"作为使用微服务和/或云原生的借口，不是在创新或寻求差异化。许多企业在没有必要的情况下采用了微服务和云原生，这让他们付出了沉重的代价，包括财务上和运营效率上的。
- 业务目标必须寻求差异化价值。这不否定其他战略或战术举措，如云迁移或使用微服务。但最终，这些举措应当帮助企业获得差异化的价值，而不是阻碍它。
- 从错误中寻找正确，这正是实验的目的。必须为寻求知识的知识工作者提供心理上和物质上的安全感。
- 通过问"为什么"和"为什么不"，练习深度思考和批判性思维。通过实验来达到战略业务目标，运用战略思维和持续改进，使软件系统与众不同。

小结

2011 年，福布斯发表了一篇题为"当今的每个企业都是软件企业"的文章（见参考文献 12-2）。该文章宣称传统产业和 IT 产业分离的时代已经过去，不能适应这一变化的企业很快就会被淘汰。

如今，至少 10 年时间已经过去，许多企业已经认同了这种观点；然而，还有许多企业完全不认同，而其他企业则处于这两者之间。

这是否意味着那些没有在数字化转型方面取得良好进展的企业现在已经过时

了？看看那些即将在几年内取代行业霸主的初创公司吧。大企业的一个通病是它们难以快速行动；另一个问题是它们无法察觉自己的慢性死亡，因为它们无法理解一个季度产生的 2000 万美元亏损是因为消费者正在转向更聪明、更年轻、更敏捷的竞争对手。大企业可能根本没注意到那个即将替代它的初创公司，或者只知道几个主要挑战者中的某一个。

除非别无选择，否则不应依赖于收购潜在的竞争对手来避免失败的命运。让那些行动敏捷的初创公司抱着被收购的想法在你所在的领域不断进行创新，这并非好策略。那些持有这种想法的企业往往会沦为二流，或者股价暴跌，成为独角兽企业的垫脚石。

不要将手中掌握的关键软件变成业内下一代 SaaS 或 PaaS 的机会拱手让人！本书作者真诚地希望能够为你提供激励和灵感，以开始你的旅程或者继续在已经开始的道路上创新。